版权声明

A Couple State of Mind

Psychoanalysis of Couples and the Tavistock Relationships Model

伴 侣 心 态

伴侣精神分析与塔维斯托克关系中心模型

〔英〕Mary Morgan／著

林　涛／译

中国轻工业出版社

图书在版编目（CIP）数据

伴侣心态：伴侣精神分析与塔维斯托克关系中心模型／（英）玛丽·摩根（Mary Morgan）著；林涛译. —北京：中国轻工业出版社，2022.6

ISBN 978-7-5184-3777-1

Ⅰ. ①伴… Ⅱ. ①玛… ②林… Ⅲ. ①精神分析 Ⅳ. ①B841

中国版本图书馆CIP数据核字（2021）第259657号

总　策　划：石　铁
策划编辑：阎　兰　戴　婕　　责任终审：张乃柬　　　责任校对：万　众
责任编辑：刘　雅　　　　　　责任监印：刘志颖

出版发行：中国轻工业出版社（北京东长安街6号，邮编：100740）
印　　刷：三河市鑫金马印装有限公司
经　　销：各地新华书店
版　　次：2022年6月第1版第1次印刷
开　　本：710×1000　1/16　印张：19
字　　数：200千字
书　　号：ISBN 978-7-5184-3777-1　　定价：92.00元
读者热线：010-65181109，65262933
发行电话：010-85119832　传真：010-85113293
网　　址：http://www.chlip.com.cn　http://www.wqedu.com
电子信箱：1012305542@qq.com
如发现图书残缺请拨打读者热线联系调换
210255Y1X101ZYW

译者序

　　对关系的研究一直是精神分析的核心内容之一，从母婴二元关系到俄狄浦斯情境的三元关系，从病人与分析师的关系到伴侣、家庭关系以及团体关系等等，都包含了精神分析丰富的洞察和智慧。

　　在对关系的研究中，英国客体关系学派自成一体，其中克莱因学派是非常具有影响力的学派。距离克莱因宣读第一篇论文《儿童的发展》（The Development of Child）已百年有余，现今，克莱因学派的临床思想和技术已发展为非常系统但又保持开放和发展的体系。而这一体系对伴侣关系的研究有着极为重要的贡献，这充分体现在英国塔维斯托克关系中心（Tavistock Relationships）*70多年来所专注的伴侣精神分析的临床服务、教学培训和研究工作中。《伴侣心态：伴侣精神分析与塔维斯托克关系中心模型》（A Couple State of Mind: Psychoanalysis of Couples and the Tavistock Relationships Model）这本书的作者 Mary Morgan 女士在伴侣精神分析领域是国际知名的专家、学者，有着丰富的临床和培训经验，她撰写的这本书堪称塔维斯托克关系中心理论与临床体系发展的里程碑式著作，是对其理论体系和临床实践经验的系统阐

---

* "Tavistock Relationships" 直译为"塔维斯托克关系"，这不太符合中文命名机构的习惯。考虑到在更名为"Tavistock Relationships"之前，其名称为"Tavistock Center for Couple Relationships"，译为"塔维斯托克伴侣关系中心"，同时，这也是集临床服务、教学培训和科学研究为一体的机构，故将"Tavistock Relationships"译为"塔维斯托克关系中心"，这一翻译已征得原著作者的同意。特此说明。——译者注

述，具有很高的学术、临床和研究价值。自 2019 年首次英文出版以来，已有中文（本译著）、俄语、波兰语、意大利语等译本出版。

2010—2014 年间，我参加了英国伦敦塔维斯托克关系中心的伴侣精神分析心理治疗师培训，获得了执业认证；此期间于 2011 年，我完成了国际精神分析协会（International Psychoanalytical Association，IPA）精神分析师的培训并获得了精神分析师的认证。同时实践两种形式不同的精神分析治疗方法带来了一种很有趣的体验：一方面，会感受到理论的相通，可以从不同的角度来体会理论的内涵，这一点，Mary Morgan 女士在与 Francis Grier 的交流中也有谈及（参见"致谢"部分）；另一方面，伴侣精神分析治疗的情境有时会有更直观的呈现，比如，俄狄浦斯情境。也有些时候，感觉伴侣精神分析治疗师就像哪吒，得长出个三头六臂来，比如，治疗师的视域要涵盖两个个体对治疗师的移情、伴侣之间的移情、伴侣对治疗师的移情，以及治疗师分别对他们的反移情等等。当然，通过一定的临床训练和实践的积累，伴侣治疗师要做到这一点并不像看上去的那么困难。尽管伴侣精神分析治疗与个体的精神分析治疗在理论上有相通之处，但要在个体治疗经验的基础上从事伴侣精神分析治疗，专项的学习和训练仍是很有必要的。其中很重要的是发展伴侣心态的运用能力，这也正是作者在本书中探讨的核心主题。

目前，对伴侣治疗的需求有十分庞大的体量，同时，同道们对学习伴侣精神分析治疗的兴趣也与日俱增，特别是近年来，有越来越多的同道被英国克莱因学派深邃的潜意识视角、此时此地以及临床时刻之间潜意识信息的捕捉等极具实践意义的临床思想所吸引。基于此，我感到将塔维斯托克关系中心有关伴侣精神分析治疗的理论和临床体系介绍给中国的同道是一件非常有意义的事，这就促成了本书的翻译出版。在翻译过程中，本书作者 Mary Morgan 女士给予了热情的支持，在此表示衷心的感谢！

我相信，对于想要深入理解伴侣关系的读者来说，这是一本非常值得研读的著作；而对基于精神分析背景想要拓展伴侣精神分析治疗工作的同道而言，这是一本必读的理论和临床指导用书。

最后，祝愿有缘品读此书的读者朋友们、同道们开卷有益！

林涛

2021 年 10 月于伦敦

中文版序

《伴侣心态：伴侣精神分析与塔维斯托克关系中心模型》这本书在 2019 年以英文首次出版后，有了现在发行的中文译本，这让我非常高兴。这本书借鉴了国际视角和多元文化的临床经验，但其特殊性在于，它根植于英国客体关系和后克莱因塔维斯托克的传统思想。那么，读者也许心生疑问，这样一本书能否帮助理解在中国文化背景下的伴侣关系呢？

中国文化在很多方面与西方文化存在显著差异。在 20 世纪，伴侣和家庭生活的结构经历了许多重要的变化。中国人以儒、释、道为基础的思想体系与西方哲学和思想体系是不同的，对个体、伴侣和家庭也有不同的观念。但如今在涉及成为伴侣的某些方面则更加相近，例如，更自由地基于"爱"选择伴侣，更多的性自由和男女平等。在过去，有些婚姻可能是由父母而不是年轻人自己决定的，比如，期待女性嫁给门当户对的男性。现在，婚外情也不再是罕见的事情。同时，过去一些传统的价值观可能在意识和潜意识层面仍然对伴侣有所影响。有些伴侣出现了关系问题却不知该如何处理，而婚外情可能被感受为一种解决途径。

虽然存在一些需要被理解的差异之处，但从深层次上看，所有伴侣都面临一些共性的难题。伴侣关系中的双方发生着潜意识和意识层面的联系。他们对关系是什么有着潜意识的信念，这种信念塑造了他们彼此建立关系的方式。不可避免的是，早期经历中那些尚未解决的、创伤性的部分会被带入他们的关系之中，反复阻碍着他们在关系中有"新"的创造。伴侣很难做到既独立、不同，同时又保持亲密。他们可能搞不清"什么是你"和"什么是我"，并感觉被困在了他们创造的投射系统中。伴侣关系可以是一个双方在其中都能得以发展的场所，无论他们是作为伴侣还是作为父母，这个关系都能成为创造性的关系，但是，要实现这一点，他们可能需要得到帮助。本书描述了诸如潜意识伴侣选择、伴侣投射系统和移情关系、伴侣共有潜意识幻想和信念、关系的防御和发展性质、自恋关系中的问题、性的意义等等一系列核心思想和概念，以及从治疗开始到结束的过程中与伴侣进行精神分析工作的技术。

这本书的出版正值中国多年来对精神分析包括伴侣和家庭工作的兴趣日益浓厚之际。2010 年，David Scharff 和 Jill Scharff 在北京与方新一起开启了将精神分析应用于伴侣和家庭的培训项目。应他们的邀请，我于 2017 年加入了这一培训项目的教学工作，有机会亲耳听到许多中国伴侣治疗的报告。林涛，中国首位由国际精神分析协会（IPA）认证的精神分析师，也是塔维斯托克关系中心培训认证的伴侣精神分析心理治疗师，他在将精神分析，尤其是英国客体关系思想，带入中国方面也发挥了重要作用。

对于林涛决定将塔维斯托克关系中心与伴侣进行精神分析工作的理论视角和实践方法介绍到中国，我表示最衷心的感谢，尤其感谢他在将此书翻译成中文的过程中，为了达到精准而有意义的翻译，给予了整书全文细致入微的关注。这让我们之间有了密切协作的机会，我很确信我们彼此在这个过程中有同等收获。我也非常感谢中国轻工业出版社"万千心理"对这本书的兴趣。

Mary Morgan

本书是一本备受期待的书。这本书面向国际读者，包括精神分析伴侣治疗的从业者、学生和教师等。本书根据历史的和当代的思想——包括作者本人的理论贡献，描述了伴侣精神分析心理治疗的塔维斯托克关系中心模型。本书也特别立足国际视野，参考了其他一些伴侣精神分析方法在当代产生的影响。对于所有学习如何与伴侣进行精神分析工作的学生以及对这一领域感兴趣的其他精神分析从业者来说，这将是一本很有价值的参考书。

　　玛丽·摩根（*Mary Morgan*）是一位精神分析师和伴侣精神分析心理治疗师，是塔维斯托克关系中心伴侣精神分析高级讲师。

致菲利普

丛书*编辑的前言

　　作为丛书编辑，我非常高兴也深感荣幸地介绍这本极具开创性的著作。早在几年前，就曾设想过这样一本著作，从设想到真正的出版跨越了一段时间，但这样的等待是完全值得的。我相信，这本书将成为一本描述过去70年来由塔维斯托克关系中心开创和发展的伴侣心理治疗精神分析方法的标准用书。

　　这本书是"伴侣与家庭精神分析"丛书中的第九本书，是自1948年家庭讨论局（Family Discussion Bureau）成立以来，第一本对已经发展了70年的治疗方法进行详细描述的著作。虽然该丛书有许多高品质的出版作品，阐明了技术、核心理论和临床挑战，但还没有一本书曾尝试系统地描述如何与伴侣开展精神分析的工作。事实上，这本书是自1999年James Fisher的经典著作《不速之客：从自恋走向婚姻》（*The Uninvited Guest: Emerging from Narcissism towards Marriage*）出版以来，第一本由一位作者独立撰写的、出自塔维斯托克关系中心的著作。我们的丛书中，绝大多数是收集了诸多相关论文编辑而成，为读者提供了丰富的机会可以潜心研究该领域资深和知名的伴侣心理治疗师的不同观点和视角。新近出版的由Aleksandra Novakovic和Marguerite Reid编写的《伴侣故事》（*Couple Stories*，2018），以及David Scharff和Jill Savege Scharff的优秀作品《精神分析伴侣治疗：理论与实践基础》（*Psychoanalytic Couple Therapy: Foundations of Theory and Practice*，2014）出色地为读者提供

---

* 本书英文原著被收录在"伴侣与家庭精神分析"这套英文版丛书中。——译者注

了一种学习体验。然而，由一位作者独立撰写的著作，就像这本精品书，是十分罕见的，它给读者带来了非常不同的体验。在这本书中，我们可以逐章跟随作者的思想和立场，感受其丰富的内涵，那种引人入胜之感犹如亲临由 Mary Morgan 指导的小型工作坊，扣人心弦而又亲密无间。

塔维斯托克关系中心发展的精神分析方法已经在世界范围内产生了深刻的影响，但是，将精神内部的理解与人际间动力相结合的、"深层次"的伴侣工作并不是当前伴侣治疗的主要形式，这也是我们不得不面对的现实。事实上，随着其他方法的普及，精神分析治疗在许多西方国家不断面临着危机。这种现象源自几方面的因素，例如，精神分析治疗的疗程长而且缺乏明确的治疗目标，但最重要的是由于缺少实证基础，使得精神分析方法在当前的环境下容易遭受质疑。要发展实证基础或至少发展对英国国家卫生与护理优化研究所（National Institute for Health and Care Excellence，NICE）这样的正统机构来说可信的实证，其中一个必要方面就是要求进行手册化的治疗。手册化可以让治疗系统化，对开展随机对照试验（研究方法的金标准）的研究人员来说，手册化有助于确定他们正在研究的治疗会遵循一套严格的程序和干预措施。

毫无疑问，随机对照试验要求必须尽可能系统地描述治疗方法的原则和策略，但显然，这一要求大大限制了可研究问题的范围和领域。此外，这一限制意味着，在随机对照试验的背景下如何开展治疗与在实际临床工作中如何开展所需要的治疗之间或许存在着巨大的差异，这种差异可能表现在，在实际临床工作中难以复制在试验研究中得到的阳性结果，造成了实验研究结果与实际临床工作的脱节。

在塔维斯托克关系中心，已经采取了不同的、更符合临床实际的方法来研究治疗的效果，其成果反映在近年出版的、最大型的伴侣治疗自然研究（所有研究结果都是从自然的临床实践中收集而来）（Hewison et al.，2016）。这项研究调查了 877 人，他们同时存在抑郁症状和关系上的困难，并且至少接受过两次心理动力学伴侣治疗。结果显示，他们的情绪和对关系的满意度都有显著改善，这些结果与随机对照试验所评估的其他类型伴侣治疗的结果相当。由于这一发现，Hewison 等人在论文中认为，在评估哪些治疗方法在实际临床工作中会真正给病人带来帮助时，自然有效性研究应该占有更大的权重。

虽然这本新书不是手册，但它确实提供了后克莱因精神分析伴侣治疗的关键理论和技术方面的综合框架，这一成就将与塔维斯托克关系中心不断积累的实证基础一起，为确保不断扩展这种全面、深层次的治疗方法的地位和影响力做出巨大贡献。

然而，我相信 Mary Morgan 会认可，这本广博且富有创造性观点的著作并非伴侣工作领域的最终阐述。实践在不断演变和发展；新的影响接踵而至，新的声音也在不断出现。这就是为什么手册化的治疗最终不能成为前进的道路——人类心灵的需要是超越手册维度的，它需要的是对话和一种不断发展的方法——这两者正是 Mary Morgan 在本书中所阐述的方法立足之根本。

Susanna Abse

塔维斯托克关系中心，高级研究员

"伴侣与家庭精神分析"丛书编辑

前言

这本书阐述了在塔维斯托克关系中心发展起来的伴侣治疗方法，它对这项工作有非常生动的直接描述，同时对其理论基础的讨论也十分透彻。相对于方法或临床理解，名称经历了更多的改变，从婚姻治疗到伴侣关系，这些命名上的改变更多地反映了文化和社会的变迁而非心理学实体的改变。这本身就说明了对特定的、共有客体关系的基本理解是这一工作方法的根本，无论它有怎样的命名。真正意义上的纽带是爱，但经验表明，它也包括恨和知（knowledge）。St Paul 谈到这是三位一体的，但其中最重要的是爱。

如 Mary Morgan 所描述的那样，在伴侣关系中存在一个悖论，即两人的伴侣关系中至关重要的位置序号却是第三方位置，伴侣需要站在这个位置上观察和反思他们共有的关系，同时保持他们作为个体在关系中独有的主体位置。最初的"第三方"可能是治疗师或接受治疗的伴侣关系，通过他们发挥第三方的功能，并希望可以被伴侣中的两位成员所内射。

伴侣治疗的概念始于塔维斯托克，那时二战刚刚结束，学者们对精神分析的理解和战时社会关系经验的创造性应用如雨后春笋般兴起。用现在的话来说，就好像突然出现了一大批"应用程序"：婚姻、分娩、死亡和哀伤，以及工作场所中的生活被选定为探索和研究的领域。

在延续至今的这些开创者中，塔维斯托克关系中心享有盛名，它积累了相当丰富的临床经验，并为精神分析理论的宝库充实了许多新的内容。将伴侣关系视为一种有其自身心理学元素的关系，这些心理学元素来自伴侣双方的贡献，进而形成一个有生命的网，抱持着他们，并将他们结合在一起，这一观念是非常有成果的。我们可以把伴侣关系描述成一个容器，里面生活着两个被容纳的个体。根据比昂（Bion，1966/2014）的描述，被容纳者相对容纳者的关系可以是共生的（symbiotic）、偏利共生的（commensal）或寄生（parasitic）的关系。换句话说，它可能带来关系的提升，也或者造成幽闭恐惧。当然细节是最重要的，本书很好地呈现了细致的工作和深入的思考。我相信，所有从事伴侣治疗的治疗师或者想要参加培训进入此领域的读者都会发现这本书会带来巨大的帮助；在伴侣治疗这一艰难的领域，这本书的出版是一种鼓舞和慰藉。

Dr. Ronald Britton
英国皇家精神病学家学会资深会员
英国精神分析协会杰出资深会员

致谢

　　许多人以不同的方式为这本书的写作做出了贡献。首先，我要感谢我的家人给予我的鼓励、支持和爱。他们是 Philip、Oliver 和 Willow、Stanley 和 Peggy、Jack 和 Thelma。我的丈夫 Phillip 在很多方面提供了大力支持，他阅读的章节草稿最多，并帮助我反复思考书中的内容。

　　我要感谢许多同事。当我在 1988 年以学生身份和 1990 年以职员的身份加入塔维斯托克关系中心（当时称作婚姻研究所）时，我们是一个密切合作的小团体。我最早的协同治疗师是 Chris Vincent 和 Warren Colman，和他们一起学习的经历我至今难以忘怀。他们和 Di Daniell 一起帮助我开始探索属于我自己的精神分析伴侣治疗的风格。Chris Clulow 领导塔维斯托克关系中心有很多年，他很早就鼓励我写这本书，虽然在那个时候写这本书对我来说可能为时过早，但他对我的这份信任一直留在了我的心里。Stan Ruszczynski 担任副所长多年，他和 James Fisher 是亲密的同事和朋友，我和他们有过很多次的交谈，获益颇多。他们的著作《伴侣中的侵入和亲密》（ *Intrusiveness and Intimacy in the Couple*，Ruszczynski & Fisher，1995 ），还有 Stan Ruszczynski 的《伴侣心理治疗》（ *Psychotherapy with Couples*，1993a ）和 James Fisher 的《不速之客：从自恋走向婚姻》（ 1999 ）以及 Francis Grier 的《俄狄浦斯与伴侣》（ *Oedipus and the Couple*，2005a ），我认为都是阐述塔维斯托克关系中心伴侣分析方法的经典作品。其他早期的同事还有 Joanna Rosenthall、Lynne Cudmore、Nina Cohen、Felicia Olney、Lynette Hughes、Paul Pengelly、Malcolm Millington，以及稍近期些的同事包括 Dorothy Judd、Monica Lanman、Francis Grier、David Hewison 和 Avi Shmueli。我们是一个亲密的工作组，一起分享并发展了许多观点，我很幸运有机会与大家合作。当然，这只是一个简短介绍；Janet Mattinson、Douglas Woodhouse 和 Barbara Dearnley 最近离开了塔维斯托克关系中心，但我们仍然可以感受到他们的影响力，而且在他们之前和之后也都有一些重要的同事，他们中有许多人的工作在这本书中被引用，在塔维斯托克关系中心的众多出版作品中也可以找到他们。

在我最初发表的论文中，有一篇是在 James Fisher 帮助下才寄出去发表的，那篇论文的题目是《投射僵局》(The Projective Gridlock)，他向我"解释"，我推迟这篇论文的发表（以及无休止地写草稿）是"自恋的问题"，因为写作不必追求完美，它只是对专业领域的一种贡献，也是一种与同道们一起交流和思考问题的方式。从那以后，我也一直尝试把这一理解传递给其他人。Francis Grier 和我曾一起参加了精神分析研究所（the Institute of Psychoanalysis）的精神分析师培训，那时我们也在塔维斯托克关系中心工作。我们在晚间一同参加研讨会的路上，就精神分析与伴侣精神分析之间富有成果的相互促进有过多次的交流。在英国精神分析协会（the British Psychoanalytic Society，BPAS），他和少数精神分析师一起，为伴侣精神分析的工作保留了一席之地。世界上其他一些精神分析协会对伴侣和家庭的精神分析工作有更多的兴趣，我希望这项工作在我们自己的协会中能得到进一步的发展。

近年来，塔维斯托克关系中心已有很大的扩展——除了作为其核心的伴侣精神分析的临床服务和培训外，还包括其他扩展的培训、临床服务、研究和合作项目，涵盖了父母养育工作、以心智化为基础的治疗、痴呆和老龄等领域。在这里，我只能提及一些名字，他们曾经听过和讨论过本书某些章节早期的版本，并以不同的方式支持过本书的写作。我要感谢 Susanna Abse、Chris Clulow 和 Andrew Balfour，他们委托我写这本书，虽然书中表达了我个人对伴侣工作的见解，但我也试图通过此书来呈现一些可以代表塔维斯托克关系中心过去 70 年工作成果的主要理论和实践经验。还要感谢 Catriona Wrottesley、Julie Humphries、David Hewison、Krisztina Glausius、Viveka Nyberg、Leezah Hertzmann、Limor Abramov、Maureen Boerma、Pierre Cachia、Damian McCann、Marian O'Connor 和 Kate Thompso 等同事给予的热情支持。我希望你们喜欢我把我们与伴侣进行分析工作的方法汇总起来的方式。实际上，我并没有尝试把我们思考中的侧重点或方法上的差异整合在一起——我觉得最好允许这些差异存在、交互影响并保持我们的思想活力。

我写这本书并非出于偶然，当初一系列同步发生的事件促成了写这本书的决定。其一是，在塔维斯托克关系中心新任董事会主席 Nick Pearce 的"见面和接待"会上，他请我描述我们的理论框架和我们理解伴侣关系的方式。在那一刻，有些东西在我的头脑中汇聚，我感觉或许可以有组织地把它们联系起来。这就构成了本书第 1 章理论概述的基础。不久之后，和我一起工作的两位同事都坚持认为要写这本书，而且应该由我来写！谢谢你们，Viveka 和 Leezah，随后 Viveka 接手负责了一年的精神分析伴侣培训工作，让我可以有更多的心理空间来思考和写作。Leezah 和 Susanna 也阅读了早期的章节，并给予我有益的评论。在这方面，Catriona 所做的令我印象深刻。她阅读了每一个章节，很快就反馈给我一些精辟的评论；我感觉在整本书的写作过程中，她一直和我在一起。Hilde Syversen 是我的朋友也是一位记者，她慷慨地对本书做了早期的校对，Stan Ruszczynski 阅读了整本书的最终版本，这对我来说意义深远，对此我非常感激。

我还要感谢 Routledge 出版社的同人们对这本书的出版所给予的关照，特别是 Russell George、Lauren Frankfurt、Helen Lund、Klara King、Seth Townley 和 Elliot Morsia。我还要感谢 Sophie Bowness 和赫普沃斯·韦克菲尔德美术馆（the Hepworth Wakefield）善意地允许我用芭芭拉·赫普沃斯的"曲线形式 Pavan"[Curved Forms (Pavan)] 作为封面。对我来说，这个雕塑捕捉到了伴侣双方之间创造性的交互影响，体现了空间与连接。

　　我意识到，尽管在过去 70 年里有许多重要的出版作品，在塔维斯托克关系中心，我们从来没有出版过一本著作来描述我们的工作模型。事实上，是在其他国家的教学中和从谈及塔维斯托克关系中心模型的同道那里，我才意识到我们有一个模型。在塔维斯托克关系中心，我们没有以这样的方式谈论过它，我们只是按照我们的方式在做。当然，写这本书的想法在我内心的某个角落里已存在很久了，最初准备由 Stan Ruszczynski 与我合写这本书，但出于各种原因，在那时无法实现。

　　多年来，我一直负责塔维斯托克关系中心的硕士和伴侣精神分析心理治疗培训，并为学生提供教学和督导，你们中的许多人现在已是我的同事。由于人数太多了，很遗憾我无法在这里一一提及，但我从你们那里学习到很多，这一点毋庸置疑。谢谢你们。

　　我也要感谢与我一起工作多年的几位同道。首先是在华盛顿精神病学学院（the Washington School of Psychiatry）的 John Zinner 和 Joyce Lowenstein，还有 David Scharff 和 Jill Savege Scharff，他们以前在华盛顿学院，如今在他们创立的国际心理治疗研究院（the International Psychotherapy Institute）工作。

　　1992 年至 1995 年期间，Warren Colman、Paul Pengelly 和我定期前往瑞典教学，那是塔维斯托克关系中心与瑞典的同道开创的一项精神分析伴侣治疗培训课程。那些年我收获颇多。我要特别感谢 Gullvi Sandin，她在这项合作中提供了富有想象力的、慷慨的帮助，使得这项合作从那时起以不同的形式得以持续；同时也感谢 Ann-Sophie Schultz-Viberg、Anna Kandell 和 Christina Noren-Svensson。旧金山也开展了类似的培训，后来，旧金山湾区精神分析伴侣心理治疗团体（the San Francisco Bay Area Psychoanalytic Couple Psychotherapy Group，PCPG）发展了以塔维斯托克关系中心的方法为基础的自己的培训。Shelley Nathans、Julie Friend、Leora Benioff、Milton Schaefer、Rachel Cook 和 Sandy Seidlitz：谢谢你们，谢谢你们所有人，我很高兴能成为你们旅程中的一员，我认为同你们和你们的学生一起进行的那些有思想的、激发思考的讨论非常有价值。

在写这本书的过程中，我有机会与其他的同道一起试读书中的"章节"并完善书中的观点，尤其是在纽约、赫尔辛基和华沙。感谢大家，特别感谢 Jaroslaw Serdakowski 领导的华沙 – 贝莫沃婚姻和家庭咨询专项诊所（the Specialized Marriage and Family Counselling Clinic Warszawa-Bemowo），感谢 Iwa Magryta-Wojda 和 Barbara Suchańska 不知疲倦地翻译我的论文，以便我们能够进行对话，并感谢 Rafal Milewski 对这本书的鼓励和兴趣。

我还要感谢国际精神分析协会伴侣与家庭精神分析委员会（Committee on Couple and Family Psychoanalysis，COFAP）既往和现在的所有成员，特别是 Isidoro Berenstein 非常热情地欢迎我加入该委员会，并感谢该委员会现任主席 David Scharff。David Scharff、Jill Savege Scharff 和我已通过塔维斯托克关系中心和国际心理治疗研究院合作多年，我要感谢他们对这一领域的慷慨和热情，特别是他们的包容性，以及他们伸出援助之手，将伴侣和家庭精神分析工作带到世界许多地方。该委员会汇集了许多不同的视角，对我来说，重要的是有了这种"伦敦之外"和"英国客体关系的视角之外"的视野，读者将在本书中看到这些视野所产生的一些影响，尤其是来自南美的影响。在这方面，我尤其想要热情地感谢 Monica Vorchheimer 和 Elizabeth Palacios。我还要感谢目前由 Rosa Jaitin 领导的国际伴侣与家庭精神分析协会（the International Association of Couple and Family Psychoanalysis）理事会的同事们，他们相互协作，汇集不同的观点，尤其是连接理论和客体关系理论。

还有许多精神分析的同道影响过我，帮助过我。我特别感谢 Irma Brenman Pick、Ron Britton 和 Michael Feldman。最后，感谢我所有的个体治疗和伴侣治疗的病人。

目录

本书适用于伴侣精神分析和个体精神分析领域的学生和同道们。虽然确切地说，这并不是一本教科书，但我希望它能帮助学生从事对伴侣的精神分析工作，并为那些在思考伴侣关系和伴侣分析过程的临床工作者们提供一个精神分析的框架。

要理清这本书有多少内容是我个人的贡献，又有多少内容属于塔维斯托克关系中心，是不太可能的，因为我已经在塔维斯托克关系中心工作多年，一直受到这里的开创者们和同事们的思想的影响，同时我自己也对理论和技术有所贡献。作为精神分析师，我的克莱因学派训练背景对本书也有一定的影响，因此，有些领域在本书中没有涵盖或发展，而若是换一位作者的话，就可能有所涉及，例如，对以下治疗方法的兴趣，包括依恋理论和基于依恋的伴侣治疗（在这方面有许多优秀的出版作品，特别是 Chris Clulow 的著作）或以心智化为基础的伴侣治疗，心理治疗普及化计划（Improving Access to Psychological Therapies，IAPT）针对抑郁症的伴侣治疗或心理动力学性治疗等等。还有一些领域，我也没能进行有深度的探讨，例如，针对伴侣不同的性（sexuality）进行工作，我希望在未来的出版著作中可以拓展这方面的内容。

在本书中，我尽我所能地对伴侣精神分析治疗的方法进行了清晰描述，我希望其他领域的精神分析同道，无论你们是有着伴侣分析的不同视角，还是在从事精神分析的工作，也可以参与到这一工作方向中来，由此我们的对话能够创造性地持续下去。

这本书首先描述了伴侣心态（couple state of mind）的概念以及它对伴侣

分析工作的价值。

第 1 章概述了塔维斯托克关系中心的理论方法。身为人的一个特性是，我们不断地努力修通和解决或防御和否认早期的体验和心理内部的张力。这影响了我们建立的所有关系，在成人亲密伴侣关系中尤为凸显。由此，来自过去的塑造伴侣关系的决定因素就起到了不可忽视的作用。在成为伴侣的过程中，伴侣的心理发展是另外一条理论主线。伴侣中的一方在当前与伴侣关系中亲密相连的另一方建立关系的方式，以及伴侣在未来可能一起创造什么，是本章描述的这一理论概述中另外两部分重要内容。

第 2 章探讨了我所认为的进行精神分析伴侣评估的关键要素——提供容纳（containment*）、形成对关系问题的初步理解、评估伴侣是否适合治疗，包括风险评估。要将这些不同的方面结合在一起可能会有困难。伴侣们常常对寻求精神分析治疗有矛盾心理——伴侣之间在寻求帮助方面的分歧，对关系和家庭生活破裂的恐惧，以及对治疗可能会给他们带来什么的焦虑，都起到了一定的作用。在第 3 章中，我描述了这种矛盾过程以及如何搭建可以开展伴侣分析治疗的设置；也描述了塔维斯托克关系中心的治疗框架，包括协同治疗的可能性。由此，第 2 章和第 3 章为开始伴侣治疗提供了指导。

接下来的几章，从第 4 章至第 7 章，探讨了伴侣分析工作中一些理论和技

---

* "containment" 一词，译者认为宜翻译为"容纳"，这有别于有情绪色彩的用词，如涵容、宽容、包容等。译者认为在理解"containment / 容纳"的概念时需体会其中正内含，方可如不倒翁一般，接收、认同和容纳来自病人的各种投射，节制自体内部的各种扰动，在动态中保持分析师的位置和功能。——译者注

术的关键领域。第 4 章侧重于潜意识幻想（unconscious* phantasy**）、共有潜意识幻想（shared unconscious phantasy）、潜意识信念和意识幻想（fantasy）的概念，我对这些概念进行了区分，并思考了它们在理解伴侣以及与伴侣的工作中会起到怎样的作用。在第 5 章，我探讨了与伴侣工作的移情和反移情领域。这一章介绍了伴侣动态的内部世界的观点，以及治疗师如何通过在治疗室的此时此地对伴侣的体验来接近伴侣动态的内部世界。本章也描述了如何收集伴侣关系中的移情信息，并通过临床材料加以说明；还描述了"伴侣之间的移情关系"和"伴侣与治疗师之间的移情和反移情"。第 6 章探讨了与伴侣工作的核心概念：投射认同 *** 和伴侣的投射系统。并非所有的投射系统都以同样的方式运作，我强调了对投射系统的性质加以考虑的重要性，其跨度可以从高度灵活并促进关系中个体的发展到高度的防御、控制和幽闭恐惧。这一章还描述了

---

* 在英文中，前缀"un"为"无 / 不 / 非"之意，故"unconscious"主要指非醒觉状态（如睡眠）和意识丧失状态（如昏迷）。作为精神分析的术语，"unconscious"被赋予了更专属的含义。"unconscious"所指的是一个意识无法触及的领域，但它对意识层面的思维、情绪和行为产生着深刻的影响，所谓潜意识决定论。然而，在意识生活中，"unconscious"无处不在，只是"unconscious"以伪装的形式活跃在意识之中，犹如潜伏于意识之中并发挥着影响作用。因此，译者认为"conscious"的前缀"un"在精神分析的术语中，其含义并不是"无 / 不 / 非"，而是"潜在"，是"隐 / 藏"，译作"潜意识"。——译者注

** 克莱因学派分析师 Susan Isaacs 建议将潜意识幻想的"幻想"一词用"phantasy"来指代，而"fantasy"则指代意识层面的幻想。作者的用词遵循了这一建议。本书中，作者有时会将潜意识幻想单用"phantasy"来指代，为避免翻译上的混淆，文中作者单独使用"phantasy"时，译为"幻想"，而使用"fantasy"时，译为"意识幻想"，以便于读者区分。——译者注

*** "projective identification"译为"投射认同"。"投射认同"这个概念可以视为在界定一个防御性的一体化过程，即从分裂到投射到认同的完成。例如，根据克莱因的观点，婴儿将自己的攻击性分裂出来，投射进入乳房，在其幻想中，当认同发生的时候，婴儿感到乳房对自己有攻击性。"投射"与"认同"有先后顺序，彼此密切关联。但译者认为，"投射"并非"认同"的属性，否则会引起理解上的混乱不清。因为"投射"在这个概念中，既是一个独立过程，也与"认同"有着密切的具有先后顺序的动态关系，且具有方向性。而采用"投射认同"这一翻译，既提示了投射和认同的独立性，也提示了它们之间的先后顺序和密切关联，同时落脚点在这个过程的终点"认同"上。综上，译者认为英文原文采用"projective"这一形容词，而用"identification"这一名词，重在强调"投射认同"的终点，而非强调"认同"的属性。因此，相较于"投射性认同"，译者认为翻译成"投射认同"更为妥当。——译者注

潜意识的配偶选择（unconscious choice of partner）和伴侣相配（couple fit）这些重要概念。第 7 章着眼于自恋及伴侣共有心理空间的能力等方面的常见问题以及更紊乱的动力现象，并通过几个临床示例对这些问题加以说明。

第 8 章提供了对亲密关系的不同透视角度，即心理发展和心理状态。通过追溯更早期的发展阶段，发现我们是如何成为成人亲密伴侣的，以及为什么对许多人来说这不是一个简单的过程。所有伴侣都会在早期阶段所特有的不同心理状态之间摆动。这种视角也有助于我们了解，成为伴侣中的一员意味着什么，以及如何定义它，尽管每对伴侣都是在持续的变化中来定义他们自己的关系。另外，我也探讨了性行为、伴侣的性关系，以及很常见的一个主诉，即性欲丧失。

第 9 章着眼于伴侣治疗师给出的伴侣解释（couple interpretation）*和其他干预方法，因此，这大概是本书最聚焦于技术的一个章节。我描述了如何通过伴侣心态，将解释指向治疗室内的不同关系和动力现象，最终朝向"伴侣解释"，也概括了伴侣解释的含义以及为什么伴侣解释对于帮助伴侣发展"伴侣心态"很重要。

第 10 章为最后一章，是关于结束的，但在考虑结束的过程中，我们也必须考虑伴侣分析工作的目标。关于如何评价是否达到治疗目标，我的建议是与本书的主题保持一致的，即伴侣内射（introjection）**了伴侣心态。

在结束本书的导言之前，我想让读者注意两件事。首先，在整本书中，

---

* 对"interpretation"的翻译，目前比较常见的有"解释"和"诠释"。在国语辞典中，"解释"有分析阐明之意，故译者沿用业内传统翻译"解释"，取其为解析阐明。——译者注

** "introjection"的对应词是"projection"。"projection"原义为"投影"，比如，将放在幻灯机里卡片的内容投影到屏幕上。精神分析使用"projection"一词，其广泛接受的翻译为"投射"，主要是描述个体将内部世界的某些部分分裂出来，然后投射到客体身上或内部，犹如投影一般。"introjection"与"projection"相对，可以视为一种逆向投射，或者内向投射，即外部客体的某些部分投影到个体的内部。译者认为"projection"和"introjection"可以分别译为"投射"和"内射"，或者"外向投射"和"内向投射"，前者可以视为后者的简化命名。在本书中，对"introjection"一词，译者采用业内传统翻译"内射"。——译者注

当我提到塔维斯托克关系中心时，所指的是在过去 70 多年里发展起来的这一组织机构及其特有的思想，不过，在过去的历史中，塔维斯托克关系中心在不同的阶段有过不同的名称。最初是家庭讨论局，后来依次更名为婚姻研究所（the Institute of Marital Studies）、塔维斯托克婚姻研究所（the Tavistock Institute of Marital Studies）、塔维斯托克婚姻研究所（the Tavistock Marital Studies Institute）、塔维斯托克伴侣关系中心（the Tavistock Centre for Couple Relations），目前称为塔维斯托克关系中心（Tavistock Relationships）。

其次，还有一个与之不同的、有关命名的问题。在塔维斯托克关系中心，我们称分析性培训为伴侣精神分析心理治疗的文学硕士（Master of Arts，MA），因此在这里接受培训的治疗师称自己为伴侣精神分析心理治疗师。但是在世界其他地方，甚至没有接受过这种程度的培训，从业者也会称自己为伴侣精神分析师。这不仅反映在像国际精神分析协会伴侣与家庭精神分析委员会这样的精神分析师组织，也可见于其他组织，如塔维斯托克关系中心隶属的国际伴侣与家庭精神分析协会，而我们自己的国际期刊《伴侣与家庭精神分析》（Couple and Family Psychoanalysis）自不必说。我所介绍的塔维斯托克关系中心模型是精神分析性的，这一点毋庸置疑，但目前我们在以不同的方式描述我们所做的工作，如你将要通过本书所了解到的那样——例如，伴侣心理治疗、与伴侣的分析工作等。我认为，塔维斯托克关系中心和那些在我们特定的文化背景中私人执业的同道会担忧，使用"伴侣精神分析师"这个称呼可能会疏远寻求帮助的伴侣。我认为这在其他社会和国家也许有所不同。但我想，这也反映了一个事实：在我们所处的时代，关注和思考伴侣关系在社会中并不是一件寻常的事情。前段时间有位朋友对我说，当我们与朋友一起出去吃饭的时候，不会这样问对方，"你的伴侣关系近来如何？"同样，大多数伴侣未必会考虑作为一对伴侣来寻求精神分析，虽然有些伴侣会这样做。因此，这一称呼问题在这个职业中还有些不太明确的地方，但我希望这个问题在这本关于伴侣精神分析的书中不会出现。

>>>>> 伴侣心态

概念的发展

伴侣心态的观点植根于来自现名为塔维斯托克关系中心（这一机构在以前曾有过其他名称，参见"导言"）的临床治疗师和理论家们以及来自塔维斯托克诊所的 Dicks 和其他治疗师们的发现；他们认识到，要理解一对伴侣，焦点就必须放在伴侣的关系上。换句话说，伴侣关系超越了其中两个人相加的总和；伴侣关系是伴侣之间在意识和潜意识层面共同创造的产物。这种关系成了一种独立的心理客体，伴侣象征性地与之建立关系，并感受到被其容纳（Colman，1993a；Ruszczynski 1998；Morgan，2005）。这一观点已经以不同的方式被描述过，并嵌入像"共有潜意识幻想"（Bannister & Pincus，1965）和"创造性伴侣"（Morgan & Ruszczynski，1998；Morgan，2005）这样的概念中。但是，关于伴侣心态这个贯穿整本书的主题，我具体指的是什么呢？

在阐述伴侣心态之前，要提及的重要一点是，尤其自 20 世纪 90 年代以来，后克莱因理论的应用对塔维斯托克关系中心的临床工作和理论有着深刻的影响，虽然它不是唯一的理论影响（例如，参见 Ruszczynski，1993a；Ruszczynski & Fisher，1995；Fisher，1999；Grier，2005a）。其中特别重要的是 Britton 的工作。在我的著作中，Britton 关于俄狄浦斯情结（1989）、三角空间（1998）、自恋（2000）和潜意识信念（1998b）的理论概念具有特殊的重要性。

20 世纪 90 年代，当我在塔维斯托克关系中心从事咨询工作的时候，我开始思考和概念化伴侣心态这一观点。在那个时候，我见过很多前来做初始咨询的伴侣，我意识到，后来逐渐被我考虑为"伴侣心态"（Morgan，2001）的这个部分在首次接触伴侣时具有重要的治疗和容纳的性质（参见第 2 章）。在描写前来咨询的伴侣时，我通过借鉴 Britton 的观点，做了如下描述：

> 在这种情况下，可能对伴侣最有帮助的是治疗师能够保持一种"伴侣心态"，其中一个重要元素是能够在与伴侣的关系中处于"第三方位置"（Britton，1989），即能够与伴侣中的每一方建立主观上的联系，但同时，也能够处于关系之外观察这对伴侣。
>
> （Morgan，2001，p. 17）

我意识到，治疗师需要思考伴侣的关系，即伴侣共同创造的产物，而对于一对伴侣来说，感受到与这样的治疗师在一起并为其所容纳是非常重要的。当然，关注伴侣关系的重要性是显而易见的——伴侣正是因他们的关系才来到伴侣治疗师这里寻求帮助的。然而，当我意识到伴侣可能不是这样去感受的时候，就不再将之视为理所当然的了。他们经常带着自己的配偶来寻求帮助，认为是配偶造成了不愉快的局面，因此，他们希望从治疗师那里获得帮助，以改变他们的配偶。有时，感到被指责的伴侣一方不愿意来见治疗师。令我惊讶的是，有些伴侣可能以前就不曾想到过他们所拥有的关系是他们自己共同创造的关系。

塔维斯托克关系中心的方法是将伴侣治疗视为一种可以选择的治疗，而不是个体治疗的辅助。假设伴侣适合精神分析治疗，那么对伴侣来说，伴侣治疗就是进行有意义的分析工作的舞台，可以对伴侣和其中的个体提供帮助。有时，伴侣一方或双方可能已在接受个体心理治疗，或在伴侣工作结束后继续接受个体治疗，但我们认为这是他们精神分析之旅的一部分。不过，让我感兴趣的是，为什么伴侣们会一起来接受心理治疗，这是 Fisher 当时也在思考的一个问题："为了考虑每一对特定的伴侣能否从分析治疗中受益，我们需要思考为什么有人会想作为一对伴侣参与分析的过程"（1999，p. 123；emphasis in original）。

由于我们对伴侣潜意识关系的互锁性质（interlocking nature）的理解，我们知道伴侣关系有时是紊乱发生的舞台。所有伴侣都基于伴侣双方主体的结合方式而形成独特的潜意识连接，它可以在伴侣之间产生张力，有些无法调和，有些则具有潜在的创造性。但除此之外，我也逐渐发现，伴侣来寻求帮助的原因是他们缺失了"伴侣心态"这一伴侣关系的功能。换句话说，他们不能处于第三方位置观察和思考作为一对伴侣的他们自己，以及他们以积极的和消极的方式共同创造了什么。

我认为这是许多来寻求帮助的伴侣所缺失的东西，也是他们潜意识地想在治疗师这里寻求的东西。伴侣治疗师接纳伴侣关系，观察和解释伴侣双方作为一对伴侣共同创造了什么。与一位有伴侣心态的治疗师在一起会改变咨询（和持续进行的治疗）的氛围。会谈中的指责将变得越来越少，伴侣会感到他们能够从一个总觉得对方负有责任的、相当无力的位置，转移到一个可以发生改变的位置，在这个位置上可以共同思考他们之间发生了什么。在最理想的咨询中，他们甚至开始对他们意识到的、自己所属的这个实体——"他们的关系"——感到有些好奇。虽然这种认识或许在咨询中只是短暂出现，但有时却让那些最没有动机的伴侣想回来参加另一次咨询或开始治疗。治疗师的"伴侣心态"为伴侣之间的互动引入了一种新的理解方式。

伴侣心态作为伴侣心理治疗的目标

就伴侣心态来说，最为重要的是它能在进展良好的治疗过程中，被伴侣内化并成为伴侣关系的一部分。随着治疗的展开，当伴侣开始一起思考他们之间正在发生的事情时，伴侣已开始具有了伴侣心态的能力。他们仍然会有争论，但他们开始告诉治疗师，在争论后的第二天，他们能一起讨论和反思他们之间哪里出了问题，并对他们自己和他们的关系有更深入的洞察。由此，观察伴侣心态的内化具有诊断的意义，有助于治疗师考虑伴侣何时可以结束治疗。

伴侣心态作为治疗师分析态度的一部分

在治疗一开始，伴侣心态就为治疗师指引了方向，而且，伴侣心态也是治疗师的立足点。伴侣心态会在设置中体现出来，比如，治疗师以何种方式进入初始会谈、如何安排咨询室，以及如何在会谈间期通过将双方都考虑在内而与伴侣交流。伴侣心态还有助于治疗师管理反移情，因为虽然治疗师要聚焦于伴侣关系以及伴侣在关系中创造了什么，但可能有些时候难以做到。伴侣双方都可能视对方为问题的根源或者都同意其中一方是问题所在，有时，治疗师在一开始也会认为问题出在伴侣中的一方。但是，伴侣心态为治疗师提供了一个内在的位置，在这个位置上，那种将问题归咎于一方的看法会受到挑战，治疗师可以重新回到伴侣心态，将观察和理解聚焦于伴侣的关系。

如果伴侣心态十分稳固，它就会为治疗师在工作中提供灵活性。如我在第2章中描述的那样，要开展伴侣治疗，不可能只看到伴侣一方而看不到另一方，也不可能没有伴侣心态，否则，治疗就会从对伴侣的工作转为对个体的工作。与普遍存在的看法相反，伴侣治疗师不只是把伴侣作为伴侣来向他们做出解释。事实上，只要伴侣心态存在，所有的解释都将是针对伴侣的，因为即使向其中一方做出解释，也会考虑到另一方，以及考虑到伴侣双方对解释的反应，这些都可能构成了下一个解释的基础。治疗师若有稳定的伴侣心态，就能在工作中灵活自如地对治疗室里不同的关系进行解释，并最终朝向"伴侣解释"，后者解释了伴侣之间潜意识正在发生的事情。

伴侣心态和创造性伴侣

有时，或许也在我自己的写作中，伴侣心态和创造性伴侣的观点并没有清晰地区分开来。为了更清晰明了些，我要说明一点，我把创造性伴侣的发展成果作为一种内部客体，作为个体心理发展的一部分（Morgan，2005；参见第8章）。它是继早期发展之后的一个心理发展阶段，是健康的成人伴侣关系以及其他形式的成人关系的基础。这一发展的特点之一就是伴侣心态。但是，伴侣心态除了作为伴侣关系的一种功能，它还可以被伴侣双方运用从而创造性地一起思考问题。他们可以容忍差异，虽然不一定知道能否以及如何可以在伴侣关系中保留这些差异，但他们仍然相信或者有时会意识到，他们的差异能够导向一种创造性的结果，也就是在他们之间产生一些"新"的东西，这些"新"的东西是伴侣任何一方都不曾独自发现的。由于治疗师内在的创造性伴侣的发展，治疗师能够在治疗中展现伴侣心态，从而触发伴侣内在的创造性伴侣的发展过程。

第 1 章

对伴侣关系的精神分析理解

过去、现在和未来 [1]

自 1948 年塔维斯托克关系中心成立以来（那时称为家庭讨论局），其工作核心一直是对伴侣关系的理解。在战后的英国，由于政治和社会对家庭与婚姻困境的关注，人们越来越认识到家庭与婚姻需要心理和物质上的帮助。开创性的家庭个案工作者转向了精神分析，以帮助理解他们在临床工作中遇到的冲突和痛苦的伴侣关系 [2]。在过去的 70 多年间，这项工作已经发展成为一套非常具体的精神分析理论与临床方法。在其思想体系的发展历程中，不断受到了广泛的精神分析思想基础的影响，特别是从 20 世纪 90 年代以来，受到了后克莱因思想的影响。塔维斯托克关系中心建构的模型涉及伴侣关系中两人之间复杂的潜意识互动和他们内部的客体关系、潜意识幻想、冲突、焦虑和防御，以及如何与另一心灵互动并创造出新的内容来。

在塔维斯托克关系中心的不同历史时期，虽然有过几种已经发展起来并具有突出地位的思想趋势，但如今，它们都构成了当前思想主体的组成部分。我将其概括为过去对关系的影响、现在的关系在发展与动力方面的特性，以及关系在未来的潜力。而塔维斯托克关系中心的技术核心是治疗师的"伴侣心态"。在塔维斯托克关系中心理论体系概述中汇总的这些领域，将在随后的章节中做进一步的阐述。

过去的影响

这涉及伴侣基于过去经验而结合在一起的潜意识决定因素，以及这些决定因素又是如何塑造了他们新建立的伴侣关系，也许，建立新的伴侣关系是在重复、管理或修通那些未解决的早期冲突和焦虑。例如，Pincus 写道：

> 虽然人们往往希望在婚姻中有一个全新的开始，并逃避不尽如人意的早期关系中的挫折或失望，然而，与第一个爱的客体（love-objects）的潜意识联结却可能决定配偶的选择，在与配偶的关系中，早期的情境会强迫性地重现。
>
> （Pincus，1962，p. 14）

潜意识择偶的意义、伴侣双方建立的潜意识协议、投射系统（其中包括伴侣中每一方的分裂与投射，以及承载来自对方的投射部分），都会被分析。在更加防御性的关系中，伴侣双方会希望将投射出去的部分保留在对方那里，但在发展性的关系中，则有更大的灵活性，投射出去的自体部分有可能被重新整合，导向个体和关系的成长。早期的临床文献详细地描述了客体选择的意义、伴侣相配以及伴侣在关系中为了寻求平衡而做出的复杂的潜意识安排。

弗洛伊德在《超越快乐原则》（*Beyond the Pleasure Principle*）中指出了伴侣移情关系的防御性版本——一种早期未解决的关系或内在未解决的关系的重复。他举例说明，有这么一类人，他们的关系似乎都有相同的结果，即重复选择相似的客体，却什么也得不到修通；他们不会发展出新型的关系。例如，他谈到，"一个情种与女人的每一次恋情都会经历同样的阶段，导向同样的结局"（1920，p. 22）。他谈道：

如果我们对观察到的这类现象加以考虑，并结合移情中的行为和男性与女性的生活历史，就有信心推断，在心理上的确存在一种强迫性重复，它超越了快乐原则。

（Freud，1920，p. 22）

从这个意义上说，新的关系变成了旧有关系的一个版本。早期临床治疗师们的理解是，人们常常既希望重复过去，又希望创造新的东西。例如，Balint观察到：

在精神分析师们的发现中，有一件最引人注目或许也是最令人鼓舞的事情，即人们从不放弃为自己和所爱的人把事情做好。即使他们看上去只是在做相反的事情，我们也会经常发现，那些似乎是最绝望和无用的行为却可以被理解为试图回归过去美好的事物，或纠正一些不满意的东西……那么我们可以说，在婚姻中，我们潜意识地希望找到解决我们原始的亲密问题的方法。

（Balint，1993，p. 41）

由此，对伴侣而言，伴侣关系可以被视为具有潜在的容纳功能，因为它提供了修通与发展的机会。如果投射系统足够灵活，自体投射出去的部分就不会丢失，而是由对方保留，并在安全的关系中，随着时间的推移能够被重新内射。理想情况下，伴侣关系可以作为心理容器而发挥功能，在这样的关系背景中，伴侣双方都能不断进行着修通、个体化和发展（Colman，1993a）。从这个意义上说，成人亲密的伴侣关系为身在其中的个体提供了一个既可以退行又可以发展或个体化的特殊机会。对这一点，一些早期的临床治疗师有如下描述：

婚姻关系提供了一种容纳，在其中，每一方都感觉对方是自己的一部分——一种联合人格。对方身上那些起初有吸引力的、但后来又让人感到不满意的部分往往是被分裂掉的、可怕的自体部分。或许可以想象，处理自体不想要的部分的最佳方式就是把它们投射到某人或某物上，并尽可能远离它们。然而，这将使自体面临永远失去它们的危险，并失去成为更完整的人的可能性。

（Cleavely，1993，p.65）

这些作者都谈到了在大多数关系中固有的发展需要和防御需要之间的张力。但从本质上讲，一种很乐观的看法是认为伴侣关系具有潜在的疗愈作用，它有能力修复过去并使关系中的个体能够修通早期的冲突。

这种思想更重要的一条主线是共有潜意识幻想的观点（Bannister & Pincus，1965）。我们观察到，伴侣除了重复过去或重新加工过去之外，还会通过潜意识幻想将共有的或类似的体验世界的方式带到关系中，例如，在潜意识幻想中，爱或恨是危险的。还可以看到伴侣如何建立共有的防御来管理共有潜意识幻想，从而导向一种特定的关系，比如，在关系中回避强烈的情感，而呈现出的问题是缺少亲密和性生活。近年来，那些钳制关系的、非常固定的、更深层次的潜意识幻想已被界定为与成为一对伴侣有关的潜意识信念（Britton，1998c；Morgan，2010；Humphries，2015）。

从 20 世纪 60 年代到 80 年代，这些思想有了很大范围的推广，并在 Stanley Ruszczynski 主编的出版著作《伴侣心理治疗》（1993a）中可以看到。

现在

目前，有两个思想领域与现在的关系特性有关，我将其描述为现在的发展性关系和动力性关系。

在成为伴侣的过程中伴侣的心理发展

成为一对伴侣是从出生开始的心理发展历程的一部分，但是，在真正成为伴侣之前或者如果朝向成为伴侣的发展不安全，这个发展可能会停滞不前。在一篇关于能够成为一对伴侣的论文中（Morgan，2005），我描述了伴侣的心理发展过程，在这个过程中，与原初客体的关系以及俄狄浦斯情境和青春期的修通都是至关重要的。因此，作为伴侣治疗师，我们有时会问自己：什么样的伴侣正在当下呈现；伴侣的成员是否觉得自己是伴侣关系中的一部分，如果是的话，又是哪一类伴侣的一部分？

伴侣关系的建立可能是潜意识地要创造一种理想化的母－婴二元关系。或者，他们之所以无法步入成人伴侣关系，是因为难以放弃心理发展更早期的阶段，比如青春期的自主性。有些伴侣试图创造一种完美的结合，坚信这就是伴侣关系或者伴侣关系应该成为的样子，而这类现象并不罕见。同样，我们也看到一些人很害怕对伴侣关系做出承诺，好像伴侣关系的观念会让他们迷失或被毁灭。

现在的动力性关系

潜意识幻想

潜意识幻想，虽然不可避免地根植于过去的经验，但也塑造了现在伴侣互动关系的模式。我们体验这个世界以及交往对象的方式，都是通过潜意识幻想的透镜过滤而成。在健康的关系中，这是一个双向的过程，这些潜意识幻想被带入与外部现实的接触中并被修正。但伴侣治疗师也观察到，伴侣们会以重复、熟悉的方式感知对方和误解对方。这就像是伴侣之间在进行着另外一种他们意识不到的潜意识交流。

在伴侣关系中，围绕着某些重要领域（例如依赖、分离或亲密），伴侣双方可能会有相互吻合的潜意识幻想，而伴侣在这些领域的潜意识挣扎可被视为共有潜意识幻想。伴侣双方会以特定的方式与共有的问题关联，并诱导配偶扮演他们幻想中的某个角色。由于这种情况是双向发生的，于是伴侣创造了一个共有的"故事"。伴侣会反复将这一故事的不同版本带入治疗，并潜意识地邀请治疗师参与，通过这一过程，治疗师能够构建出隐藏在背后的共有潜意识幻想的画面。

潜意识信念（Britton，1998c）被定义为一种潜意识幻想，它尚未发展，仍保持在潜意识的深处并处于不变的状态。有时，伴侣双方或一方会对成为伴侣的意义持有潜意识信念（Morgan，2010）。这种信念就像是伴侣关系的一个永久存在的底色。在潜意识中，它被体验为一种"事实"，因此不需要被质疑。伴侣一方偏离信念的行为会被视为一种背叛，理当受到批评和攻击。由此，与这些信念的接触也会变得更加困难，但有时，通过见诸行动或通过理解那些令人不安的，难以表述的反移情，潜意识信念会进入意识，那一刻，当前存在的但又不可见的信念底色就会映入眼帘。

自恋关系

一对伴侣如何处理与分离独立但又亲密的"他者"相处的现实或事实呢？这个问题与自恋关系有关联，但又不限于此。我认为，这是一个普遍存在的困难，也是偏属自恋的问题。在一段关系里（除非关系极度融合），个体在日常互动中都会面对不同的观点和体验，也许这些不同的观点和体验并不容易在关系中共享和被理解。即使我们认为伴侣关系是基于寻求客体的需要而建立起来的，也会发现在关系中"他者"的有些方面是无法预期的，这一点在所难免，而且很有挑战性——并非所有的他者都可以被同化、理解或容纳。这一现实会给一些伴侣带来沉重打击，很多伴侣会耗费大量的心理能量来否认它。在此，治疗师的探索与其说是关于为什么两个人会基于他们过去未解决的问题走到一起，以及这种关系可以帮助他们修通或防御什么，不如说是关于与"他者"相处给伴侣双方带来的冲击。

对一些人来说，独立他者的存在是无法忍受的现实，在伴侣关系中，他们常常诉诸原始的防御来处理这种现实情境。常见的解决办法是试图迫使对方符合自己的想法，但这会导致无休止的冲突，或施受虐的控制和屈从。另一种解决途径是我称为的"投射僵局"（Morgan，1995），在其中，伴侣双方都坍塌陷入了对方。在这里，投射认同被用来创造一种生活在客体内部的感觉或客体生活在自体内部的感觉，以此处理和否认对方实际的独立和差异，因为这些独立和差异对自体的威胁太大。我们与伴侣们一起看到，这种心理层面的运作可以创造一种舒适的融合，但它往往会变得非常控制和僵化，使伴侣们陷入了自己创造的僵局中。

与伴侣的自恋关系有关的这些观点是从 20 世纪 90 年代开始在塔维斯托克关系中心发展起来的，已在《伴侣中的侵入和亲密》（Ruszczynski & Fisher，1995）和《不速之客：从自恋走向婚姻》（Fisher，1999）中进行了描述。下面，Fisher 谈到了自恋与婚姻的心理状态之间持续存在的张力：

> 追求自己的真实体验并容忍他者的真实体验，承认和接受他者的体验的意义而不失去自己的体验的意义，特别是当这些体验既有差别又存在冲突的时候，这些能力都是重要的发展成就……这些发展成就并不是一种固定的状态，在亲密关系中，它们总是承受着来自我们自己的婴儿期的愿望、恐惧和焦虑所施加的压力，以重新划定自体和他者之间的边界。
>
> （Fisher，1999，p. 56）

共有心理空间是 Ron Britton 在 1999 年举办的 Enid Balint 纪念演讲会上的论文演讲主题。在对那篇论文做回应的时候，我被精神分析的关系（病人与分析师）和亲密的伴侣关系之间的平行相似打动，因为我想象 Britton 在演讲中是运用了隐喻来做出这样的对比的。Britton 尤其描述了两种类型的自恋关系——"黏附的（adherent）"和"脱离的（detached）"——它们可能导致令人担忧的"伴侣相配"；例如，其中一方在关系中占据所有心理空间，而另一方则隐藏或缺席（见第 7 章），或者伴侣双方分别充当了对立的两极，阻止任何亲密关系的发生（Britton，2003a；Nyberg，2007）。

Ogden（1994a）和 Pickering（2006）都描述了个体与他们称之为"他异性（alterity）"（他者的他性）的对峙（confrontation）。这种对峙既会影响我们当前对自己的感觉，也"不允许我们保留过去对自己的感觉"（Ogden，1994a，p. 14）。由此，亲密不仅仅是在保持独立的同时保持亲密关系，而且伴侣每一方都会通过与另一方的相遇而改变。我们在意识层面无法知道自体将以何种方式改变，这一事实让我们理解了为什么对有些人来说，设想一段关系可能被体验为迈向未知的可怕一步。

通过有效地借鉴 Britton 的工作以及作为俄狄浦斯情境修通成果的三角空间的发展，伴侣治疗师以不同的方式将之应用于伴侣关系和分析性的伴侣治疗。Ruszczynski 曾写过关于"婚姻三角"的文章（Ruszczynski，1998），近来，Balfour（2016）强调了伴侣治疗中三角情境能够创造更多心理空间的特殊潜力。我提出了"伴侣心态"的概念（Morgan，2001），伴侣心态往往是寻求帮助的伴侣所缺失的部分，它可以由治疗师提供，并逐渐被伴侣内化成为治疗的成果。伴侣心态是伴侣关系自身所象征的第三方位置，会帮助伴侣双方在成为自己的同时也在与对方的关系中观察自己。这一点非常重要，因为它有助于伴侣能够容纳亲密关系中那些不可避免的混乱，在这种亲密关系中，必须设法处理他者的他性及其对自体的影响，特别是当我们认为这种关系中的自体不再是以前的自体时。

Berenstein（2012）从"连接（link）*"的角度描述了"在场（presence）"的概念，指的是他者的在场及其作为一种"干扰"会对自体产生何种影响。他谈道：

> 当存在两个或两个以上的主体时，他们的在场会产生新的、未知的事物，因此，在主体之间的空间里就产生了干扰。未知的事物迫使这些主体以某种方式改变它，赋予它意义，并且在处理关于他们可能实现什么的不确定性时，试图基于差异而产生一种成为（becoming）。

> （Berenstein，2012，pp. 575–576）

客体关系理论与连接视角之间的相似与不同是目前国际精神分析协会伴侣与家庭精神分析委员会和国际伴侣与家庭精神分析协会内部的一个创造性研究领域。这项工作体现在近年来发表的许多文献著作里（Scharff & Savege Scharff，2011；Scharff & Palacios，2017；Scharff & Vorchheimer，2017）。

投射认同和投射系统

从早期开始，对伴侣关系中投射认同的运作方式的理解一直是塔维斯托克关系中心的核心思想。它是"伴侣投射系统"这一伴侣精神分析概念的一部分。这个概念支持了"联合婚姻人格（joint marital personality）"（Dicks，1967）、潜意识的配偶选择以及婚姻或伴侣相配等观点。这也为有些个体必须作为一对伴侣来寻求治疗的原因提供了一种理解视角，让我们理解了这些个体

---

* 译者将"link"一词翻译为"连接"，这是基于比昂对 link 的观点，比昂认为婴儿口腔与乳头的连接是人与人之间连接的原型，这可以涉及容纳与被容纳的关系、成人的性关系等等。"连接"这一物理学名词用于描述婴儿口腔与乳头的连接很直观，当然，与物理学概念不同，这其中包含了丰富的幻想、冲突、焦虑、防御、客体关系特性等等。因此，此翻译"连接"是借用物理学概念来描述身心层面的 link。——译者注

的某些部分被放置于配偶那里，并且只能在配偶那里了解它们。Pincus 对此有如下描述：

> 抱怨配偶抑郁、依赖或控制的人，很可能通过否认自己的这些部分，让配偶以双倍剂量的程度来表达它们，同时，又通过发展出了针对被否认掉的这些部分的防御性对立态度，而加剧了婚姻中的压力和疏离。
>
> （Pincus，1962，p. 18）

伴侣的投射系统有助于理解为什么有些伴侣想要分手却无法做到。所有伴侣都有某种投射系统，重要的是这个系统的性质如何。伴侣中，投射方如何运用投射认同以及接收方如何体验投射认同，决定了投射系统在多大程度上具有交流性和灵活性，或者是具有防御性、刻板性及侵入性。如前所述，伴侣的投射系统对伴侣能起到容纳的作用。如果投射系统是灵活的，就会因为它能适应不断变化的需求和外部现实而导向个体和关系的成长。随着时间的推移，那些投射进入配偶的自体部分就会被重新内射。或者，如果投射系统是非常防御性的和被操控的，那么它可以表现出非常自恋和阻碍发展的属性。

未来

我要谈的第三个领域是未来，我们需要重新回到成人伴侣关系具有发展潜力的观点。与更早期那些强调修通过去的观点不同的是，这一领域着重于关系可以创造出新的事物。两个人走到一起所创造出的事物是他们关系的构架所特有的。"创造性伴侣"的观点和连接的概念分别源自不同的精神分析传统，在此，我想把它们结合起来讨论。Berenstein 对伴侣之间的连接有如下描述：

它所生成的是一种被扩展、修正和更新的主体性，使得解除自我（自恋）对其身份的束缚成为可能，并将这种主体性确立为新生主体。伴侣作为一个聚合体有自己的生命，它不同于聚合体内各个部分的叠加之和。伴侣的成员承载着他们自己的历史和童年的心理发展，以及在这个聚合体中产生的心理发展，而聚合体中的心理发展是在伴侣一起体验的每一个"当下"不断形成的。当下以投射的形式产生了过去、历史和未来，虽然这些投射未必会实现，但仍然是一个决定性因素。

（Berenstein，2012，p. 573）

处于关系中的重要之处在于存在一个"他者"，并且，关系中的成员之间有持续的交流，但他们又是独立和不同的。关系中的成员走到一起，彼此改变着对方，并能在他们之间产生第三方，"婴儿"可以象征所产生的第三方。相较于说"第三方"，也许我应该说"第三方们"，因为有创造力的伴侣会在他们的关系中生成许多的"第三方"。

在精神分析伴侣治疗中，我们不仅关心伴侣双方能否发现他们的关系是一种资源，一种可以在心中面向的、用以容纳他们的资源，而且我们也关心他们能否利用彼此之间的差异和他性来创造一些新的事物——新的想法、解决办法和前进的道路。伴侣心态的内化有助于伴侣找到在与对方的关系中观察他们自己的能力。伴侣心态既可以帮助伴侣观察关系的动力，也可以观察那些基于他们的身份包括过去的经验而带入关系中的问题，由此促进伴侣管理他们之间的差异和冲突。但是，为了让伴侣富有创造力，只看到差异是不够的：正如 Berenstein 所描述的那样，必须和"他者与自己不同的部分"接触（Berenstein，2012，p. 576）。

精神分析伴侣理论不仅聚焦于伴侣双方从过去带入当前关系的部分，而且也聚焦于他们独立的内部世界如何在当前给对方带来新的、无法预期的影响。如果可以接触他者的他性，个体独特的心理发展将会继续，这不仅仅是就修通过去而言的发展，而且是通过当前新的、有潜力的创造性伴侣关系带来的发展。

在结束这一理论概述之前，我想指出一个也许是显而易见的但我认为仍然很有意思的问题，即，之前谈到的由病人和分析师组成的"分析伴侣"的关系视角不同于"成人亲密伴侣"中的关系视角。在与个体的分析工作中，我们尤其通过反移情以及我们如何被潜意识地推动着将病人的内部世界付诸行动，来尝试观察我们与病人的关系，这种关系随着时间的推移，无时无刻不在发展与变化之中。这有助于我们理解他们的内部世界。当然，我们并非完全中立的客体，有些精神分析学派会更强烈地强调这一点。在分析性伴侣治疗中，治疗师也在观察伴侣（有时她是伴侣关系中的参与者，我在之后的章节中会对此加以描述——参见第5章）。在此，我们不仅可以看到，伴侣关系如何被每一方的过去，包括他们自己的"伴侣关系的过去"以及他们两人内部世界所决定，而且可以看到，每一方带入关系中的部分会如何影响另一方，并创造一些新的、在当下时刻处于变化中的东西。因此，我相信，与伴侣的分析工作提供了一个有利位置，可以从中观察和理解关系的复杂性，而在伴侣关系领域中所观察到的，可能同样是精神分析领域所感兴趣的。

综上所述，我所总结的理解伴侣关系的精神分析方法是：第一，伴侣双方从过去带入了什么，以及他们如何在防御和发展层面对此做出反应；第二，伴侣在成为"一对伴侣"的过程中是如何发展进步的，以及伴侣之间如何管理"他者"存在的动力现象；第三，他们如何在关系的背景下持续发展，这种关系对他们来说是富有创造性的，无论他们在一起的时候还是独处的时候。

接下来的临床示例说明了如下观点：过去带来的影响，试图修通未解决的早期体验，还有伴侣的投射系统和移情关系，以及如何感到更少地为其所控制，浮现出来的其他困难，但也有更富创造性的"新"事物，等等。

大卫和凯瑟琳：一对在爱和恨中挣扎的伴侣

我要介绍的是与这对伴侣工作的一个核心部分，即他们在处理爱和恨方面的困难。凯瑟琳，45岁，大卫，55岁，他们已经结婚5年了。这是大卫的第二段婚姻，他的第一任妻子10年前因一场车祸离世。他的两个孩子现都已20多岁。

第一次见到他们时，凯瑟琳的尖刻让我印象深刻——她很生气，她觉得这段关系已经毁了，并说她自己一个人的话会过得更好。接着，她开始尖叫，解释说她觉得自己近乎崩溃，不过她已经看过医生了。大卫非常惊慌；他不明白事情怎么会变得如此糟糕，也许有些伤害已无法挽回。他谈到自己爱着凯瑟琳，不忍心看到她这个样子。这对伴侣看上去处于创伤的状态。当凯瑟琳哭泣的时候，大卫伸出手来安慰她，她生气地把他推开了。这是一个令人震惊的时刻，让我在对她表达支持的时候也十分谨慎。

凯瑟琳平静下来之后，向我描述了大卫两个孩子的"可恶行为"。大卫有一个女儿和一个儿子，他们在凯瑟琳和大卫婚后的头几年搬过来一起住，在家里表现得非常苛求和依赖。令凯瑟琳感到震惊的是，他们就像退行的青少年——侵入、粗鲁、不整洁、自私，在经济上、身体上和情感上苛求父亲。她认为，"就像鸟儿一样"，在某个时刻，孩子们应该被推出巢穴，必须让他们自己飞翔。虽然凯瑟琳心里暗暗地希望他们能像一家人一样一起生活，但事实上，她发现自己对大卫的孩子如此地利用他而他却允许他们这样做感到非常愤怒。大卫觉得作为父母，试图帮助孩子是很自然的事，特别当他们真的出现问题的时候。这两个孩子都没有稳定的工作；大卫的女儿正在接受心理卫生服务部门的帮助，他的儿子患有身体疾病，但他没有按照处方接受治疗。

像治疗伴侣时经常发生的那样，我最初对这对伴侣有着非常悬殊的反移情反应。我为大卫感到难过，他失去了第一任妻子，现在又可能会失去第二任妻子，而且他对自己的孩子也非常担心。凯瑟琳却是如此尖刻、敌对和无情，以至于我不知道我是否还能与她有任何情感层面的接触。

治疗中一定发生了什么，也许只是单纯的设置上的稳定一致，以及我虽然不能与凯瑟琳有情感上的接触，但也没有让她把我推走，总之，在治疗进行了几个月之后，她感到了足够的安全，然后告诉我在她与大卫的关系中，她让自己"平生第一次感到兴奋"。我很想知道她对什么感到兴奋。她说她找到了"爱"。这样一种表达让我们在那一刻都沉默了。几分钟后，我说我认为她在告诉大卫和我一种关于找到爱与被爱的能力的体验。

然后，凯瑟琳告诉了我下面的故事。她在海外的孤儿院长大，父母杳无音讯。在她7岁的时候，母亲来看她。起初，她不敢相信探访者是来见她的，因为在那之前，从来没有家人来看过她，她也不知道自己的母亲是谁。母亲的到来让她兴奋不已，母亲还承诺两周后来接她回家。她清楚地记得接下来那两个星期的期待，她脑子里想的和嘴上说的都是这件事。当那一天到来的时候，她满心期待地等待着，时间一分一秒地流过，眼睁睁地看着其他的探访者来了又去，最终，她痛苦地意识到根本没有人会来接她。

我现在知道，并不是凯瑟琳心中没有任何爱，而是她对此极度恐惧。我现在也理解了，对凯瑟琳来说，在那之后的生命中，允许自己对任何拥有爱的机会感到兴奋和充满希望是多么危险的事情，这些爱在她早年的生活中早已被剥夺掉了。梅兰妮·克莱因指出，被分裂和投射的不仅仅是自体坏的方面，还有好的方面，因为一个人会觉得自己不值得拥有它们（Klein，1946）。我想凯瑟琳在大卫身上找到了一个人，可以妥善保管她投射给他的那些她心中残留的爱的情感，因为她觉得这些情感无法在她的内在健康发展或者会在她的内在被摧毁。

大卫出生在比凯瑟琳更富有的家庭环境，而且他的家庭是完整的。然而，在大卫的童年时期，父亲的生意失败，家境迅速从富裕跌入贫穷。他和两个年幼的弟弟随着全家搬到农村居住，在亲属的接济下过着勉强糊口的生活。大卫认为他的母亲从来没有从家境巨变的打击下恢复过来，她的身体每况愈下。大卫很聪明，在学校表现很好，但是家里无法为他支付任何继续接受教育的费用了。

大卫看上去是一位温暖而体贴的男性，但我意识到他没有任何的攻击性和他所需要的坚定。凯瑟琳害怕的是爱，而大卫恐惧的是恨。治疗进行了几个月后，他才开始表达对父母的愤怒和失望，在他眼里，父母在他童年的时候都崩溃掉了，再也没有恢复过来。他要切断与自己的愤怒和恨的任何接触，因为在潜意识的幻想中，他担心这会彻底摧毁他的父母。相反，他承担起了照顾他的母亲和后来第一任妻子的角色。正是大卫的这种照顾体贴让凯瑟琳如此的兴奋——正如她所说的——他似乎有"过剩的爱"。通过大卫，凯瑟琳觉得自己能够面对被一个人爱可能带来的风险，也觉得她或许能够恢复（重新内射）自己的一些爱的情感。另一方面，大卫很被凯瑟琳的强势以及她表达负性、甚至敌对情绪的方式所吸引，而且她这样表现自己似乎也没招致什么可怕的后果。他可能在想（更在潜意识层面），凯瑟琳进入这个家庭可能也正是他的孩子们需要的。

可以看到，在他们一生中的大部分时间里，爱与恨这些强有力的情感一直处于被遏制的状态，但在他们的伴侣关系中，他们在对方那里感受到了与这些情感的一种不同以往的连接；对这对伴侣来说，这种连接使得他们关于爱和恨是危险的这种潜意识信念在关系中受到挑战。然而，当大卫的孩子们来与他们一起生活时，他们各自的创伤开始复苏。大卫担心孩子们会变得越来越糟，而凯瑟琳也崩溃了，就像大卫的父母那样。凯瑟琳觉得被大卫抛弃了，"被推出了巢穴"，就像被离开她的父母（和其他人）抛弃一样。

这些生命早期与脆弱的和抛弃性的客体有关的情感在他们之间的移情中被重新唤起，加剧了他们的焦虑。同时，他们的投射系统也被强化，在这个投射系统中，凯瑟琳可以看到大卫呈现着她分裂掉的爱的情感，而大卫可以看到他的恨——在良性的形式中代表了坚定、有力和边界——也在凯瑟琳身上体现。这个投射系统把他们牢牢地钳制在那里，动弹不得，他们看不到怎样才能挣脱出来。随着投射过程的持续，这对伴侣无法启动重新内射的过程，反而分化成了两极，每一方甚至占有了对方投射过来的部分。

当理解了他们那些在当下再次活跃起来的焦虑的根源，他们的投射系统的钳制力也就减轻了。与此同时，他们对我的移情以及我的反移情也有了转变。当凯瑟琳开始觉得她和我的关系更加安全的时候，我开始对大卫感到恼火和愤怒。为什么他对待孩子不能更有力量些？为什么他总是在治疗室里表现得如此和善，好像他占有了所有好的方面，而让凯瑟琳成为抱怨和批评的一方——抱怨和批评的情绪也在我的反移情中控制着我。当然，令大卫害怕的是，一旦他对我们表达愤怒，就会带来破坏性的后果。当凯瑟琳在第一次会谈中表现出敌意时，在她身上我感受到了这种破坏性的愤怒。虽然她对大卫的拒绝反应对正在接受治疗的伴侣来说并不是一件不寻常的事情，但她的表达传递出要摧毁人与人之间的情感接触的破坏力。

几个月后出现了一个转折点，我注意到凯瑟琳出人意料地表达了一些对大卫孩子的温暖情感。当我向她指出这一点时，她对自己感到很惊讶——她本不想这样做的。对她来说，表达温暖的情感是很不安全的做法，但我觉得她暂时性地将自己从与孩子们的关系中那个充满恨的、抛弃性的、固定的客体角色中解放出来了，并由此试探性地体验到一点快乐。这是一个松解投射系统、发展更现实的连接以及整合伴侣每一方心中的爱与恨的开始。

随着这个家庭的逐步改善，其他的困难浮现出来了。在治疗的推进过程中，他们因彼此之间存在的差异而挣扎，同时，由于对关系的理想化幻想被带入与现实更多的接触中，他们不得不面对关系的局限性。他们的伴侣关系并不能修复过去发生的每一件事，但他们确实在设法限制当前再现过去的程度。当大卫的孩子离开家时，凯瑟琳为她和大卫不能拥有自己的孩子感到难过。这一丧失有其自身的重要性，但也给了他们一个平台，让他们可以哀伤那些以前从未修通过的丧失。

这一哀伤过程和投射系统的松解给他们的关系带来了新的挑战。他们更多地挣扎于对方的现实部分，而不仅仅是他们通过投射认同而存放在对方那里的部分。当大卫能够对孩子有更多的要求时，他也表达了对凯瑟琳的更多需要，这对他们双方来说都是不容易处理的情境。凯瑟琳并没有将自己视为可以提供养育的人，大卫则害怕为了自己的需要而向别人提出要求。他们双方不仅挣扎于他们以前从未接触过的对方现实的部分，而且也挣扎于让他们感到惊讶的、正在浮现的自己的部分。

在结束治疗时,这对伴侣似乎更有能力将对方作为"他者",而不是一个满载着移情和投射的个体。这并不是说他们不再以这些扭曲的方式与对方建立关系,而是说目前在他们的关系中看到了希望的曙光。把自己从一个非常固定的投射系统中解放出来意味着与自己的爱和恨的情感有了更多的接触,这在他们每个人心中激发了焦虑,并给他们的关系带来了挑战。不过,他们的关系受到的束缚已经减少,这使得他们能够在和我一起工作的过程中修通一些彼此间的失望以及对关系的失望。尽管这对他们来说并不容易,却为他们之间一些"新"的可能性提供了空间,我对他们的未来保持乐观。

注释

[1] 本章的一个版本于 2015 年 11 月 14 日在伦敦塔维斯托克关系中心举行的欧洲区域伴侣与家庭精神分析会议上作为演讲论文,题为《理解伴侣和家庭——客体关系和连接理论视角的相近与不同》。之后,这篇论文发表在:*Couple and Family Psychoanalysis*, 6(2), Autumn 2016,以及 D. Scharff & E. Palacios (2017). *Family and Couple Psychoanalysis: A Global Perspective* (pp.21-26). London Karnac.。

[2] Enid Balint（1993）, Lily Pincus（1960）及 Kathleen Bannister（Bannister & Pincus, 1965）,被誉为塔维斯托克关系中心的创始之母（Dearnley, 1990）。在塔维斯托克诊所有影响力的同事还有 Dicks（1967）, Gill 和 Temperley（1974）,以及 Teruel（1966）;在塔维斯托克关系中心的其他早期作家和临床治疗师有 Mattinson（1975）和 Lyons（1993a, 1993b; Lyons & Mattinson, 1993）。

第 2 章

评估

　　伴侣第一次真正接触伴侣精神分析治疗是在他们找到一位治疗师做评估或是咨询的时候。在这个时候，伴侣和治疗师都处于一种特殊的心理状态，而且他们的接触也常常有一定的情绪强度。伴侣通常对寻求帮助心存矛盾，有时是伴侣一方把另一方"带过来"。他们可能正面临着危机。他们并不确定伴侣治疗会是什么样子或者是否可以帮助他们。他们可能对评估治疗师有强烈的情绪反应，一方面需要治疗师的帮助，另一方面可能对治疗师怀有敌意，这是因为治疗师是作为"第三方"被邀请进入伴侣关系的，伴侣对接下来可能会发生什么感到焦虑。在初始会谈中，他们既可能因为迈出了这一步而释然，也同时感到被容纳。参与治疗的过程有何现实意义是需要时间来慢慢消化的，在开始的时候伴侣可能体会不到。

　　治疗师也会处于一种特殊的心理状态，因为她要准备好与一对新的伴侣会面，并在心里为他们留出空间。评估师常会担心在有限的时间里不能完成评估任务。但即使没有这层压力，精神分析评估本身的性质也是很复杂的。

　　我会在本章探讨精神分析伴侣评估中的关键元素，并说明将它们整合在一起会面临的困难。首先，治疗师需要关注前来寻求帮助的伴侣的主诉，观察和感受治疗空间中生动的现场互动，并由此洞察伴侣的关系模式和他们的内在世界。但是，除此之外，治疗师也需要收集伴侣当前和历史的信息，对问题形成初步的理解，对他们是否适合伴侣治疗做出判断，包括风险评估，以及为伴侣提供他们想要了解的信息。这些元素在任何精神分析评估中都存在，但治疗师需要考虑的是，在伴侣治疗的评估中，其所关注的焦点以及伴侣呈现的方式都有差异。

为精神分析治疗所做的伴侣评估

首先，不同于个体治疗的评估，伴侣精神分析治疗主要是评估伴侣关系以及他们共同创造了什么。如 Lanman 所言，"伴侣心理治疗师……将当代精神分析对关系的思考扩展到治疗师 – 病人二元关系维度之外的伴侣关系，并探索伴侣内在世界之间的潜意识'相配'"（Lanman，2003，p. 310）。然而，这种探索并不容易。很多时候，伴侣中只有一方真正愿意走进治疗室，而另一方则是因为伴侣关系（可能也波及孩子）陷入危机才不得不进入治疗。他们可能认为不是关系出了问题，而是对方有错。因此，对于做评估的治疗师来说，保持伴侣心态是一项重要任务，由此可以让伴侣双方都参与进来。比如，治疗师并不是要"劝诱"不愿意来的伴侣一方考虑参与治疗的可能性，而是为伴侣双方表达不同的立场提供空间。

其次，尽管有些伴侣会花时间思考他们在关系中遇到的困难，并认为一起参加分析治疗可能有助于解决这些困难，但大多数伴侣未必如此。通常，只有在关系陷入危机、某个事件导致关系紊乱或者长期存在的问题被激化的时候，感到痛苦甚至绝望的伴侣才会向外界寻求帮助。因此，提供容纳是伴侣治疗评估的一个重要部分。

最后，在这种心态下，伴侣通常有自己的议题，他们想得到建议或者"迅速修复"问题的办法。他们可能对分析性的伴侣治疗知之甚少，需要帮助才能进入分析过程。在他们心里，他们只是来找"专家"的，而不是真的要做治疗，或者，至少不是要进入治疗师为他们提供的治疗。治疗师通过保持伴侣心态并提供不同的空间——一种伴侣分析的空间，将伴侣作为伴侣来容纳。尽管这可能不是他们所想象的，但他们确实常常会对此做出回应。

以上这些元素既常出现于首次咨询，也出现于让伴侣参与治疗的过程，我会在第 3 章对此做更充分的讨论。我在这里强调这些元素是因为，如果在评估中忽视它们，伴侣就可能感受不到被抱持，或者，即使参与到治疗中来，也会在几次会谈后脱落。

设置框架下的评估

通常，设置会影响伴侣治疗评估的实际意义以及对评估的安排。在塔维斯托克关系诊所的设置框架下，评估过程旨在对伴侣做出快速回应，开启临床服务的通道以及提供容纳，直到可以开始持续的治疗（通常是与另外一位治疗师的治疗）。这种评估方式的不足之处在于，由于评估治疗师与提供治疗的伴侣治疗师并非同一人，使得伴侣不得不应对这种关系的过渡，这对伴侣来说并不总是那么容易。在公共服务的设置框架下，伴侣可能要等上一段时间才能进入与治疗师的会谈，而能为伴侣提供的服务资源可能也是有限的。在评估中，必须要考虑到这两点。

对于更加复杂的案例，或者不清楚精神分析方法是否有帮助的情况下，可以进行更全面的评估，甚至可能多达数次。这种评估的扩展有助于观察伴侣对已经进行过的会谈有何体验，并对会谈间发生的情况加以考虑。对伴侣和治疗师来说，这些都是判断可否进入持续的分析治疗的参考指标。如果合适的话，治疗师也有时间去联络其他专业人员对伴侣提供帮助。

治疗师总是要在扩展评估与开始常规的伴侣治疗之间寻求平衡。扩展评估可能会让伴侣感觉已经进入了与治疗师的治疗过程，因此，评估后再开始常规的治疗就会让他们有被抛弃的感受，他们会抗拒重新开始。有些时候，这会造成伴侣分裂地看待"好的"初始评估的治疗师和"坏的"或令人失望的、提供持续治疗的治疗师。由此，在评估中，尤其是扩展评估中，如果存在评估后要将伴侣推荐给另一位治疗师的过渡问题，那么围绕这个过程的工作是一个关键点。

在私人执业中，为伴侣提供的初始会谈可能更多地被视为"初始咨询"。伴侣可能是通过在职业网站查询或别人的推荐找到治疗师的。有时，伴侣中的一方正在接受治疗或精神分析，他们的分析师将伴侣介绍到伴侣治疗师这里。在精神分析中被掩盖的部分，在伴侣治疗评估中可能同样无法触及，但是，如果伴侣更有可能进入持续的伴侣治疗，那么治疗师就会有时间去收集信息，并探索伴侣的困难。

有时，治疗师会给伴侣提供有限的咨询会谈，这本身就可以发挥容纳的功效。对一些伴侣而言，仅仅几次的短暂干预就足够了。几次的咨询可能给伴侣带来被容纳的体验，在他们有机会反思当前的危机之后，便能决定由他们自己来尝试和推进关系的发展。我认为，对这些伴侣来说，伴侣心态作为关系的组成部分在之前已经存在，只不过在当前暂时失效了。伴侣咨询的体验帮助他们开始重建伴侣心态。

尽管我区分了"评估"和"初始咨询"这两个术语，但在本章其余的部分，我会互换使用这两个术语来讲述两者中存在的动力现象。

怀着伴侣心态进行初次接触

通常是伴侣中的一方联系治疗师进行初次接触。一般来讲，治疗师不想在电话或邮件中过多了解伴侣的主诉，因为如同与所有病人的工作，在这样的情境中很难对他们的问题发挥容纳的功能，特别对那些你还没有会过面的病人，而对伴侣病人更是如此，因为治疗师只能听到其中一方的一面之词。当伴侣进入初次咨询的时候，治疗师可以提及初次接触时的情况，由此，可以将这个伴侣设置以外发生的现象纳入初次咨询来讨论。在这一阶段，围绕初次接触的讨论可多可少。可能在初次接触治疗师前，伴侣双方已经同意由伴侣中的某一方来联系治疗师，并将与治疗师的讨论结果分享给伴侣中的另一方，或者，如果是通过邮件联系治疗师，则会在邮件往来中相互抄送。但也有另外的情况，比如伴侣中的任何一方都可能将自己的配偶与治疗师的联系感受为他们之间的联盟形成，通过谈论与初次接触有关的话题，可能会发现没有与治疗师联系的伴侣一方并不想来参加首次咨询。在咨询室的布置中，如果有一把椅子离门口更近，不想来的伴侣一方往往会选择坐在那里。（事实上，我注意到在近来的几次咨询中，毫无例外地，与治疗师初次接触的伴侣一方会选择坐在咨询室靠里的位置，而另一方则坐在更靠门的地方。）在与伴侣双方初次见面的时候，治疗师回应伴侣的方式是建立以伴侣关系为焦点的工作模式的开始，在这个工作模式中，治疗师会将伴侣双方带入设置框架。

如何组织评估？

很显然，伴侣治疗评估并没有确定的公式——它取决于治疗师的工作方式以及伴侣的呈现方式。然而，我们还是可以考虑一些指导性原则。

- 在初次会面时，首要的事情通常是伴侣双方都有机会表达他们对伴侣关系问题的看法和感受，以及他们为什么来见治疗师。让伴侣双方公平地享有不被打断的空间也很重要。如做不到这点，那么治疗师很可能已经成为有诊断意义的伴侣动力关系中的一员——也许是有关伴侣一方的"他性"给配偶施加的威胁，或是在关系中缺乏心理空间。但在其他情况下，治疗师在这个阶段会倾听和观察伴侣双方，并初步判断他们来寻求帮助的原因。从一开始，治疗师就在尝试创造一种伴侣分析的空间，在其中，即使伴侣双方无法倾听对方，但至少他们感到自己被治疗师恰当地倾听到了。例如，治疗师可能会注意到伴侣双方对事情的不同看法，而通过她的伴侣分析态度，治疗师可以让伴侣感受到，虽然伴侣之间的差异引发了冲突，但仍可以被容纳，并有可能以更少的破坏性、甚至是以创造性的方式共存。由此，治疗师尝试在伴侣对关系的体验中创造出更多一些的心理空间。

- 治疗师也会仔细倾听主诉，是什么让伴侣前来寻求帮助，或者为什么这一特殊原因现在成了伴侣关系中的问题。有时，主诉很清晰——比如，有外遇——但有些时候却不那么清晰；也可能存在很多次的外遇，而最近一次却把伴侣带入了危机。伴侣可能会清楚地感觉到如果出现了"X"，他们的关系就会陷入危机；但对治疗师而言并不那么显而易见，因为"X"对伴侣的意义尚未得到理解。

当伴侣相互交谈和互动的时候，他们与治疗师建立关系的方式、治疗师自己的反应以及治疗室内的情绪氛围都会促进治疗师对伴侣关系的性质形成初步的了解，这里，重要的不是他们说了什么，而是他们以怎样的方式在当下存在。

- 随着咨询的继续进行，治疗师会反馈自己对伴侣关系的初步理解。给予解释不仅可以向伴侣提供可能的帮助，而且有助于在咨询中观察伴侣如何对解释做出反应以及他们是否可以吸收利用解释。这些都可以帮助治疗师评估伴侣能否接受帮助、接受精神分析的方法，或是对之充满敌意。

- 尽管治疗师想要收集一些信息，尤其是伴侣的历史信息，这种信息收集过程却可能阻碍与伴侣的动力性接触，也可能让伴侣感觉没有被治疗师倾听到。伴侣可能不想谈论他们的生活信息或者过去经历，而只想表达当前困扰他们的问题。治疗师可以首先倾听后者，然后再询问了解伴侣的当前生活和过去经历，这会让伴侣感觉他们当前的困境与治疗师想要了解的信息之间存在有意义的联系。

- 治疗师可能感觉有些部分存在风险，需要做进一步的探索。这可能需要更多时间，比如增加一次或几次咨询来完成。

- 当评估临近结束的时候，如果伴侣有可能进入伴侣治疗，那么治疗师就要与伴侣讨论治疗的框架；比如，确定规律的治疗时间，如何处理错过的会谈和假期中断，并商定治疗费用。在这时候，有的伴侣可能想要了解与治疗师有关的问题或者其他一些他们关心的治疗问题。这些问题是非常合理的，治疗师要判断这种"交流"在多大程度上对于达成治疗协议是有必要的，又在多大程度上需要进行分析解释。在以后的治疗中，如果这样的问题再次浮现，那么它们更可能作为伴侣潜意识交流的一部分被分析，因为在治疗开始的时候已经在现实层面将这些问题讲清楚了。

伴侣心理治疗评估的核心元素

我认为伴侣治疗评估有三个核心元素：容纳；聚焦于关系以及明晰伴侣的问题；评估伴侣是否适合分析性的伴侣治疗，其中包括风险评估，后者也可视为第四个核心元素。

容纳："伴侣分析空间"的维持与见诸行动的压力

在评估的有限时间框架内，治疗师可能会感到难以容纳伴侣所表达的某些困难。常有的情况是，伴侣一方正在考虑结束伴侣关系，或者伴侣关系中发生的事导致关系陷入了危机，这可能是一次突发的家暴，一次超出伴侣想象、令他们感觉无法修复的争吵，或是伴侣意识到他们的关系正在给孩子带来伤害。当然，治疗师不能"解决"其中任何一个问题，但她能提供一种不同的心理状态，并尝试提供"伴侣分析空间"。不过，面对危机中的伴侣，不提供"解决"办法而只是提供心理状态和分析空间的做法也是很不容易的。

治疗师可能艰难地抵御着某些移情和反移情的压力，如果在这些压力下见诸行动了（这是很容易发生的情况），就会削弱伴侣分析空间。尽管治疗师在尝试提供分析空间，伴侣却可能对治疗师施加压力来削弱她的这种能力。

- 伴侣会把治疗师推到评判者的位置，评判谁对谁错，或者评判谁说的现实是现实，这样他们就很难感知到存在着容纳双方的现实（即使它们貌似冲突）的空间。然而，如果治疗师对此进行反馈，那么伴侣常常会感到释然，不过面对这个部分也不总是那么容易。伴侣

  > 对事实的描述彼此冲突，由此引发的争吵是在表达他们难以忍受对方的情绪体验的现实，特别当对方的情绪体验不符合他们的期待和愿望，或是对他们产生了不愉快的影响的时候。
  >
  > （Fisher，1999，p. 152）

- 伴侣希望治疗师能魔幻般地把一切处理妥当，或者让他们免于心理上的痛苦。尽管治疗师可能会在这方面令伴侣失望，但还是可以让伴侣了解到，他们有可能保持与这些痛苦情绪的接触，并修通它们。Vincent 描述了在给想要离婚或分手的伴侣的咨询中这些有关"法官"和"魔法师"的心理动力现象。伴侣会给治疗师施加压力，推动其充当法官或魔法师，治疗师会充当一位"救援者，或是替伴侣做出决定，或是给出解决方案，从而让一位或更多的参与者免于难以忍受的压力"。而在伴侣中的一方想要结束伴侣关系的咨询中，常会有一种"潜意识的希望，希望咨询师提供有魔力的方案，从而避免分离带来紊乱和痛苦"（Vincent，1995a，p. 679）。

- 作为"伴侣专家"，治疗师或许会感受到来自伴侣的压力——要建议他

们该做什么。伴侣或许感到必须采取某种行动——比如，伴侣一方从他们的住所里搬走，而治疗师也可能感觉要采取某种行动或要为伴侣做出决定，并陷入这种感受难以自拔。治疗师感到为焦虑所席卷，尽管有些时候，如果有风险的话，可能的确要采取某种行动，但通常情况下，伴侣需要的是帮助他们思考而不是行动。Grier 指出，有些伴侣请求治疗师

只是告诉他们该怎么做就行了。在那一刻，这些伴侣很难了解到，如果他们的请求获得满足，就可能意味着治疗师对伴侣感到绝望，无法再相信他们实际上有潜力发现自己的固有资源，并与之建立积极的连接，从而创造性地找到解决问题的方法。

（Grier，2001，p. 4）

● 在治疗过程中，伴侣在焦虑情绪的影响下，可能会强烈要求提前知道伴侣治疗将会有怎样的结果；有些时候，伴侣中的一方会提出，参加治疗的前提条件是治疗师保证伴侣治疗不会造成他们的关系破裂，否则，他们认为还不如现在就分手。事实上，在治疗室里，没有人知道这个问题的答案，但治疗师可以告诉他们，伴侣治疗或许会帮助他们更加细致地、深思熟虑地处理这个问题，而且，他们现在的感受，无论是积极的还是消极的，或许都会以当前无法预知的方式发生改变。

明晰伴侣的问题

收集信息和关注治疗室内的动力

Lanman 谈到，在评估中理解伴侣的问题需要两条可能相互冲突的调查路线。

如果治疗师总是问问题，无论是关于家庭或精神病史，或者哪怕只是伴侣谈到的希望解决的麻烦，那么治疗师很容易对治疗室内正在呈现的动力视而不见，而后者恰恰是伴侣问题最生动的版本。另一方面，如果治疗师不问这些问题，那么又可能会漏掉对评估至关重要的信息。

（Lanman，2003，p. 309）

然而，如 Lanman 在论文的后面所提示的那样，这两条调查路线未必就是冲突的，因为"询问与回答这种互动中隐含的动力学意义同样要被探索和思考，就像对待会谈中任何其他'事件'一样"（Lanman，2003，p. 316）。而且，治疗师自己在信息收集中的体验也能揭示伴侣的动力特点；例如，治疗师可能会注意到她在不停地提问，或者在回避伴侣与她之间或者伴侣彼此之间的情绪氛围。下面的例子对此有所说明。

临床案例：勒罗伊和罗克珊

勒罗伊和罗克珊一起来参加初次咨询会谈；他们都 60 多岁，以前结过婚，但配偶都已亡故。他们走到一起仅 18 个月的时间。勒罗伊希望他们可以搬到一起住，但罗克珊很犹豫。勒罗伊为此感到沮丧，因为他相信如果他们可以迈出这一步，他们一定会一起生活得很好。这对伴侣在会谈中提供了很多信息，涉及他们的个人信息和背景信息，也谈到了他们的相似之处和不同点，以及他们是如何走到一起的。他们讲述了关系中的困难，包括勒罗伊感觉他总是不得不更主动一些。当这些片段信息在会谈中被分享的时候，我对自己有了某种觉察，我开始感觉自己需要把所有的事情连在一起，给予这对伴侣一个"聪明的看法"。接下来，我越来越觉察到咨询室里非常沉重的情绪氛围，一种充斥着惰性的味道，这好像与他们讲话的方式以及我难以保持对他们谈话内容的兴趣有关，尽管，事实上，他们自发地在谈及一些潜在的令人感兴趣的材料。我也意识到，我在过于集中地收集信息。我给勒罗伊和罗克珊安排了另一次咨询。初次咨询后，我反思了咨询中沉重的惰性氛围，很好奇这是否与某些未曾解决的丧失或抑郁有关。也许，我要给予"聪明的看法"的冲动是一种躁狂性防御，关系到某些难以忍受或未曾解决的问题；或许，勒罗伊要搬到一起住的愿望同样如此。在第二次咨询中，罗克珊告诉我，她已被诊断患有乳腺癌，她一直在接受治疗。她还谈到勒罗伊的前妻就是因乳腺癌过世的。这件事的意义以及他们在初次会谈中完全没有提及此事的事实，揭示了这对伴侣在关系中正在挣扎的是什么。他们之间存在一种共有的焦虑，害怕关系进一步发展，因为这会唤起在近期以及过去重要客体的丧失体验。他们惧怕加深相互的依恋，在潜意识层面，他们将深入的依恋与进一步的丧失建立了联系。

治疗师观察、理解与伴侣的动力性会面，尤其通过加工处理自己的反移情，来尝试明晰伴侣的问题。这也提供了一种方式来赋予咨询中的其他内容以意义，包括伴侣及其各自的相关信息，或者他们对当前问题的描述。伴侣在咨询室里的呈现方式以及他们所营造的情绪氛围，让治疗师现场体验到他们关系内部可能存在的问题。尽管那些意义不一定会马上浮现，但如果能允许情绪体验与更真实的咨询内容结合在一起，就会更深入地理解伴侣。

关于理论的说明

我们确实也需要理论来帮助我们对伴侣问题形成概念化的理解，但要引起重视的是，理论不可侵入我们的内心，损害我们与临床材料的密切联系。毕竟，理论，好的理论，根植于临床实践，它们是临床工作者对体验进行概念化的尝试。如果理论有益，它应该自然地在治疗师内心浮现，帮助我们思考我们正在经历的感受。换句话说，如果当下的临床体验可以联系到理论，那么理论就能容纳治疗师内在唤起的感受，促进反思和理解。

在咨询中的某些时候，治疗师将倾听伴侣中的一方，或许会共情他们的体验；她可能尝试帮助伴侣相互倾听，给争吵降温；她也可能感到自己在伴侣之间被拉来扯去。但时不时地，治疗师会让自己进入第三方的位置并且询问自己，"这向我说明了伴侣关系的什么问题呢？"理论在这里是有帮助的。当然，面对治疗室内艰难的动力关系，治疗师也可能防御性地退缩到理论中，她试图赋予尚未形成意义的现象以意义，Britton 和 Steiner 称其为"超价观点（overvalued idea）"，与"选定的事实（selected fact）"形成鲜明对照。

> 理论预先储备在分析师的内心，此内心作为一种容器等待它的预期被病人的体验实现。这要求分析师具备等待的能力，如果分析师不能忍受由于不理解而带来的不确定感，他可能会转向理论并将之作为确定感的来源，并且他会寻求让病人来充当所转向的理论的容器。比昂强调，分析师的前概念（pre-conception）必须充当实现的容器，而"不是"相反（Bion，1962）。
>
> （Britton & Steiner，1994，p. 1076）

在勒罗伊和罗克珊的案例中，我不得不等待，一直等到进入第二次咨询，才有机会将第一次咨询中出现的沉重且躁狂性的反移情与病人带入第二次咨询的新素材联系起来，从而更清晰地理解了伴侣对于一起生活的更深层的焦虑。

关于伴侣动力与功能水平的一些理论思想

伴侣精神分析领域的分析师阐明了几种伴侣动力类型，这有助于对一些临床经验形成概念化理解。例如，Mattinson 和 Sinclair 基于对分裂现象的观察，区分了三种防御性的伴侣动力类型——"树林中的婴儿（babies in the wood）""网和剑（net and sword）"及"猫和狗（cat and dog）"。

> 当两人将这种类型的分裂机制作为他们占主导的防御时，婚姻便成了

他们外化冲突的工具。外化的冲突可以发生在他们之间（伴侣双方分别表达分裂的两个部分），或者发生在这一对强烈地相互认同的伴侣与外部世界之间。

（Mattinson & Sinclair，1979，p. 54）

在"树林中的婴儿"的婚姻中，伴侣双方防御性地将愤怒投射到他们的关系之外，而在他们的关系中只表达需要和渴望。在"猫和狗"的婚姻中，伴侣总是相互斗争，而依恋的情感都被否认掉了；在"网和剑"的婚姻中，分裂则发生在伴侣之间，一方表达需要，而另一方表达愤怒和拒绝，但这种分裂是很容易在他们之间切换的。尽管以上某种组合可能在婚姻中居主导位置，但Mattinson 和 Sinclair 并不认为可以将它们视为婚姻的分型，而应视为"分裂行为的系统（systems of splitting behaviour）"（1979，p. 55），它们可以为同一对伴侣所使用。在这三种类型之外，Hewison 又增加了"玩偶屋（Dolls House）"伴侣（Ibsen，1996）和"投射僵局"伴侣（Morgan，1995）（Hewison，2014a，p. 163）。Hewison 认为，"玩偶屋"伴侣相似于"树林中的婴儿"伴侣，例外的情况是，如果一个孩子进入了伴侣关系，他或她可能要承载伴侣投射到伴侣关系之外的那些恐惧的部分。这些部分现在近在咫尺，因此对伴侣关系形成了威胁，伴侣关系面临更有可能被摧毁的风险。"投射僵局"伴侣怀着伴侣之间没有分离、没有差别的信念，或是维系一种舒适但最终麻木的关系，或是维系一种更为施受虐的动力关系；我会在第 7 章对这些动力特点做更深入的讨论。

Keogh 和 Enfield（2013）描述了伴侣功能的不同发展水平，从自闭－毗连位（autistic-contiguous position）最为原始的焦虑到偏执分裂位，再到抑郁位的焦虑（见第 8 章）。对每一不同发展水平的伴侣，治疗师会采取不同的方法。其他作者对这些观点也有讨论，这些观点与 Fisher 关于自恋关系与婚姻关系的心理状态之间的移动，以及后克莱因学派关于偏执分裂位与抑郁位之间的摆动的思考有平行之处（Steiner，1987，1992；Britton，1998d；Fisher，

1999）。Buss-Twachtmann 和 Brookes 根据 Colman 有关"婚姻是心理容器"的观点（Colman，1993a），提出"前来接受治疗的伴侣可以根据他们的婚姻容器的当前状态进行分类"（Buss-Twachtmann & Brookes，1998，p. 4）。这些作者都没有试图将伴侣归入特定类别，但每位作者都已经发展了一种方法，将伴侣可能呈现的动力类型或功能水平以及治疗师的最佳反应方式概念化。这种概念化不仅有助于评估者对伴侣做出诊断，而且可能提示未来的治疗路径。

主诉与关系的性质

每位治疗师都会根据自己的分析框架来尝试理解面前呈现出的临床现象。上述不同的概念框架就是这方面的例子。对我个人而言，我感觉在初始咨询中思考伴侣的时候，尝试概念化伴侣主诉的特定困难以及关系的性质和关系运作的方式很有帮助。每对伴侣都有本难念的经，但他们作为一对伴侣行使功能的方式可能是他们无法修通那些困难的部分原因。

回顾一下勒罗伊和罗克珊这对伴侣，他们的主诉是，在发展更亲密的关系问题上无法达成一致。伴侣中的一方想主动发起邀请，另一方却犹豫不决。由此呈现出两极化的状态：当勒罗伊对进一步发展两人的关系表现出躁狂性热情的时候，罗克珊却表达了拒绝的意愿。他们的背景信息揭示了他们以这种特殊方式呈现两极化的原因。然而，当这些内容都被谈论而且我也做了貌似有用的连接时，我也能采取更接近"第三方位置"的观察角度并反思，由于治疗室里的沉重氛围，是否我比病人更需要所做的这些连接。在那一刻，我还无法对此形成进一步的理解。后来，我意识到这对伴侣共有着来自双方早年的未解决的丧失体验，这些是他们潜意识地在彼此那里发现并感到已在关系中克服的部分，但是现在，这些部分又卷土重来，将他们淹没。这对伴侣通过运用防御性的投射系统来运作他们的关系——一方躁狂，另一方抑郁，这导致他们的关系停滞不前。

或许，对伴侣特定问题的理解来自细致地倾听他们的主诉，明晰他们的问题并且进一步收集有关他们的信息，包括将当前的困境与早期经历联系起来。对伴侣关系性质的理解更多地来自与伴侣的动力性会面。治疗师会对伴侣、对他们的互动方式以及会谈中的情绪氛围有生动、即刻的体验，这些会提示伴侣关系的特性。

在本书中，我主要依据目前塔维斯托克关系中心的思想体系，概括了五个关键领域：（1）共有潜意识幻想和信念；（2）伴侣关系中的移情；（3）伴侣的投射系统，包括潜意识的伴侣选择和伴侣相配；（4）自恋和共有心理空间；（5）伴侣的心理发展，其中包括很重要的一点，即他们的性关系。这五个领域会在伴侣潜意识地与对方以及与治疗师建立关系的过程中显现，并且共同形成了另一概念框架，以帮助维系以伴侣关系为焦点和理解伴侣关系的性质。从上述一些观点来看，这些领域可以从更为成熟到更为紊乱或功能失调的关系的连续谱上加以思考。

在咨询中，这些方面未必都会在治疗师的头脑中浮现，或者即使它们出现，治疗师也可能无法识别，但当某些方面可以浮现和被识别的时候，就会对评估过程有很大的帮助。它可以为治疗师提供一种框架，理解关系中正在发生的事，从而帮助治疗师容纳伴侣。

- 什么样的共有潜意识幻想正在关系中运作？例如，伴侣之间的关系互动总表现得好像对方不理解他们、对方故意误解他们、对方应该理解他们、对方与他们完全一致或者完全不同/不相容、对方在攻击他们、对方对他们不感兴趣、对方在拒绝他们，等等，类似这些现象的罗列可以一直进行下去。但他们没有意识到，他们与对方的关系互动已经蒙上了潜意识幻想的色彩，甚至他们正在从对方那里创造出他们预期的反应。这些潜意识的部分能否被意识化并带入与现实的接触？是否伴侣被更深层、更僵化的潜意识信念所束缚，也许特别是那些有关成为一对伴侣的意义的潜意识信念？是否伴侣假定他们共有一些更接近意识层面的有关关系的幻想，但实际上这些意识幻想并非共有，由此导致了伴侣之间的冲突？在咨询室里，治疗师有何感受？比如，是否存在防御性质的确定氛围还是对觉察到的现象有更开放的探索氛围（见第4章）？

- 伴侣关系有怎样的移情维度？他们是否在修通、维系或重复那些未曾解决的早期关系？这些未曾解决的早期关系干扰了他们对彼此的觉知，并且阻碍了关系的发展。治疗师的反移情和伴侣对她的移情又是如何清晰显现了这一画面的（见第5章）？

- 伴侣的投射系统性质如何？它在多大程度上具备容纳伴侣的功能，并有一定的灵活性？它是否将伴侣限制在各自的位置而无法获得自由，并且在阻止伴侣关系的发展？是否治疗师发现自己也陷入了伴侣的投射系统而不能自拔，还是可以感到自己能够反思伴侣施加给她的见诸行动的压力（见第6章）？

- 伴侣在多大程度上能够忍受差异以及对方的他性，或者，伴侣的关系有非常自恋的性质吗？在关系中有没有空间可以容纳两个（或者三四个）独立的、不同的心灵？如果这是非常自恋的伴侣关系，那么它的形式是极度融合的，还是更处于施受虐的维度，其中伴侣一方或每一方被要求与另一方相配合？伴侣是否可以与治疗师的差异和他性接触，或者是否将之体验为一种威胁（见第7章）？

- 在心理发展方面，他们属于什么类型的伴侣？他们惧怕成为一对亲密的成人性伴侣吗？他们朝向这个阶段的心理发展已经在发展早期被阻抑了吗，比如，他们更像是母亲和婴儿的关系，还是更像两个青少年在一起？他们作为伴侣对成长有多大的阻抗？治疗师如何通过移情和反移情了解这些部分（见第8章）？

以上这些都是更广泛的伴侣关系问题，为理解伴侣的主诉提供了背景。比如，如果伴侣的主诉是"没有性生活"，这可以根据他们共有的信念来考虑，即亲密是危险的；或者对配偶的移情——比如，将对方移情为父亲或母亲——

阻碍了他们相互之间建立起成人的伴侣关系，无法自由地拥有他们想要的性关系；或者他们的投射系统变得相当固化，伴侣一方承载性的愿望，而另一方却毫无性欲，这源自他们共有的对性的恐惧；或者，伴侣关系过于融合或过于施受虐而不想有性生活或者无法拥有两相情愿的性生活；抑或者，伴侣在感受他们是成人性伴侣方面存在困难，是否"没有性生活"是这种困难所呈现出的一个症状？

在明晰伴侣存在的问题的过程中，"伴侣心态"也是一种诊断工具。在评估中，我总是很有兴趣了解伴侣在多大程度上具有伴侣心态。有时，伴侣心态原本是存在的，但创伤让它失去了功能。当伴侣心态在伴侣中发展的时候，我会将其视为伴侣关系发展的迹象；如果这种发展可以持续，则可视为离开与结束治疗过程中的最早期阶段。当伴侣询问治疗需要多长时间的时候，尽管对这个问题几乎不可能有明确答案，但治疗师可以通过评估他们的伴侣心态做出一些判断。很多时候，我会告诉伴侣，做一次咨询就可以了，我不认为他们需要治疗。我也可能给他们提供几次咨询，但很快会清楚地看到，通过接触治疗师的伴侣心态，他们能与自己的伴侣心态相通，从而可以讨论他们的关系，他们对关系也充满了兴趣并且能够富有创造性地一起思考当前关系中的困难。

是什么让一对伴侣适合精神分析治疗？

在塔维斯托克关系中心，虽然提供的主要治疗形式是开放式精神分析心理治疗*，或心理动力学治疗（后者除了治疗有关系问题的伴侣外，也会治疗有伴侣关系问题的个体），但也包括其他一系列的心理服务，诸如性心理治疗（一种结合了心理动力学治疗和认知行为治疗的模式），离婚与分离咨询服务，有

---

* 在塔维斯托克关系中心，这种开放式精神分析心理治疗只针对有关系问题的伴侣，也就是开放式伴侣精神分析心理治疗，而不对有关系问题的个体提供个体精神分析心理治疗。——译者注

时限的心智化治疗，以及其他一些专为父母提供的服务，目前有"作为伴侣的父母（parents as partners）"和"一起收养孩子（adopting together）"两个服务项目。

由此，在像塔维斯托克关系中心这样的诊所条件下进行评估，意味着除了是否提供治疗之外，还有许多其他的心理服务可供选择，而在其他一些机构的设置中，可供选择的心理服务也许有所不同（个体治疗、家庭治疗、团体治疗）或更有限。适合精神分析伴侣治疗有怎样的含义呢？在如何决定适合与否的问题上存在着不同的观点：有的主要根据入选标准来判断，即必须符合某些标准才可以；有的则主要根据排除标准来判断，即只要有理由认为治疗可能给伴侣带来伤害就会将其排除，否则他们应有机会接受治疗（Garelick，1994；Milton，1997）。有时，貌似很有心理学头脑同时被认为非常适合做治疗的伴侣却在治疗进行中表现出很深的阻抗，难以接近。相比之下，有些伴侣，其中一方或双方似乎只想得到治疗师具体的指导建议，以迅速修复关系问题，却能非常好地利用精神分析治疗，完全超出了他们自己和治疗师当初的想象。

为什么要提供伴侣治疗而不是个体治疗或精神分析？对这个问题存在一些争论。Links 和 Stockwell（2002）思考了对自恋人格障碍病人的伴侣治疗，Aznar-Martínez 等人（2016）根据他们的观点，提出了几项伴侣治疗的适应证和禁忌证：（1）"必须评估"伴侣"开放地处理愤怒或暴怒情绪的能力"，"如果伴侣中的一方不能处理或表达可能是羞辱性的或对另一方构成攻击的情绪"（2016，p. 3），那么个体治疗会更合适；（2）"伴侣双方有共同的治疗目标"（2016，p. 3），尤其是有继续伴侣关系的共同愿望，或有双方同意的分手约定；（3）伴侣双方接受关系动力的互补性。他们认为，如果符合以上三条标准，就有了开展伴侣治疗的良好基础。

一个重要的参考因素是，伴侣在管理他们难以控制的愤怒和攻击性方面存在的困难。如果困难过大，那么治疗工作就很难继续，治疗师也不想被置于无力的目击者的位置，只能眼睁睁地看着伴侣一方对另一方施虐。在这种情况下，可以首先考虑个体治疗或在心智化方向上做技术方面的调整，或者像塔维斯托克关系中心所采取的方式，转介伴侣去做以心智化为基础的伴侣治疗。

伴侣可能带着合或散的不同议题来做治疗，这种情况非常多见；有时很公开，有时则藏而不露。但因为我们了解投射系统具有的强大性质，所以我们知道伴侣双方可能都有这种不确定性和矛盾性，却潜意识地将矛盾的两个方面在他们之间分裂开来，其中一方表达分离的需要，而另一方则渴望在一起。我们也要考虑到，通过结束关系来分离的愿望可能是伴侣在潜意识地表达他们在关系中需要有更多的心理空间。然而，这些作者们也引导我们注意其中的风险，即伴侣一方在精神上已经离开了伴侣关系，他 / 她希望同治疗师一起促成另一方的离开。

我也常常考虑，一对伴侣可以进入伴侣治疗的一个标准是，他们承认存在共有问题（Morgan，1994），但我认为，作为治疗师，我们有时会面临这样的情境，即我们意识到了伴侣共有的问题，但伴侣可能在意识层面不会觉得他们有什么是共有的，除了可能共有"是对方有问题"这样的看法。因此，作为评估过程的一部分，我们可能希望看到什么是共有的，但事实上，即使伴侣意识不到他们之间有什么共有的问题，我们仍可能同意为伴侣提供治疗。当然，也许有的治疗师认为，在评估阶段期待伴侣识别出其关系困难的共有性或相互关联性为时过早。对共有问题的识别是随着时间的推移在治疗过程中出现的。对许多伴侣而言，能够承认双方都参与创造了伴侣关系中的问题，并且不再谴责和批判对方，将是重大的心理转变，但这并不容易实现。

风险评估

很重要的是，要探索存在风险的领域，其中涉及对孩子的关切、暴力或其他危险的见诸行动、对心理健康问题的关切、成瘾等，以便这些关切的内容可以保持开放并被思考，包括考虑需要采取的行动。然而，同样重要的是，治疗师不要因为关切而给伴侣留下类似于警察的印象，这会导致伴侣的退避。如果出现这种情况，那可能是由于治疗师的焦虑，包括与其超我的影响有关的焦虑；然而，如果治疗师害怕给伴侣留下警察般的印象而导致伴侣的退避，那她也可能无法提出所关切的问题。

暴力

如果伴侣关系中有暴力行为，那么评估者要去了解暴力的类型、严重性以及是否可以在伴侣分析治疗中安全地处理暴力。Humphries 和 McCann（2015）在一篇有关与有暴力行为的伴侣进行精神分析治疗的重要论文中认为，与有些机构的做法相反，对于某些类型的暴力，与伴侣双方一起工作要比分别与伴侣中的每一方工作更有效。他们采用了 Kelly 和 Johnson（2008）对亲密伴侣暴力行为的四种区分：强制控制暴力、暴力对抗、情境伴侣暴力和分离激发的暴力。Kelly 和 Johnson 将强制控制暴力定义为"情感虐待性恐吓、胁迫和控制，伴有针对配偶的躯体暴力"（2008，p. 478），这种暴力通常发生在有其他控制行为的背景之下。暴力对抗是对强制控制暴力的暴力反应，而分离激发的暴力则是对分离的暴力反应，且通常没有暴力史。Humphries 和 McCann 发现，

> 在塔维斯托克伴侣关系中心，我们更容易见到情境伴侣暴力。这种暴力并非持续进行中的胁迫和控制状态，而是为当前事件所激发，比如，可能源于一次不断升级的争吵。伴侣双方都参与了暴力攻击。通常，他们在评估中不会表现出恐惧或控制；这种暴力不会伴有其他恐吓行为，也不会造成伤害。

（Humphries & McCann，2015，p. 151）

他们指出，情境伴侣暴力可能会升级为更严重的攻击和伤害，但有别于"强制控制暴力"，后者发生的时候，伴侣一方往往会通过暴力、恐惧和实际的

躯体伤害进行威胁，从而虐待性地控制另一方。

了解不同类型的暴力行为对评估者很有帮助。就风险评估和伴侣治疗的禁忌证而言：

> 评估者在寻找强制控制暴力和虐待的证据，也包括严重的情境伴侣暴力的存在，这类情境伴侣暴力的失控程度以及伴侣双方企图对谈话主题的控制限制了思考的能力，阻碍了治疗性容器有效地发挥功能。
>
> （Humphries & McCann，2015，p. 159）

Humphries 和 McCann 建议，为了避免出现警察样的动力关系，所采用的语言应当有助于在关系中开放地讨论暴力体验，而不是让伴侣感到被压制。例如，当伴侣在谈论他们之间发生过的一次争吵或身体冲突的时候，评估者可以询问这一冲突有多严重。如果他们谈论的是一次暴力冲突，评估者可以询问这种情况是否经常发生，如果是的话，他们是否能识别触发暴力冲突的情境。当评估者能觉察到伴侣一方强烈的控制行为，以及另一方的恐惧，包括评估者的恐惧或被控制感等反移情体验时，她便可以从伴侣在咨询中的互动方式中感受到强制控制暴力。在这种情况下，治疗师会陷入僵局。一方面，她或许感到有必要将伴侣分开来单独咨询；另一方面，这样的安排又会给施暴一方带来失控体验，导致暴力升级。伴侣一起参加评估未必说明他们双方都想就这一动力现象得到帮助。如果在伴侣双方都在场时指出这一点，就可能带来更富容纳性的体验，尽管也会唤起强烈的焦虑。

心理健康、饮酒和成瘾

对于存在成瘾、心境障碍或精神疾病的伴侣所采取的治疗方法需要一种特殊的治疗立场。

> 对治疗师来说，治疗这样的伴侣是复杂且富有挑战性的。治疗师必须保持双重焦点，既观察伴侣的动力，同时也保持对个体的意义和疾病管理的关注。失去与任一焦点的联系都可能会损害治疗，因为破坏性的伴侣动力会加重疾病，或者，疾病本身也会造成伴侣治疗的失败。
>
> （Wanless，2014，p. 311）

许多来做治疗的伴侣，其中一方或双方有心理健康方面的病史，可能是某种精神病性的问题或是急性或慢性抑郁。伴侣一方或双方罹患抑郁并服用抗抑郁药的情况并不少见。遇到这样的情况，治疗师将有兴趣探索抑郁对伴侣的意义。

Hewison 等人（2014，p. 73）建议探索"既往抑郁的发作频次和严重性"……以及"在发作阶段的主要状况"，"伴侣一方的抑郁是否先于伴侣关系的建立，或是继伴侣关系建立之后才有了首次发作"。对这些因素的考虑有助于治疗师理解，伴侣一方的抑郁对伴侣关系有怎样的意义，即使这已成为他们潜意识协议的一部分。

前来塔维斯托克关系中心寻求帮助的伴侣中，有很大一部分在施测量表（"常规评估的临床结果"，Clinical Outcomes in Routine Evaluation，CORE；见Evans et al.，2000）的某份问卷上提示有风险——自我伤害或自杀的意念，或者对伤害他人的恐惧。伴侣一方或双方有边缘水平的问题也很常见，比如，他们很容易情绪失控，无法思考，感觉他人的独立存在是一种威胁，令他们难以忍受。评估中需要考虑的问题是：这样的伴侣现在能从伴侣治疗中受益吗？在他们的关系中是否有足够的健康功能来支持分析治疗所需的必要条件？如果当前有药物滥用或嗜酒问题，这些问题必须没有严重到伴侣双方或一方会醉醺醺地来参加治疗，或者需要不断使用药物或酒精来调节情绪痛苦。和通常情况下的治疗相比，如果对这样的伴侣做治疗，治疗师会更警惕治疗能否继续进行。如果感觉分析性的伴侣治疗不可行，可以考虑其他形式的伴侣治疗，也可在伴侣治疗继续之前考虑其他非伴侣形式的干预方法。

对孩子的关切

前来寻求帮助的伴侣经常表达对孩子的关切和担忧。如果伴侣经常吵架或长期疏远，通常会给孩子带来负面影响。伴侣治疗最为重要的一个结果，是让孩子长期受益。根据 Cowan、Cowan 和 Heming（2005）的研究，Harold 和 Leve（2012）谈道：

> 一些家庭中，父母之间存在激烈的冲突和严重的不和谐。生活在这样的家庭里，孩子更容易有各种负性的心理反应，包括焦虑、抑郁、攻击和行为问题增加，社会胜任水平降低，学习成绩下降以及与身体健康不良有关的一系列问题。
>
> （Harold & Leve，2012，p. 46）

因此，父母有能力关切他们的伴侣关系给孩子带来的影响，可以作为为他们的关系提供帮助的有效依据。在伴侣治疗的过程中，伴侣治疗师常常需要持续关切伴侣关系对孩子的负面影响。其中，对伴侣所持有的心态做出评估非常重要——他们对正在发生的事情感到痛苦和焦虑并希望获得帮助吗？还是试图淡化、合理化或者否认那些令人担忧的行为？这是一次性事件还是持续存在的伤害或虐待环境？如果评估治疗师判断孩子的处境不安全，那么她需要与其他相关的专业人士联系或者转介 * 到相关机构，尽管我们希望伴侣会同意这样的措施，但他们同意与否不是必要的。评估治疗师可能会发现一些迹象或了解到一些信息，提示孩子受到来自父母或兄弟姐妹的躯体、性或情绪上的虐待，并了解到孩子表现出了紊乱的行为——自伤、厌食、暴力、在学校的行为问题。

---

* 此处提到的转介，包括伴侣的孩子和 / 或作为父母的伴侣。——译者注

这些令人担忧的情况有时是正在进行中的治疗工作的一部分，重要的是治疗师不必独自应对，而是可以联络同事或督导师以寻求帮助。

有时，孩子的症状可以被理解为伴侣把他们的问题投射给了孩子——如Hewison（2014a）在"玩偶屋"婚姻中所描述的情况。伴侣可能对孩子有恰当的关切，但也许没有意识到，孩子有可能在为他们承载那些由于父母关系容纳功能的缺失而带来的焦虑。在这种情况下，评估治疗师就会通过孩子的症状来发现那些在父母关系中无法容纳的部分；很明显，持续进行的治疗的目标就是帮助伴侣容纳他们的焦虑，从而避免不断向孩子投射这些焦虑。

与风险有关的技术

伴侣和治疗师通常很难讨论和风险有关的内容。有些时候，伴侣可能会担心自己的紊乱行为有太强的破坏性，从而失去了被帮助的机会，所以，他们常常对涉及风险的问题避而不谈。如果伴侣间的争吵升级为意想不到的暴力冲突，或者伴侣担心会在孩子面前打架，或者担心会给孩子带来伤害，那么伴侣会有深深的羞耻感，并害怕治疗师可能会采取的任何行动。因此，如果治疗师对存在的风险有警觉，那么很重要的一点是，她在承认这一情境的严重性的同时，向伴侣传递真诚的愿望，希望和他们一起来思考和理解如何防止进一步的冲突。尽管这对伴侣来说可能有困难，但若治疗师所采取的表达方式不会带给伴侣过分被迫害的体验，那么他们仍会有被容纳的感受。这一过程也能帮助治疗师判断伴侣对精神分析治疗的依从性如何。他们是否关切可能给配偶、自己和孩子带来的伤害？他们是否想要理解并找到减少伤害的方法？正如前面谈到的，治疗的一个禁忌证就是以淡化或合理化来否认存在的问题。

持续进程中的评估

评估也属于持续进行的治疗过程的一部分。在进展良好的治疗中，伴侣和治疗师之间始终进行着这种评估过程，不过大部分时间是处于背景中。伴侣会让治疗师知道，整个治疗、一次特定的会谈或一个解释是否或者何时带给了他们有帮助的感觉。而治疗师心中也有这一评估功能，观测着治疗的进程，包括是否治疗看上去没有什么帮助，或是感到治疗进入了僵局或偏离了治疗的航向。在治疗的某个时点，治疗师也可能会感到治疗没提供什么帮助，甚至把问题搞得更糟。在伴侣治疗中，可能会有很大的压力要维系伴侣的关系，这一压力通常是伴侣施加的，但有时也是治疗师内在唤起的体验。当然，治疗本身也能维系伴侣的关系，如果没有伴侣治疗，他们可能已经分手了。但有些时候，治疗师会发现，继续保留破坏性的关系会不断给伴侣和他们的孩子带来负面影响。对治疗师来说，这可能是很难过的时刻。尽管治疗师不会告诉伴侣要合或散，但她或许会注意到，她在回避帮助伴侣充分地面对他们的破坏性，或许这一发现会启动对那些无法面对的部分的哀伤过程。

治疗过程中出现的一些因素——持续存在的外遇、未经治疗的酒精依赖、药物或性成瘾——会破坏治疗。为了让治疗能够继续，要对这些因素进行讨论。在伴侣治疗中，有些时候，会谈中提供有容纳功能的伴侣心态的治疗师被安置在了伴侣关系里，但是几乎没有任何迹象表明有伴侣心态的治疗师被伴侣内化进了他们的关系，治疗由此偏离了航向（见第10章）。治疗师也可能发现，她在与某一特定伴侣的工作中有自身的局限性，感到自己只能在某个范围内给伴侣提供帮助，而不会有进一步的突破。最后再说明一点，在治疗过程中，关注治疗的进展也很重要。这种评估功能会帮助治疗师和伴侣判断，治疗在什么时候已经达到了应有的功效并且可以结束了。但这是一个在后面会探讨的话题。

第 3 章

伴侣加入治疗和
伴侣分析设置的建立

在本章，我探讨了伴侣来做治疗的感受，他们的潜意识幻想和更接近意识层面的、有关伴侣心理治疗的意识幻想，以及典型的早期移情和反移情。我会描述治疗师的伴侣心态是如何推动伴侣分析空间的建立，从而在早期阶段帮助容纳伴侣，并描述伴侣心态如何成为治疗师内部设置的一部分。我也会讨论治疗的框架：一方面，它是对治疗实践的安排；但另一方面，它也为伴侣承载了意识和潜意识层面的意义，并为治疗师能开展工作提供支持。

寻求治疗的决定

寻求治疗的决定通常是伴侣迈出的艰难一步，这意味着伴侣决定带来那些不同于个体治疗的、伴侣关系自身的复杂问题。如在第 2 章谈到的，也许伴侣中只有一方想来，而另一方不想来，他们之间的矛盾情绪会耽搁伴侣加入治疗。有时，伴侣中的一方是被"带来"参加治疗的，他们的配偶威胁说除非他或她来，否则就"分手"。这意味着，在治疗的开始阶段，伴侣中的一方是不愿到场的。也有与之形成鲜明反差的情形，有时可能因为某个爆发性事件，导致伴侣处于高度焦虑的情绪状态，立即前来寻求帮助。在这种状态下，他们可能还无法思考什么是治疗，或者治疗对他们每个人或他们的关系意味着什么。

对伴侣治疗的焦虑和幻想

对于什么是伴侣心理治疗，伴侣往往有先入为主的想法和潜意识的幻想。他们可能会认为伴侣心理治疗是一种"婚姻指导"，治疗师会对他们的问题做出诊断，并就要做什么和如何去做提出建议。伴侣可能会希望这个治疗过程不会有太多的扰动或混乱。在这些意识层面的想法背后，可能隐藏着更接近潜意识的幻想或信念，比如，想象或坚信伴侣治疗师对什么是功能健康的关系有着专业的、特权的了解，由此可以为他们"指引方向"。

通常，伴侣关系和家庭生活在整体上会感觉处于危险之中，也许伴侣最常怀有的希望是，伴侣心理治疗会挽救他们的关系。同时，伴侣可能也害怕伴侣治疗会导致灾难性的结果，即关系的破裂。有时，伴侣也会有分手的愿望，至少伴侣一方有这样的愿望，而且希望治疗师能让分手成为可能。想要分手的一方可能在意识或潜意识层面幻想着在治疗师的帮助下从关系中安全脱身，离开对方。

在早期阶段，重要的是能识别出常常存在于伴侣之间以及伴侣与治疗师之间的焦虑和矛盾情绪并为之提供容纳空间。这些情绪将会出现在最初的会谈中，如果治疗师能够觉察和理解它们，就能为伴侣提供必要的帮助。这些体验可能包括，是否想来治疗，关于伴侣治疗中可能会发生什么的恐惧，以及伴侣可能对治疗会谈有着非常不同的期待，等等。治疗师会预期这种矛盾情绪和焦虑的出现，并通过与伴侣的交流让他们了解这些情绪是很常见的，而不是给他们虚假的安慰。治疗师要知道，在治疗的早期阶段，没有人能预见治疗的结果如何，所以也不可能给伴侣做出保证。治疗师所能做的是在伴侣修通他们的困难的过程中提供容纳。治疗师的在场、对治疗的信心以及对伴侣的投入过程对于她在早期阶段容纳伴侣是非常重要的。

早期移情

早期对治疗师的移情可能很强烈。由于伴侣关系有太多的动荡，伴侣会对治疗师投注很高的期待，尤其当治疗师被看作伴侣关系的"专家"，知道什么才是"好"的伴侣关系的时候。伴侣可能迅速对治疗师产生依赖，因为他们非常焦虑，可能觉得冲突正在他们之间以可怕的方式加剧。

与此同时，在开始阶段，伴侣对治疗师的在场和接近非常敏感。在评估会谈中，伴侣可能与治疗师保持一定距离，他们会观察治疗师，并且想要了解分析性伴侣治疗是否适合他们。现在，他们正在进入与治疗师一起的治疗过程。允许和邀请第三方进入个人关系的隐私，会带来强烈的暴露体验，伴侣可能会害怕他们将失去对关系的控制。尽管所有的治疗都有其自身的生命力而不受任何一方（病人或治疗师）的控制，但相比于个体治疗，伴侣治疗更有可能导向伴侣任何一方都不想要的方向。伴侣双方都可能害怕对方会泄露有关伴侣关系或他们本人现在还不想带入治疗或永远不想带入治疗的部分。治疗师被邀请进入伴侣关系的想法可能听起来很怪，因为伴侣是有自己的边界的，这是非常清楚的事实，作为治疗师应当支持和尊重这一边界。然而，当伴侣向治疗师分享他们非常隐私的亲密时刻、令其羞耻的争吵和失控行为、与孩子在一起的糟糕互动、亲密的性关系的细节，以及随着时间推移通常会与治疗师分享的那些他们从来且永远不会彼此分享的困难的时候，对伴侣和治疗师来说，就是一种治疗师被邀请进入了伴侣关系的情绪体验。所以，尽管伴侣来寻求治疗师的帮助，在另一层面，却可能把治疗师看作不想要的、甚至憎恨的（因为被需要）第三方——如 Fisher（1999）描述的"不速之客"。

伴侣除了体验到不想要的或侵入性的治疗师进入了他们的关系，也很容易感到治疗师偏袒一方或者害怕治疗师会评判他们。前来寻求帮助可能给伴侣带来强烈的耻感。治疗师可能会被伴侣体验为指责他们的父母、受到惊吓的孩子或内部迫害性的超我。伴侣的意识和潜意识的敌意可能会影响治疗师的内心，导致治疗师感到在这个阶段很难容纳他们。治疗师可能会回避伴侣的这种负性移情，但倘若可以辨识和理解它，往往会让伴侣感到释然。

伴侣可能会在两种状态之间转换，时而希望治疗师可以为他们的伴侣关系提供帮助，时而又会进入被迫害感的状态，怀疑治疗师偏袒一方而没有支持伴侣双方，甚至怀疑治疗师会破坏他们的伴侣关系。在伴侣一方是被另一方"带过来的"，并被双方认为他或她就是问题所在的情况下，尤为如此——比如，伴侣一方在争吵中使用躯体暴力，或有外遇或酒精 / 药物依赖。伴侣可能会担心，如果配偶被治疗师倾听和理解了，那么自己就没有被倾听和理解的空间了。伴侣双方也可能希望将自己的情绪现实确立为"真相"，并希望治疗师对此给予支持。有一对伴侣在这方面的问题十分突出，在治疗的头几周里，他们各自事先写好前一周在关系中遇到的困难，并坚持在治疗中依照所写内容轮流发言，不许伴侣另一方或治疗师打断。

伴侣也可能不是真的想要获得帮助；Ludlam 指出：

> 伴侣治疗师常犯的错误之一是，认为请求帮助就是表达希望被帮助的愿望。但事实可能相反，伴侣可能真正寻求的是，证实他们已尝试了各种可能，最终无济于事。
>
> （Ludlam，2014，p. 66）

伴侣或许感到他们必须要来做治疗，必须被其配偶和家庭看到他们来寻求帮助了，他们需要满足自己的超我要求和符合道德上的正确感，但实际上，伴侣一方或双方意识地或潜意识地认为关系已经结束了，或者他们并不想真的做出改变。因此，他们对治疗师想要探索关系的尝试会表现出强烈的阻抗。

早期反移情

如果在早期阶段对治疗师的移情复杂多样，那么反移情同样如此。伴侣的焦虑能感染治疗师，不但让治疗师难以思考它们，反而可能会见诸行动，比如，治疗师被迫告诉伴侣要做什么，告诉他们伴侣关系是什么，或者治疗师会偏袒一方，或者安慰伴侣并做一些实际上她不可能实现的保证，等等。伴侣对治疗的矛盾情绪几乎一直都在，甚至那些在意识层面上非常"渴望"参加治疗的伴侣双方或一方也会有矛盾情绪；如果这些矛盾情绪没有被容纳，就可能导致治疗师试图劝说伴侣进入治疗的情况。这反过来又会让伴侣感到焦虑，尤其是那些犹豫不决、很不确定的伴侣。治疗师可能会被理想化，被视作伴侣的"最后希望"，因此也会感到承受了"挽救婚姻"的巨大压力。

在早期阶段保持伴侣心态并不容易。治疗师可能会经受一些无法回避的体验，比如，评判心态下的情绪扰动、对伴侣一方的偏袒、对伴侣的真实厌恶、无用感和被冷落、被攻击、无聊或被理想化的体验。有时，治疗师很难做到以均衡的视角看待伴侣。治疗师可能会觉得，伴侣中的一方似乎很合情理和让人喜欢，而另一方则非常无理、令人生厌，因而难以理解为什么这样两个人会走到一起。治疗师也许感觉自己更认同伴侣中的一方，对他或她更温暖。在这种情况下，伴侣心态就是治疗师停靠的锚，帮助她分析这些体验，并利用它们来深入理解关系。

临床案例：朱莉亚和罗布

在面对来找我做治疗的一对年轻伴侣时，我强烈地感受到自己对他们不均等的反应。女方名叫朱莉亚，职业女性，有魅力且易于交谈；而男方罗布是一位财务自由者，呈现出一种没有任何个人抱负的"退缩"。他难以沟通，对我不屑一顾，很显然他感觉来见像我这样的人是在浪费时间。我非常清楚我更认同朱莉亚，但在初次会谈中我仍尽力去理解他们两人是如何走到一起的。我反思了我的厌恶情绪和极具批判性的内部反应。我觉得如果他们可以来做治疗的话，我会逐渐对他们有更多的理解。这些思考帮助我度过了艰难的首次会谈。我确实慢慢理解了这对伴侣的投射系统：在朱莉亚干练的职业形象背后隐藏的那些紊乱情绪，被投射到了罗布身上并为其所承载。随着时间的推移，我看到在与朱莉亚和我的关系中，罗布逐渐展现出极大的热情和反应能力，这与他在治疗开始时的状态形成了鲜明反差。他让我理解了，之前他身上承载的那些他们关系中紊乱的、拒绝发展关系的部分如何阻碍了更具爱的品质的情感在他们之间的表达。

在早期阶段，治疗师可能会有特定的焦虑。比如，她可能会担心自己不能容纳和帮助伴侣。如果伴侣潜意识地想要扰乱治疗师，想要排空其内在难以忍受的部分，同时邀请治疗师进入他们有时令人不安的关系世界，那么在这种情形下，与伴侣的治疗工作是非常有难度的。治疗师对自己将不得不面对的部分感到焦虑。当然也会有其他形式的焦虑，尤其新认证的治疗师或还在培训中的治疗师，他们常担心伴侣是否会参与并留在治疗中。如果伴侣闹得不可开交，就很难创造出一种思考空间；或者，面对抑郁的伴侣，治疗师又会担心无法接近伴侣。

在这个阶段，有些做法可以帮助到治疗师。其一是建立支持治疗工作的分析设置。稳定可靠的设置结构既能促进伴侣考虑参与治疗，也有助于治疗师思考和容纳伴侣。定期的督导可以是这种设置的一部分，或者，有些设置也会把所在机构的支持包含其中。治疗师也需要与伴侣建立起或可称为治疗联盟的关系。这需要伴侣对治疗师和治疗过程有一定程度的信任，因为对任何伴侣来说，参加治疗都是迈出了一大步。伴侣也需要对治疗师怀有信心——相信治疗师能容纳他们，能维护设置并投入对他们的治疗。

如果治疗师对伴侣的关系充满好奇，想要了解更多并让自己的心灵进入其中，也会给治疗过程带来促进性的影响。不断保持好奇和有兴趣的心态不仅有助于维系治疗师在治疗中的存在（Fisher，2006；Morgan & Stokoe，2014），而且有助于伴侣对自己的伴侣关系产生兴趣。没有好奇和兴趣，治疗师会很容易感到被伴侣挫败，目睹着破坏性的或施受虐的关系，并可能想要从中撤离。伴侣甚至可能从未考虑过，他们的关系是他们共同创造的、可以思考的存在。恰恰是治疗师对伴侣关系的探讨和兴趣开始让伴侣意识到，他们是存在着的关系的一部分。

在开始阶段，治疗师的伴侣心态的运用

不言而喻，保持伴侣心态非常重要，它让伴侣感受到有容纳伴侣双方的空间，同时也有空间容纳他们内在的冲突情绪及其在关系中的呈现。当我们说"关系就是病人"的时候，我们并不简单地指伴侣之间正在发生的事——例如，伴侣在相互理解或有效沟通方面存在的问题；我们也指伴侣一方的哪些部分放在了对方那里，以及伴侣一起潜意识地创造了什么。由于伴侣以投射系统来处理他们之间的关系问题，所以常会见到伴侣一方将另一方或伴侣关系带入治疗的现象。伴侣治疗师可能很难保持伴侣心态，也就很难理解伴侣双方的不同甚至相反的行为表现其实都是伴侣关系的组成部分，这反映了他们共有的焦虑和防御。Fisher（1999，p. 143）借鉴了 Rey（1988）和 Riviere（1936）的研究，描述了被破坏的内部客体往往会被分裂掉，但在伴侣治疗中，这些被分裂掉的部分却能在另一方那里鲜活可见，从而有机会获得帮助。"伴侣以一种非常具象的方式将内部客体带入治疗，寻求修复。通过相互投射认同的复杂而互锁的过程，他们将被破坏的内部客体具象地放置在了配偶那里。"所以，尽管作为伴侣治疗师，我们对认为伴侣中的一方是病人且被另一方带过来做治疗的看法保持谨慎的态度，甚至有时伴侣也认同这样的态度，就像有些时候发生的那样，但在另外的意义上，通过这种呈现，事实上伴侣正在潜意识地描述一个准确的心理现实。如罗布和朱莉亚这对伴侣一样，伴侣一方承载了另一方分裂掉的部分，这对应的是他们带入治疗需要修复的那些被破坏的或紊乱的部分。

治疗师的伴侣心态是伴侣分析心理治疗的固有品质，它是设置、容纳和解释的内涵，最终会被伴侣内射到伴侣关系中。但这需要时间逐渐完成。在治疗的开始阶段，治疗师的伴侣心态会以恰当的方式发挥功能。治疗师在如何接触介绍来的病人、如何安排初次咨询以及如何确立设置的过程中，都强烈地体现着伴侣心态的运用。而在解释的时候，治疗师最初可能只是以浅尝辄止的初探方式运用伴侣心态的功能，这是因为，在这个阶段，治疗师具备的伴侣心态通常是伴侣不具备的。伴侣可能还没有准备好接受针对伴侣的解释。他们可能还没准备好将视角从视伴侣一方为问题所在，转换为认识到他们存在共有的问题。他们可能需要指责对方，或是坚信对方有过错。在这个早期阶段，即使治疗师对伴侣之间复杂的潜意识互动有一定的理解，她也要判断出恰当的解释深度。在开始阶段，有些伴侣绝对需要一种有力度的伴侣解释。他们能听进解释；解释会给他们带来深刻的影响，促进他们以新的方式看待对方和关系，从而引导双方真正地投入伴侣关系。但也有些伴侣会抗拒这样的解释，或是听不进去或是不理解，或是感觉这种有关关系的解释视角并未真正理解作为独立个体的他们。

然而，即使治疗师没有对关系做出明确的解释，治疗师的伴侣心态也常常会对伴侣产生很大影响。伴侣心态是治疗师内部设置的一部分，但也会在外部设置中表达；比如，咨询室的布置以及治疗实践的安排。前来寻求帮助的伴侣常有迫害与被迫害的心态，如前所述，他们可能会寻求治疗师的认可以证明自己是对的，并由此证明自己被对方不公正地对待了，或者试图通过其他方式让治疗师站在他们这一边。如果伴侣治疗师能够考虑到他们不同的体验，与伴侣双方进行恰当的接触，抱有好奇的态度但不评判，就会为伴侣创造一种不同的空间。在早期阶段，最为重要的是伴侣治疗师创造一种设置，让在其中的伴侣双方都能恰当地存在，并且治疗师要判断在什么时候可以对伴侣一起创造的动力现象进行解释。

管理内、外设置

伴侣需要空间以便在治疗中安顿下来并逐渐适应治疗，也需要空间来体验对治疗的矛盾情感。当然，治疗师也需要逐渐适应对特定伴侣的治疗。伴侣心理治疗的会谈可能非常复杂、令人困惑，甚至十分混乱。Meltzer 在讨论如何确立设置的时候，谈道：

> 这其中的奥秘是稳定，而稳定的关键是简单。每位分析师必须为自己制定出一套简单的分析工作的风格，涉及时间安排、付费协议、治疗室、衣着、表达方式、举止行为。他必须在自己的体能和心理承受力的范围内认真工作。但是，在与病人一起探索的过程中，他也必须在自己的技术框架内根据个体病人的需要，敏锐地发现可以做出调整的方法。简言之，他必须以一种可以允许病人的移情发展的方式来管理设置。
>
> （Meltzer，1967，p. xiii）

设置的框架也有另一层面的重要性；它可以支持和容纳治疗师。会谈的边界使治疗工作成为可能。通过会谈的规律进行，治疗师可以处理困难的事情或者延缓处理在会谈结束时刚刚浮现的情况，因为他知道下周同一时间将会有新的会谈。设置的框架也有助于治疗师感受到被容纳，并在面对伴侣和会谈的时候处于第三方的位置。设置的稳定性在外部体现为对治疗的物理和实践层面的安排——尤其是保持会谈的一致性，它代表了可以容纳伴侣的一种不同的空间。这反过来又支持治疗师的内部设置和伴侣心态，巩固她与伴侣进行情感接触的能力和恰当适应伴侣关系内部动力的能力。然而，尽管治疗师要关照设置，并且这也是工作的关键所在，但这从来不是一个完美的过程，无论是内部过程还是外部过程。如 Churcher 所言：

> 在实践中，我们每天都要处理设置所表现出的不理想的方方面面。设置不断被破坏、侵入和调整。病人可能会攻击设置；同事会削弱它；我们自己会忽略它。设置很像你居住的房子，它之所以能存在下去，是因为你会关心它，在持续居住的情况下对它保持及时的修缮。

（Churcher，2005，p. 9）

在此有必要提及由 Churcher 和 Bleger（1967/2013）翻译并阐述的 Jose Bleger 关于设置的著作，因为 Bleger 对分析设置的意义有深入的洞察，可以阐明分析性伴侣心理治疗的某些方面。Bleger 将精神分析情境界定为由"过程（process）"和"非过程（non-process）"两部分组成，其中，过程指分析的过程，而非过程则是指分析情境中恒定不变的部分，在其中发生着分析的过程，Bleger 将这一恒定不变的部分称为框架或设置。如果设置保持恒定不变，我们不会注意到它；设置是为了给分析工作的开展提供条件而构建的。有时，设置的某个方面是需要分析的，比如像 Churcher 在上面指出的设置被扰乱或设置不完善的情况；但总体上，设置还是处于背景之中的。然而，Bleger 认为，设置自身的原初共生意义最终需要被理解和分析。

> 由此，正常的、无声的和持续的设置的存在，为病人提供了重复婴儿与母亲原初共生关系的机会。病人人格中的精神病部分以及原初共生关系中未分化、未解决的部分隐藏在设置里，作为一种"幽灵世界（phantom

world）"持续无声地存在着，虽然无法被察觉，但在精神层面却很真实。

（Churcher & Bleger，1967/2013，pp. xxix–xxx）

病人的共生只能在分析性设置中被分析，"精神分析的设置必须服务于建立原初的共生，但只是为了要改变它"（Bleger，1967/2013，p. 240）。

伴侣分析的设置促成了伴侣分析的过程，而其本身或许也需要被分析。伴侣会发展出与治疗师的原初融合的关系，在精神层面将治疗师置于他们的关系之中，不敢放弃治疗师。在第 10 章（关于结束）我会再次探讨这些观点，这有助于我们理解为什么有些伴侣难以与治疗师分离和结束治疗。而且，在有些案例中，伴侣与治疗师的原初融合关系并未得到分析。某些时候，治疗师需要走出伴侣的关系，而伴侣也需要让治疗师离开，但对此可能存在阻抗，如 Bleger 所描述的"无形的堡垒（invisible bastion）"，这是因为设置中蕴含着自体与伴侣关系的原初共生问题。

塔维斯托克关系中心的框架

在塔维斯托克关系中心的精神分析治疗模式中，伴侣治疗的常规设置包含每周一次的会谈。如果有两位治疗师一起与伴侣工作，即协同治疗（co-therapy），每次会谈持续 1 小时。如果只有一位治疗师与伴侣工作，则每次会谈 50 分钟。每次会谈的时长是在过去的治疗经验中逐渐确定下来的，这里没有什么对错之分，但就规律的、每周一次的会谈来说，50 分钟或 1 小时被认为是合理的时长，伴侣能够交流某些问题而治疗师也会有机会与伴侣一起思考这些问题，从而形成某种理解，尤其是有关他们的潜意识关系互动的理解。与其他一些伴侣治疗的方法不同，如果伴侣中的一方不能参加会谈，那次会谈通常会继续进行，除非治疗师认为这无助于某些特殊的伴侣，或者除非这种情况过于频繁以至于危及了伴侣治疗的正常进行。我会在本章的后面更全面地探讨这个问题。另外，一旦确定下伴侣心理治疗，就会保持这种治疗形式，而不会从伴侣治疗转变为家庭治疗、儿童治疗或个体治疗，这也与其他的治疗方法有所不同。

倘若伴侣治疗刚刚开始，我认为以简单的措辞向伴侣陈述或重申 * 治疗的框架会很有帮助；这通常是在第一次会谈的某个时刻，往往是在会谈临近结束的时候，因为那时治疗师与伴侣已经有机会开始相互接触。治疗的框架会根据不同的实践以及不同的临床设置而有变化，以塔维斯托克关系中心为例，伴侣可能在治疗开始之前已经与"评估治疗师"做了咨询，因此，现在新的治疗师会说明，她将是为伴侣做持续治疗的治疗师，每周都会在固定时间与伴侣见面，除了假期休息。治疗师可以与伴侣讨论何时会取消会谈，如何及时通知，双方同意的治疗费用及伴侣要为他们错过的会谈付费，治疗的结束时间是开放性的，等等。在这个阶段，也有必要讨论如何处理伴侣中的一方不能参加会谈的情况。

有时，伴侣会询问治疗将持续多久。有一对伴侣在初次咨询时说，我需要知道他们是"不会无限期地来做治疗"的。当我说，事实上我也不会为他们安排无限期的治疗时，我能感受到他们既释然又失望。在这个时候，伴侣会担心治疗持续太久、太过痛苦而无法忍受，但同时，他们又担心（通常伴侣不一定会意识到）治疗时间不够长。因为难以忍受那些痛苦的情绪，伴侣或许希望能尽快解决问题。治疗师会向伴侣传递在场和施助的承诺，但又避免让伴侣感觉陷入艰难、恐惧的情形之中。也许，伴侣需要听到治疗师说，他们可以在任何时候结束治疗，但结束治疗的问题最好出自伴侣与治疗师之间的讨论。给予伴侣一些时间是对他们的一种支持，因为无论他们的关系多么糟糕，对伴侣双方

---

* 在塔维斯托克关系中心，评估治疗师在评估会谈中可能会向伴侣说明伴侣治疗的设置。以后提供伴侣心理治疗的治疗师在治疗初次会谈中也会重申治疗的设置。——译者注

来说，它都可能足以重要到应保证有充分的时间来处理关系的问题。

框架的连续性——以会谈还是以伴侣在场为标准?

如何处理伴侣中的一方不能参加会谈的情况与如何看待治疗框架的构成密切相关。伴侣双方都到场是治疗框架至关重要的部分吗?或者说，除非他们都到场，否则治疗会谈无法进行吗?一些伴侣治疗师持有上述立场，我们也或许有考虑这样做的理由;治疗是"伴侣治疗"，如果伴侣不在场那还能进行伴侣治疗的工作吗?以伴侣在场为框架可以避免只有伴侣一方到场所带来的问题，包括只有一方到场给伴侣双方带来的各种情绪体验，也避免了到场一方与治疗师分享他们不想与另一方分享的信息所带来的风险。如果这些信息对伴侣治疗至关重要——比如，透露了正在发生的外遇——那么除非可以让配偶知晓，否则伴侣治疗师就知道了一个可能会招致治疗无法继续的秘密。如果治疗师保守这个秘密，那么未到场的伴侣一方会有被背叛的感觉;如果治疗师拒绝保守秘密并告知了未到场的伴侣一方，则到场透露秘密的一方会有被背叛的体验。

不过，这种方法存在的问题是，如果治疗师因为伴侣中的一方没有到场而取消会谈，那么治疗师就不容易保持治疗的规律和节律。尽管按照设置约定，因伴侣中的一方未到场而取消的会谈仍然属于一次治疗会谈，但这造成了对治疗连续性的破坏。由此，治疗师不能通过她的在场来很好地保护和管理设置了，而这可能带来一种感觉，好像治疗是由伴侣双方的在场所掌控，而不再依靠治疗师更为规律和一致的在场了。当然，这是可以工作的内容，并且伴侣为错过的会谈付费也是在承认，错过的会谈在当时是他们可用的治疗会谈，从这个意义上讲，治疗的连续性仍然存在。但这可能让能来参加会谈的伴侣一方难以接受，他或她可能非常想参加这次付费的会谈却无法参加。有时，如果治疗师见了他或她，治疗师会忍不住地出于公平感而给伴侣另一方单独提供一次会谈。尽管这或许是可以理解的，而且事实上，如果治疗师感觉自己失去了伴侣心态，这是可以帮助治疗师重建伴侣心态的，但在不保持治疗框架，也不对伴侣利用治疗框架的方式进行分析的情况下，我会谨防将之视为常规做法。

另外一种态度是，将会谈作为治疗框架的着眼点，尽管治疗师期望伴侣双方都来参加治疗会谈，但也接受在有些时候只有一方的到场是伴侣呈现自己的一种方式。即使只有一方到场，但在每一个体的心里，伴侣关系仍然存在着，并且治疗师会分析呈现在她眼前的素材；在这种情况下，伴侣关系以一方出现而另一方隐藏的方式展现。治疗师通过坚持伴侣双方都要来参加会谈，界定了伴侣需要以怎样的方式呈现。一旦伴侣双方再次来到会谈中，治疗师就要考虑之前未到场的伴侣一方、到场的另一方的体验，以及双方作为伴侣的感受。这些体验可能阐明了关系的一些重要方面，如伴侣如何处理分离，当伴侣一方的需要被满足而另一方却不能被满足的时候是一种怎样的感受，到场的伴侣一方是否感觉自己对伴侣关系的问题承担了太多的责任，信任和可以在关系中分享什么的问题，以及回避问题，等等。这也创造了一种治疗师可以通过每周定时地提供会谈来维护治疗的规律和节律的框架。这为伴侣和治疗师能够开展治疗工作提供了更一致、更容纳的框架。在这种情况下，治疗师承担起了维护治疗连续性的责任，她需要保持伴侣心态做到这一点。这一工作模式的确存在一种风险，即治疗师从到场的伴侣一方那里了解到了他或她实际上不想让另一方知道的信息。因此，在讨论治疗框架和错过会谈的伴侣一方时，很重要的是要澄清这是伴侣治疗，任何一方在这里讨论的内容都应该在关系中共享。甚至有的治疗师会更进一步说，如果伴侣一方带来一些他们不想分享的重要信息，就会危及心理治疗。

在此需要提醒一下，有些时候，伴侣一方会利用另一方不到场的机会与治疗师讨论一些他们想与另一方分享的信息，只是他们感觉要先与治疗师讨论并得到治疗师的帮助后才能把这些内容带入关系中讨论。也有的情况是，伴侣一方因为过于害怕而无法与未到场的另一方分享在治疗师这里谈到的信息；例如，如果伴侣一方让另一方知道自己已向治疗师透露了家暴的真实程度或严重性，就会导致伴侣关系的破裂。

无论采取哪种治疗框架，重要的是要保持一致性。不过，有些时候，治疗师无论在哪种框架下工作都有可能做出背离常规工作模式的临床决定。有些伴侣治疗师的治疗框架是只有伴侣双方都到场才提供会谈，却可能在特定临床背景下做出为伴侣双方分别安排单独会谈的决定。而对特定的伴侣，以会谈为治疗框架着眼点的治疗师也可能认为，只有面见伴侣双方才更能保持容纳功能；或者，当伴侣一方错过了太多的会谈，治疗师会感觉难以为继伴侣心态。但即便如此，这些现象仍然具有诊断意义。曾有一位同事描述了这样一个情境，她治疗的一对伴侣在治疗过程中轮流参加会谈。对此，他们总能给出各种现实的理由，诸如工作上的原因或照顾孩子等，但是治疗师逐渐感觉到，这对伴侣事实上很难同室相处。当治疗师开始充分意识到这个部分，并对伴侣做了相应的反馈时，这对伴侣发现，他们通过轮流来见治疗师的方式让治疗师接触到了他们伴侣关系困境中的一个核心部分，即他们很难共享精神空间，并一直对此回避。这带来了一些富有成效的工作，最终，这对伴侣一起回到了治疗室。

治疗的开始阶段

弗洛伊德（1913）在"关于开始治疗"（On Beginning the Treatment）中写道：

> 我们面临的下一个问题提出了一个原则问题。如下：我们什么时候开始与病人交流？什么时候揭示他头脑中浮现的想法的潜在意义，以及什么时候使他加入精神分析的假设与技术程序中来？对这些问题的答案只有一个：直到病人发展出了有效的移情，分析师才能与病人发展良好的交流。

治疗的首要目标始终是让病人发展有效移情，依恋医生本人。为了确保这一点，除了给病人时间以外，什么都不需要做。如果分析师展现出对病人真实的兴趣、仔细地清除掉一开始浮现的阻抗并且避免犯某些错误，那么病人自己就会发展出这样的依恋，将医生与其熟悉的、有情感意义的人物形象联系起来。如果医生从一开始就表达了共情理解之外的任何立场，比如道德说教，或者如果其行为像是在代表或者拥护某个竞争方——例如，婚姻关系中的另一方，那么当然有可能导致最初的成功走向失败。

（Freud，1913，pp. 139–140）

弗洛伊德在这里谈论的是允许正性移情的发展。他也在谈及反移情中浮现出的潜在困难，尽管他没有用到这个术语。无论我们是否与弗洛伊德的观点一致，在弗洛伊德的描述中有一点是非常重要的，即在保持分析态度的同时，治疗师也要允许良好的交流和给予足够温暖的回应。我们不想像伴侣中的某一方那样行事，但同样地，我们也不想制造一种冷漠、疏远的分析设置。对一些伴侣来说，要面对不会像社交场合中那样进行回应的治疗师已经很难了，如果治疗师再过于"临床"，那就让伴侣更难以安定下来。

在治疗工作的早期，伴侣可能会期待或者向治疗师施加压力让其给予解析，而治疗师在想要"给予"伴侣解析和提供空间让他们成为自己之间可能存在一种张力。这可以被视为"容纳"与"抱持"之间的平衡张力（Brookes，1991）。Bianchini 和 Dallanegra 思考了在关系中很少有容纳体验的伴侣的需要，他们认为伴侣对治疗的需要"也可以解读为隐含地需要一个可以排空进入的心灵，需要一个可以提供容纳功能的容器"功能（Bianchini & Dallanegra，2008，p. 76）。对于这类案例，他们建议，在考虑具有转化功能的治疗关系之前，首先要考虑"构成容器的初步阶段，这一容器可以满足伴侣排空的需要，也能承受得住容纳的压力和负荷，而首要的是让伴侣感受到一种接纳空间的存在"（Bolognini，2008，p. 174；为 Bianchini & Dallanegra 翻译和引用，2011，

p. 76）。在治疗的这一阶段，即使伴侣想要从治疗师那里得到一个解析，也不会有太大帮助，因为他们只是希望这种解析会肯定伴侣一方的立场而反对另一方，或者接受伴侣一方认为另一方有问题的看法。在这种心态下，伴侣解释或许会让他们感觉被误解，因为它要求伴侣收回投射。如之前谈到的，伴侣或许想要投射进入另一方并谴责另一方，所以在这一早期阶段，重要的是，治疗师也能保留这些投射而不将其返还，或者不要像伴侣感觉到的那样，把投射的部分强行返还给他们。

作为一种工作方式的协同治疗

在塔维斯托克关系中心，协同治疗是伴侣治疗工作模式发展中很重要的一个部分。起先，伴侣双方各有自己的治疗师，他们的伴侣关系再由双方的治疗师会面进行讨论；后来，很自然地发展为由两位治疗师同时与伴侣会谈。

> 随着反移情和映射过程（the reflection process）两个概念的发展，四人在场的工作设置让协同治疗师有机会提供有利于治疗的工作区域，既可以促进伴侣的投射，也有助于加工和理解运用这一机制的目的和意义。
>
> （Ruszczynski，1993b，p. 21）

在塔维斯托克关系中心的工作模式中，协同治疗是重要的组成部分，也是伴侣精神分析心理治疗培训中极为重要的内容。但并非所有的伴侣治疗师都有机会参与协同治疗工作，在伴侣治疗的大多数设置中，更为常见的形式是由一位治疗师提供治疗。

在与伴侣的治疗会谈中以及在治疗会谈后对会谈过程进行反思的时候，都对协同治疗师的关系有不同形式的运用。有些运用是自然发生的，有些则是更有意识的方法和技术。例如，协同治疗关系的运用可能会成为治疗过程的一部分，其中一位治疗师更多地融入与伴侣的互动，而另一位治疗师则更多地处于第三方的观察位置。如果治疗师从融入互动转变为见诸行动——其中一位治疗师陷入与伴侣或伴侣中某一方的互动而失去了思考能力，那么协同治疗关系的运用就会非常有帮助。此时，另一位协同治疗师可能通过反馈其对治疗室中所发生的现象的观察而重启思考空间。例如，"观察性的"协同治疗师可能会对治疗室内的氛围做出评论，比如评论伴侣与治疗师之间充满了火药味，或是非常融合的状态，好像永远都不会有不同看法，让人感到不真实，抑或是评论其他各种动力现象。协同治疗师之间的不同角色可以在同一治疗会谈中相互转换。它有助于在会谈中创造一种空间，每位协同治疗师都能在其中感受到被另一位治疗师容纳，由此可以说出困难的事情或探索敏感的话题；每位治疗师都知道，如果这会让自己落入深水的话，协同治疗师会把他拉上来。

和一对治疗师进行工作可能会带给伴侣很强的被容纳体验。在会谈中，两位协同治疗师一起交谈也会创造更大的心理空间，允许不同的理解以及更多的思考。伴侣有机会体验两位协同治疗师——另一对"伴侣"——在场并一同思考，这可能是很多伴侣从未见父母做过的事。这或许能向伴侣示范，如何能让谈话成为创造性的交流并有助于谈话双方。

协同治疗关系与映射过程

基于 Searles 对映射过程的界定，Mattinson（1975）在塔维斯托克关系中心发展了这一观点，认为映射过程会发生在案例讨论小组和协同治疗关系中。如 Searles 所理解的那样，"当前在病人与治疗师的关系中正在发生的过程，经常会映射在治疗师与督导师的关系中"（Searles，1955/1965，p. 157；emphasis in original）。谈及协同治疗，Ruszczynski 认为，"协同治疗师双方需要理解发生在他们之间的某些现象的意义——这些现象是伴侣潜意识地通过投射认同植入的，由此促进伴侣发展理解他们之间发生的现象的能力"（1993b, p. 13）。如此，协同治疗可以作为一种治疗工具发挥功能，让我们获得伴侣关系的信息，尤其是那些处于伴侣潜意识中的部分，这些部分一直不为治疗师所知晓，直到治疗师通过正在他们身上以及他们之间发生的现象而有所发现。伴侣共有潜意识的某些方面会投射给协同治疗师们：或是投射潜意识关系本身，或是伴侣一方或双方分别向协同治疗师的一方或双方进行投射。尝试去理解这些部分非常实用，也很有必要。它的实用性在于，这会促进治疗工作；而当某些投射的部分进入了协同治疗关系，并且正在破坏它的功能时，就有了理解这些部分的必要性。比如，有些时候，协同治疗师会发现，他们自己在潜意识地替代伴侣见诸行动。

　　Vincent 是一位曾经在塔维斯托克关系中心工作的同事，他谈起过一个场景，当时他与一位还在受训中的协同治疗师要在一个临床工作坊中报告案例。他对要报告的案例很无望，伴侣谈到要结束治疗。事实上，结束治疗正好解决了 Vincent 面临的时间安排上的困难，因为那时他正要与另一位同事开设一门新课程。

　　　　在即将报告案例的那天早上，我看了看我的笔记，我很确信这些笔记是已经报告过的内容，于是就把它们撕成两半，扔到了废纸篓里。接下来，更糟糕的事发生了，因为我在报告案例的时间同时安排了与一位同事的会面，那时，我正在计划与这位同事开设一门新课程，而且，春天的课程时间与这对伴侣的治疗时间直接冲突。

　　　　　　　　　　　　　　　　　　　　　　　　　　（Vincent, 1995b, p. 5）

　　当然，上面描述的内容可以在临床工作坊中进行探讨，我们可以想象许多可能的意义。是否这对伴侣的一方或双方想要抹掉对方（这正是受训中的协同治疗师所感受到的）？是否有些有价值的东西（笔记）遭到了破坏？伴侣是否真的难以创造性地共处？探索这次见诸行动的意义，确实能帮助这对协同治疗师更深入地将之与伴侣的体验和治疗中的见诸行动联系起来。他们认为，将笔记的创造性工作破坏意味着抹掉了一些好的东西，这与伴侣的关系特性有着深刻的"呼应"，而且有趣的是，这发生在上一次会谈刚刚有了诸多希望之后。离开伴侣而转向"新的课程"这一"新欢"，也映射了这对伴侣多么容易贬低他们之间好的体验，他们感到好的体验是他们妒忌的、只属于别人的东西。两位协同治疗师之间的分裂*为他们敲响了警钟，因为他们很快就敏锐地觉知到，治疗的容纳功能被破坏掉了。"在治疗的边缘地带，见诸行动是富有创造性的，因为它提供了反思其意义的可能性，由此可以理解正在发生的现象中所蕴含的、深刻的情感意义"（Vincent，1995b，p. 6）。

允许我们自己可以被伴侣影响，对治疗工作当然是至关重要的，但在涉及我们与协同治疗师的关系时，可能就很棘手。协同治疗师之间也许会有伴侣之间没有的分歧，或者，他们可能通过他们的感受与互动发现那些伴侣难以面对却投射到协同治疗师关系中的部分。反移情的问题在于它往往感觉上很真实，也很个人化，就像移情的特性。因此，协同治疗师可能不会谈论它，尤其在涉及对另一位协同治疗师的负性或者过于正性的情感时。但是，协同治疗师有必要首先将唤起的情感视为与伴侣之间潜意识的动力有关，并进行探索，而不是一开始就认为这与协同治疗师的人格有关。有些时候，反移情的确与治疗师有关，而长期与同一位协同治疗师和不同的伴侣工作的一个好处就是，可以揭示比昂（1961）所说的"结合力（valencies）"，即我们人格中针对特定投射的钩子或易感性。

基于上述原因，像保持治疗会谈边界那样保持好协同治疗关系的边界就非

---

*　此处分裂指的是，其中一位协同治疗师仍然投身于治疗工作、记笔记和报案例，而另一位协同治疗师却与之背离，破坏笔记且搞起了新项目。——译者注

常重要了。两位协同治疗师应商定好治疗会谈结束后的会面时长，即使两位协同治疗师感觉没有足够多的内容可谈或感觉有太多的内容要谈，都应坚持遵守设定好的会面和会面时长。由此，两位协同治疗师便可以观察在这样的会谈中会发生什么；比如，是否他们在一起的会面变得很困难，或者，是否这样的会面不能被恰当地利用。然后他们要思考自己在回避什么。协同治疗师之间的动力可能映射了治疗师与伴侣意识到的、在他们的关系中发生的某些现象，这会让伴侣关系的某些方面变得明朗，但是，如果这方面的动力没有被理解，也会阻碍协同治疗师之间的创造性工作。而且，协同治疗有着先天不足之处，这是因为反移情过程是精神分析工作的核心，但是在协同治疗的某个当下，其中一位治疗师是不可能知道自己的协同治疗师在体验着什么的。这可能会造成这位治疗师无法理解或者不赞同协同治疗师在某个方向做出的解释，使得治疗会谈失去了协调一致的感觉。在这种情境下，协同治疗师之间的会面讨论对于促进他们之间的相互理解和协同工作是至关重要的。

一个更可能会在协同治疗中发生的有趣现象是，伴侣会把协同治疗师视为一对伴侣。这常常出现在他们意识层面的幻想、潜意识的幻想或信念里。当我还在塔维斯托克关系中心受训的时候，我曾见过一对伴侣，他们告诉我和我的协同治疗师，每次他们在治疗结束离开治疗室的时候，他们总是想象我们会转向对方继续交谈，就像电视新闻播报员做的那样。我认为这对伴侣感受到了我们对他们的兴趣以及被我们容纳的体验，但是我们也很好奇他们对我们是否有其他潜意识幻想。在潜意识的幻想中，他们是否感觉我们对他们过于疏远和冷静？他们是否感觉我们继续谈论他们是因为我们被他们深深地吸引？或者，是否这对伴侣担心他们一走我们就不再谈论他们，因为他们对我们来说无足轻重，当治疗室的门一关上，他们也就从我们的心里排除出去了？这些幻想既可能与他们将伴侣关系中的某些部分投射进入协同治疗师的关系有关，也可能涉及他们各自的父母作为一对伴侣带给他们的、与抱持有关的体验。

多年来，在塔维斯托克关系中心，我们常常考虑如何为伴侣分配治疗师，包括安排一位或两位治疗师，以及安排什么性别的治疗师（们）。最常安排的治疗师组合通常是男性－女性或女性－女性组合。两位男性治疗师的组合往往被认为是最困难的选择，至少对异性恋或女同性恋伴侣如此，这背后的原因值得进一步思考。如果有来自男性的性虐待或性暴力的经历，那么两位男性治疗师的组合会给病人带来巨大压力。当然，我们知道男性协同治疗师组合也有过成功的治疗案例。我在几年前写的一篇有关治疗师的性别对分析病人的影响的综述中指出，大多数个体病人的精神分析师得出的结论是，治疗师的性别可能是让病人参与治疗的一个影响因素，但这种影响在持续的治疗中却不那么明显，治疗师的性别是移情的盲区。然而，对于伴侣治疗，治疗师的性别可能被感受为更"真实"的影响因素。这部分地因为伴侣治疗是在伴侣和治疗师或协同治疗师们面对面坐着的设置下进行的，但也许更为关键的原因是性别、性行为和性，包括性取向这些问题可能是伴侣治疗中更核心的问题。

有些伴侣需要两位协同治疗师吗？

尽管不是所有的伴侣都需要协同治疗师，但某些类型的伴侣可能会从由两位协同治疗师提供的伴侣治疗中获益。根据我的经验，这些伴侣会让治疗师感到很难与他们一起思考问题，因此，也很难容纳他们。在与这些伴侣的治疗中可能存在大量的见诸行动，例如，在治疗会谈进行中离开治疗室；或者，个体或关系中存在风险行为。除了上述特征的伴侣，协同治疗对于那些存在剧烈冲突或功能失调、需要很多容纳的伴侣同样有效。在协同治疗中，每位治疗师会从自己的协同治疗师那里获得支持和容纳，这也使得伴侣在面对两位治疗师的时候不会过于担心他们会摧毁治疗师。协同治疗对于僵持的伴侣同样有效，这类伴侣往往令人感到与他们的会谈难以为继，不知道能为他们做些什么。由于惧怕改变以及潜意识地不想改变，伴侣的防御系统会变得难以渗透，使得治疗师需要在治疗空间中有另一个思考的心灵相伴。在这种情境下，可能会在一段时期内，很多工作需要在治疗会谈后协同治疗师的讨论中来处理完成。

伴侣分析空间

伴侣分析治疗师会提供保密的、非评论性的治疗设置。在这样的设置下，伴侣可以谈论和思考那些可能在与家人或朋友的关系中无法表达的内容。建立这样的治疗关系需要时间，在这样的关系中，可以表达那些不合理的以及令人不安的想法和情绪，并尝试理解它们，而不是评论它们。在伴侣心理治疗中，伴侣双方可能都会感到另一方的在场很不安全，因为他们可能会感到来自对方的批评和评论，或者感到对方的情绪过于痛苦，或者感到被攻击。此时，治疗师对伴侣治疗的贡献可能会被削弱。由此，建立上述安全的治疗环境成了伴侣治疗师额外的任务。

然而，随着治疗的进展，治疗师不加评论或批评的回应可能会帮助伴侣也以一种不同于既往的方式倾听，不再是简单地将对方的回应听作对自己的反射性回应或攻击，而是在治疗师的帮助下，能够听到对方的内在以及伴侣之间正在发生的事情，并加以思考。然而，对于有些案例，这可能无法在许多甚至所有的治疗会谈中实现。比如，在一对伴侣的治疗中，妻子尝试表达她的想法和感受，丈夫却越来越烦躁，他说"这不是你真实的想法，也不是你真实的感受，你在撒谎"。丈夫的这种反应终止了相互的交流，与治疗师在治疗中尝试做的事情背道而驰。

如果治疗进展顺利，伴侣治疗师会尝试为伴侣创造一种规律的、可靠的、有界限的空间，同样也是安全的、非评论性的空间，这与伴侣通常的生活空间不同。在这个分析空间中，伴侣可以达到尽可能充分的存在，他们可以谈论在平日相处时无法谈论的内容；他们潜意识的关系也可以在这个空间中被理解。

因此，存在于伴侣分析空间之"内"是有别于在这个空间之"外"的。随着伴侣分析空间的发展，伴侣更有可能将关系内部的问题带入治疗，也更有希望把治疗中获得的领悟带到生活中的伴侣关系。伴侣分析空间是一种特殊的空间，它的边界是由治疗师管理的时间框架以及规律进行的治疗会谈共同确定的，在其中，会以不同的方式对待伴侣所谈及的内容——不会被看作日常社交性的交谈，而是视为要去理解的想法和感受，无论它们多么琐碎和令人不安。如Ogden所言：

> 在首次分析性会谈中，分析师所做的每一件事都指向一个目的，即邀请病人思考其体验的意义。对病人来说已经非常清楚的任何事情都不再被视为不言自明的了；相反，在分析的设置下，那些熟悉的内容要重新被好奇、被思索、被全新地创造。

> （Ogden，1992，p. 226）

那些没有充分谈出的内容可以在下次会谈中再次被谈起，或者可以暂时搁置，并希望时机到来的时候再谈。伴侣关系出现的新问题以及与治疗师关系中正在浮现的情感也需要被讨论和理解。

保持伴侣心态，在其中包含给予每位伴侣成员的空间和对伴侣关系的关注，这可以帮助伴侣不再想着谁该受指责，而是考虑他们一起创造了什么。然而，这在很多情况下是难以做到的，有时伴侣不可能在情感上以这种方式在一起。此时，治疗师可以在给予伴侣的解释中指出，他们作为伴侣不得不维系相互指责的立场，相较于看一看他们一起创造了什么，前者让他们感到更安全。

伴侣分析空间也会提供一种特殊的三角空间（Britton，1989；Ruszczynski，1998；Morgan，2001，2005；Balfour，2016），在其中，伴侣可以将治疗师体验为与他们以及他们的关系相关联的第三方。当处于观察者的位置时，他们可以看到配偶与治疗师的互动，这为他们观察和思考自己与配偶的互动提供了窗口，或者说他们更能从关系之外或第三方的位置观察自己的配偶（详见第 7 章的讨论）。当伴侣心态得以发展时，伴侣任何一方都很少会在另一方不在场的会谈中谈及他们不想在伴侣关系中分享的内容，因为他们知道（潜意识地），这将是对他们作为伴侣的思考能力的攻击，也是对他们的关系的攻击。

　　很多分析师认为，分析师所能发现的有关病人的任何问题都已在治疗开始时呈现，只是治疗师能否看得到。这种说法可能是真实的，也可能不是，但是本章的要点是，治疗的开始阶段为提供反思并且最终导向治疗的过程提供了绝佳机会。通过找到可以保持伴侣心态的方法，其中包括对治疗室内的伴侣保持好奇和兴趣的能力，我们可以建立一种有思考功能的容器的体验，它可以让焦虑、希望和痛苦得以表达和被安全地探索。

第 4 章

潜意识幻想、共有潜意识幻想以及
共有防御、潜意识信念和意识幻想

潜意识幻想（unconscious phantasy）、共有潜意识幻想（shared unconscious phantasy）、共有防御（shared defence）和潜意识信念（unconscious beliefs）都是理解伴侣潜意识心理活动的途径。意识幻想（fantasy）* 尽管处于意识水平，同样是关注的兴趣点，因为伴侣往往对他们投入的关系有着意识层面的幻想，但伴侣每一方的意识幻想未必会在伴侣之间分享或为伴侣双方共同知晓。这些概念相互联系，有时会有部分重叠，但也有不同之处，其中会涉及这些概念所描述的现象是如何被体验的，以及在伴侣治疗中如何对它们进行工作的。共有潜意识幻想和共有防御是在塔维斯托克关系中心早期开拓性工作中所提出的概念，多年来，这些概念一直是临床工作中的核心。在本章中，我将对这些核心概念进行详细阐述，并说明它们是如何帮助治疗师深入理解伴侣关系的。

---

* 这个词的翻译说明详见本书"导言"部分对应处的译者注。——译者注

潜意识幻想

如同许多精神分析概念，潜意识幻想这一概念的演变并不简单，不同的学派对这一概念有不同的理解。弗洛伊德对这一术语至少有两种诠释：起先认为是本能冲动受挫而引发的愿望满足活动（Freud，1911）；后来又提出了原初幻想的观点，这通常是儿童想象的场景——父母的性交（原初场景）、来自成人的诱惑和阉割，这些幻想都是围绕来自外部现实的迹象而展开的（Freud，1916—1917）。其他学者提出了与生俱来的幻想的观点，尤其是比昂提出的与生俱来的前概念（Bion，1963）和 Money-Kyrle 提出的先天知晓的"生活的事实"——依赖，作为创造性活动的父母性交，以及死亡（Money-Kyrle，1971）。

克莱因认为，潜意识幻想是含义更广的核心概念，在她看来，潜意识幻想无时无刻不在，伴随一切意识活动。这在 Isaacs 开创性的论文中有如下表述："幻想（首先）是源于本能的心理活动的必然结果，是本能的心理代表。没有任何冲动、本能欲望或反应不被体验为潜意识幻想的"（Isaacs，1948，p. 81）。从生命之初，当我们体验内部状态以及来自外部世界的影响时，我们开始对世界的样子形成观念。这就像围绕我们的内部世界和外部世界中各种关系的体验来构建故事一样。故事中蕴含的解释帮助我们理解那些发生在我们身上的事情。或许，Spillius 下面这段话代表了当代克莱因学派作者的观点，她谈道：

> 从根本上，我认为克莱因视潜意识幻想同义于潜意识观念和情感，她之所以采用幻想这一术语而非观念，可能是因为她治疗的儿童病人的观念比起成年病人的观念更富于想象和更少有理性色彩。
>
> （Spillius，2001，p. 364）

在《克莱因学派思想新辞典》（*The New Dictionary of Kleinian Thought*）中，

Spillius 写道，"精神分析的治疗活动大都可以描述为将潜意识幻想转化为意识观念的一种尝试"（Spillius et al.，2011，p. 3）。

潜意识幻想和现实

就心理健康而言，让幻想与现实接触从而接受现实的检验是非常重要的。潜意识幻想会持续影响和改变我们对现实的觉知或解释。也可以有相反的情况：现实对潜意识幻想产生影响。例如，当婴儿感到饥饿的时候，他可能会构建母亲会一直陪伴他、喂养他的画面，也可能感到被单独留下的时间过久，以至于心存自己会死去的幻想。这些潜意识幻想一层层地建构起来，在此过程中，有的可能会消失掉，有的会被修饰而形成新的版本。将来，作为伴侣关系的一部分，这种幻想可能是"通常，当我面临淹没性的情绪时，我总能够向我的伴侣求助"，或幻想着没有任何人可以满足我的需要。

由于潜意识幻想会扭曲在意识层面对世界的看法，所以，明智的做法是不要把病人报告的历史信息作为事实来采集。当特定的潜意识幻想发生改变的时候，对事件的感知也会随之改变。而且，潜意识幻想无时无刻不影响着对外部世界的感知和体验，由此也会影响着伴侣关系中每一方对另一方的感知和体验。作为伴侣治疗师，我们可以观察到伴侣双方以特定的方式与另一方建立关系。伴侣治疗师要时刻对此保持觉察，尤其在帮助病人理解他们是如何感知对方以及误解对方的时候。潜意识幻想可以帮助我们理解伴侣一方是如何以特定的方式感受另一方或治疗师的。伴侣任何一方的交流都会受到潜意识幻想的影响——这就像伴侣双方在进行着意识觉察范围之外的另一种交流。

这一点在伴侣双方就某一事件发生争执的时候会清晰地显现。在争执中，我们会看到他们有时会对同一事件有完全不同的看法，几乎无法达成共识。Fisher 谈到，在此情境中，"不要忘记，在我们谈论有无能力承认体验的真相的时候，我们谈论的是情绪体验的真相，是我们的体验的意义，是情绪的意义"（Fisher，1999，p. 53）。

　　或者，当治疗师给予解释的时候，伴侣或伴侣中的每一方可能会以不同的方式体验治疗师想要传递的信息。因此，在给出解释后，重要的是，要观察解释将如何着陆，并紧密跟随解释后发生的一系列反应。例如，治疗师可能在反移情中感觉伴侣阻断了她的评论和解释；伴侣双方好像觉得治疗师说的所有内容都毫无帮助，之后，这种感觉越来越突出，因为伴侣好像完全把治疗师的话搁置在一边。最终，治疗师向伴侣解释，他们双方都很恐惧听进她所说的内容，好像那些话是在攻击他们，而不是在尝试理解他们，（如果的确如此）治疗师会进一步解释她感到在伴侣双方之间也有相似的情形。这个解释令伴侣中的一方很受触动，因为她能感觉到自己总是把别人推开，她注意到自己常常在丈夫还没讲完话的时候就开始谈自己想谈的事了。几次访谈后，她将这些感受和自己与非常侵入性的父亲的关系体验联系起来，在与父亲的关系中，她不得不尝试用各种方式避免与父亲的直接接触。可以看到，治疗师抓住了治疗空间中稍有些偏执的氛围，由此促成了妻子将之与自己内部和外部的父亲客体，以及其对伴侣关系的影响建立了连接。而她的丈夫作为伴侣的另一方，内心里有一个非常活跃的、严苛的母亲客体，导致他需要感到自己的举止都是规范得体的，而治疗师的解释在他听来就是在批评他。在那一刻，治疗师被体验成了那位被内射的、严厉的母亲客体，又一次在指责他的过错。通过修通和理解他们各自的潜意识幻想，这对伴侣进一步理解了，丈夫被批评的感受令他很难真正听进妻子和治疗师的话。通过理解伴侣是如何体验对方、体验他们自己、治疗师以及与外部世界的关系，我们构建起了他们潜意识内部世界的画面。

　　在伴侣关系中，还有一个重要方面是清晰可见的，即它能在伴侣的另一方那里产生预期的反应。换句话说，我们体验外部世界的方式，以及我们与他人建立关系的方式，常常会在对方那里唤起我们预期的反应，由此证实了我们的幻想。伴侣一方推迟上床的时间，已在床上的另一方可能将之体验为性的拒绝、爱的丧失或感到愤怒。有些时候，这只是一些暂时的潜意识幻想，源自伴侣关系中更早期的体验以及在伴侣关系建立之前的体验。这些潜意识幻想可以形成控制和影响，但如果推迟上床的伴侣一方能及时来到卧室，刚才提到的那些幻想或许就退去了，接由现实产生影响，并且，另一潜意识幻想或许会随之浮现，幻想中伴侣双方在有些时候会有性爱而且仍然感受到性方面的相互吸引。然而，如 Symington 指出的，伴侣一方可能会被诱惑扮演另一方潜意识幻想中的某个角色，或是证实其潜意识幻想（Symington，1985）。由此，迟来卧室的伴侣一方不只被体验为来迟了，而是太迟了，推迟被认为是对另一方没有爱或性欲的佐证。于是，等待的一方就会拒绝或者至少是看不到对方的性邀请了，因为他的潜意识幻想替代了现实。潜意识幻想被感受为是真实的，它在心理现实的意义上是真实的。然而，当内部的心理现实与外部现实不一致的时候，内部现实会被外部现实修正，心理发展由此发生。

理解潜意识幻想是伴侣治疗师临床工作的核心，因为伴侣关系中普遍存在着误察和误解。伴侣双方往往以不同的方式体验同样的事情。尽管这也是日常生活的事实，但在伴侣关系中却常常由此引发冲突。一些很严重的争吵常会发生在伴侣双方都认为自己所说的才是符合事实的时候。潜意识幻想会非常强烈地影响对现实的觉知，了解这点会帮助我们理解，一对伴侣为什么会对事件有如此不同的体验。

共有潜意识幻想

共有幻想这一概念的发展

在一对伴侣关系中，一方的某些潜意识幻想与另一方的潜意识幻想结合在一起，伴侣双方共同上演了特定的潜意识的故事。当潜意识幻想结合在一起的时候，可能会强化原来的潜意识幻想，如果因此而激发了太过强烈的焦虑，伴侣双方就可能动用防御来对抗焦虑。这种观点曾是塔维斯托克关系中心先驱们某些思想的核心。Hewison 对共有潜意识幻想这一概念做了历史性概述，追溯了这一概念在塔维斯托克关系中心的发展。他提到，是 Bannister 和 Pincus 提出了潜意识幻想的"共有"性（Bannister & Pincus，1965；Hewison，2014b）。"共有"幻想在概念上的重要演变体现在，它形成了一种对潜意识系统的理解，在这一潜意识系统中，伴侣双方相互影响并且形成了一种共有的潜意识关系。

Bannister 和 Pincus 描述了这一概念演变对于理解伴侣关系的必要性：

> 在动力心理学中，通常认为关系就是主体对客体的关系。在概念上，关系的核心是"（当事）人"或"主体"，主要考虑此人的存在与功能。本质上，这是一种"单人心理学"，每个人都被视为由他自己及其客体组成的世界的中心，他通过复杂的过程以及对他的世界中的客体的操控来与这些客体建立关系。当处理紊乱的婚姻关系时，必须把关系中的双方以及关系本身作为研究的客体。我们需要知道，关系中的每一方既是主体也是客体。每一方从自己的角度是主体，而在某种程度上将对方作为他的客体，当然，他也是对方依附的客体。关系中的双方进行着复杂的互动，由此形成了一种交互的心理 – 生物学系统，在其中，每一方的适应性和防御性的行为都会与对方的此类行为相契合，每一方都需要在与对方的关系中发挥其功能。

（Bannister & Pincus，1965，p. 61）

共有潜意识幻想与现实

如同潜意识幻想，共有幻想与现实的关系也被视为至关重要的部分。Bannister 和 Pincus 观察了某些类型的关系，在其中共有潜意识幻想可能会发生改变，也观察了过度共谋与僵化的关系。他们发现"共有幻想与错觉在所有的婚姻中都存在——但是，在焦虑更少、灵活度更高的婚姻中，伴侣间的共谋互动将因不断变化的生活的要求而有所改变"（Bannister & Pincus，1965，p. 62）。然而，Pincus 也谈道：

> 那些伴有焦虑或内疚的早年冲突和幻想可能在人格的潜意识中残存，它们可能在伴侣关系中相互"匹配"，以至于伴侣中的每一方对另一方的反应方式只会使冲突持续而不是获得解决，并且会强化那些他们不敢冒险在现实中去检验的幻想。

（Pincus，1962，pp. 14-15）

对伴侣一方而言，伴侣的另一方就是外部现实的一部分，于是伴侣双方可能通过相互影响来保留这些幻想或消解它们。如 Symington 所述，"幻想会在社交环境中创造出一种反应，而这种反应恰恰是幻想的组成部分。当社交环境不再以特定的和熟悉的方式做出反应时，幻想也就停止了"（Symington，1985，p. 349）。在这个意义上，潜意识幻想之所以成为共有，是因为对方被引诱在其中扮演了某个角色。另一方面，当对方的他性不屈从于参与幻想的压力时，就会阻止幻想的滋长。这正是精神分析工作的部分功效所在：分析师试图觉察病人所施加的参与其幻想的压力，并且通过避免卷入或部分地屈从于压力但能对此做出解释，为病人创造出了一种新的体验。但这对于将幻想共有并且共同参与其中的伴侣来说是不太可能做到的。在健康的发展中，幻想会逐渐改变，这是因为伴侣双方都会借助现实中的另一方和外部世界来充分检验他们的幻想。或者，幻想也可能会被伴侣的另一方所强化，并成为伴侣固有关系模式的一部分，在他们关系中的诸多方面呈现出来。

共有潜意识幻想的回顾

在伴侣治疗的相关文献中回顾共有潜意识幻想会发现，与潜意识幻想相似，这一概念已成为伴侣潜意识生活的同义词。例如，Hewison 谈道："共有潜意识幻想是伴侣日常生活的一部分，潜在地推动伴侣相互吸引并结合在一起"（Hewison，2014b，p. 33）。接下来，我们看一下这一概念是如何被描述的。

共有幻想与投射系统

"史密斯"夫妇是早期案例研究的一对伴侣，对他们的研究显示了共有幻想嵌入伴侣投射系统的方式（Bannister & Pincus，1965，pp. 9-22）。

> 史密斯夫妇都不认同他们各自的、同性别的父母一方。史密斯先生不想成为懦弱且被鄙视的父亲的样子，而史密斯夫人也很害怕变得像她支配一切的母亲*。史密斯夫妇的共有幻想是，女人毁掉了男人。在他们的婚姻中，他们处理这一共有幻想的方式是主张其对立的一面：男人必须强壮，而女人要弱小。史密斯先生将自己内在无法忍受的、不合理的弱小部分投射到了妻子身上，这是因为他很害怕自己会像父亲和兄弟斯蒂芬那样，除非他被逻辑和理性的力量所统御。在与丈夫的关系中，史密斯夫人因与母亲竞争父亲的爱而伴有的焦虑被再度激活，这些焦虑一直让她紧紧保持着人格中那些更加弱小的部分，并且排斥丈夫和拒绝性爱。
>
> （Bannister & Pincus，1965，p. 66）

---

* 这句话在英文原著中没有出现，只看后面的部分可能不便于理解。在与作者的沟通中，作者发现本书的英文版本中遗漏了这句话并予以补充。在此提请对照阅读英文原著的读者留意此处。——译者注

若能看到他人可以管理自体中所恐惧的部分，投射者便能够重新内射投射出去的自体部分，因为这些被投射的部分不再那么令人恐惧。在这个意义上，潜意识幻想可经由在伴侣关系中被外化而得以修正。如 Ruszczynski 所述，"在伴侣治疗中探索共有幻想，可以让被投射的部分在感受上不再那么可怕，最终能被重新收回"（Ruszczynski，1993b，p. 9）。例如，"分离意味着抛弃"这种共有幻想可能会在下面的情形得以修通：比如，伴侣双方潜意识地认识到这是他们共有的困难，或者，对方处理分离的方式如此不同，以至于在共有幻想中带来了另一种视角、更多的思考和转变。也有另外的可能，即通过与对方在一起的体验，进一步强化了共有幻想。如果伴侣共同防御共有幻想，那么这样的关系被认为是"防御性"关系，如果他们可以一起修通共有幻想，则是"发展性"关系。

共有幻想与共有防御

共有幻想往往明确地或者隐晦地与共有焦虑联系在一起。为了管理共有焦虑，伴侣会建立共有防御。简单讲，如果一对伴侣共有与分离有关的焦虑，那么其共有幻想可能是，分离会导致抛弃或被体验为抛弃（这可能根源于原初客体在情感上或物理空间上的缺失），由此，共有防御可能表现为伴侣双方黏在一起。伴侣治疗师可能会观察到，在伴侣分离的时候或者在治疗师离开的时候，伴侣之间总会发生争吵。

Ruszczynski 借鉴 Ezriel 提到的发生在病人与分析师之间的三种相互关联的客体关系，描述了"埃文夫妇"的共有幻想、共有焦虑和共有防御之间的动力关系。"共有防御被伴侣双方用来消除共有恐惧或共有幻想，这一共有防御的概念是精神分析伴侣治疗理论与实践的核心"（Ruszczynski，1993a，p. 208）。在 Ezriel 的表述中，

　　病人尝试与分析师建立的第一种关系，我称之为"被需要的"关系，病人需要用这种关系来回避第二种关系，所以后一种关系我就称作"被回避的"关系，病人感到自己在外部现实中必须回避这种关系，因为他相信，如果他顺从自己隐秘的、想要进入这种关系的愿望，就必然会导致第三种关系——"灾难"。

（Ezriel，1972，p. 235）

联系到 Ruszczynki 描述的"埃文夫妇"，

　　"被需要的关系或共有防御行为是无性的关系。被回避的关系则是具有生育功能的性关系。共有幻想或恐惧的灾难是，如果他们打算生孩子，另一方就会在身体层面或情感层面离开。自相矛盾之处在于，在幻想中，具有生育功能的性关系非但不是创造生命的关系，反而成了威胁生命的关系。"

（Ruszczynski，1993a，p. 209）

共有幻想、潜意识选择和伴侣相配

　　共有潜意识幻想也被认为是将伴侣双方联结在一起的推动力。潜意识的伴侣选择也会受到其他潜意识因素的影响：移情——选择与自己的期待相配的伴侣；投射认同——选择的伴侣可以容纳自体分裂掉的部分。配偶对移情期待或对投射做出何种反应是至关重要的。Symington 写过一篇论文《幻想的自我现实化》（Phantasy Effects that which it Represents），他在文中描述的第一个案例是一位女性病人，在她的幻想中，男人就是要利用女人来获得性满足。Symington 谈到，"这一幻想毁掉了她爱的潜力、情感上的亲密以及女性的创造力。同时，它也在男人心中滋养出女人就是他们宣泄性欲的工具的想法"

（Symington，1985，p. 350）。在伴侣关系中，这位女性或许会选择与这一幻想相配的男性为伴，那可能是一种破坏性的、甚至是施虐的关系。然而，随着时间的推移，这位女性也可能会感受到关系中与现实有关的一些体验，比如，有的时候，她并不觉得自己的配偶在利用她满足性欲。他们的关系变得更倾向于相互满足，或者说，这位女性之前没有意识到她对自己的性是有攻击的，当这些攻击的部分经由投射然后又被收回后，在他们的性关系中，她会感到更有自主性，不再感到自己是别人性欲的牺牲品。在这里，我们看到的是潜意识幻想与现实接触使之不断得到修正的例子。这体现了伴侣关系的发展潜力。不过，Symington 在论文中表达的要点是，有些时候，我们可能会微妙地操控别人以符合我们的期待，或是忽略掉外部现实中与幻想不符的所有元素，从而在环境中创造出一种反应，来证实我们的幻想。

新的共有潜意识幻想

共有潜意识幻想是由伴侣双方潜意识地带入关系的部分所创造的，它们根源于伴侣双方无数的内部和外部体验；伴侣创造了共有的、潜意识的幻想生活。然而，伴侣当前的生活关系不仅是那些体验的一部分，也是很重要的一部分。有些共有幻想是新近在伴侣中创造出来的，是他们走到一起的产物。因此，在伴侣的潜意识相配或投射系统中所表达的潜意识幻想可能会随着伴侣的互动而发生改变。事情可能不会沿着"潜意识计划"来发展。因为看上去"坚若磐石"而被选择的配偶，却可能在出乎意料地发现对方不断增长的自信时碎裂掉了；在关系中承载抑郁的伴侣一方可能因无法容纳另一方分裂掉的抑郁，而被"双倍剂量"的抑郁所压垮（Pincus，1962，p. 18），导致双方感到他们的关系不再能容纳焦虑和抑郁；或者，伴侣一方的性倾向可能在最初的时候令对方兴奋，却在伴侣关系中根本没有像想象的那样呈现，因而给伴侣关系带来了挑战。

客体关系理论也许强调的是过去经历所决定的共有幻想，但伴侣精神分析理论包含了现在的关系中所创造的共有幻想，是伴侣走到一起的产物。此两者都是共有潜意识幻想的成分；共有潜意识幻想不只是伴侣共有来自过去的东西，而且也是他们现在的结合所带来的新的创造和改变。来自南美及其他地区的一些学者（例如，Bleger，1967/2013；Baranger & Baranger，2008；Berenstein，2012；Losso et al.，2018）强调了伴侣双方的潜意识精神世界的新生创造；例如，Baranger 和 Baranger 谈到了病人 - 分析师的两人关系，"会谈中的基本幻想不单纯是被分析师所理解的病人的幻想，而是在分析性的两人关系中共同构建的产物"（2008，p. 806）；Novakovic 从伴侣客体关系的视角观察到，"伴侣双方会给对方的潜意识幻想带来影响和改变"（2016，p. 98）。

共有潜意识幻想——伴侣普遍存在的潜意识关系

随着时间的推移，在塔维斯托克关系中心的文献中，共有潜意识幻想逐渐演变为一种含义广泛的概念。Hewison 做了如下总结：

> 共有潜意识幻想这一概念涵盖多个方面和多个层次。它在精神内部与人际交往中发挥作用。它桥接或是包含了"婚姻相配"和"共有防御"。它会受到外部事件的影响。它在移情关系中被重新塑造，在临床上主要通过反移情被知晓。我们是通过聚焦于关系而不是个体来对共有潜意识幻想开展工作。我们在心中保持伴侣心态。我们关注伴侣如何与对方以及他们的婚姻建立关系，以及伴侣如何与我们建立关系。
>
> （Hewison，2014b，p. 32）

在考虑如何在临床工作中接近潜意识幻想时，他谈到我们需要回答如下问题，"在这一时刻哪种潜意识幻想在运作？幻想的内容是什么？以什么样的方式和精神过程体现共有性？为什么我们现在可以看到它？"（2014b，p. 33）。
Fisher 也指出，共有幻想在伴侣治疗中始终存在着。"我认为，有时我们太努力去寻找共有潜意识幻想了，这是因为我们还没有学会倾听正在我们面前呈现的故事"（Fisher，1999，p. 162）。

Colman 在讨论潜意识幻想和个体化时谈道：

> 它们不应当仅仅被视为对关系的阻碍，相反，它们应当被视为关系的基本层面，甚至是驱动力。同荣格提到的原型一样，问题在于婚姻是为其幻想所掌控，并达到了婚姻生活要靠这些幻想而存在的程度，还是婚姻能够充当幻想发展的载体。
>
> （Colman，1993b，p. 128）

因此，有些共有潜意识幻想可能会掌控关系，成为伴侣关系发展的阻碍，但有的共有潜意识幻想会在伴侣关系中不断被检验、修通，从而导向发展。

许多作者谈论的是"某个"共有潜意识幻想，但其他一些作者认为存在许多的共有潜意识幻想，在这层意义上，就像潜意识幻想一样，许多共有潜意识幻想也一直在伴侣之间发生着，其中有些可能是伴侣关系的核心幻想，会以各种伪装的方式重复出现。Novakovic 描述了一个详细的案例研究，他谈道：

> 这对伴侣通过见诸行动，不仅外化了一种特定的潜意识关系，而且也外化了种类不同的伴侣潜意识关系，后者源自他们对其本人、对方以及伴侣关系的潜意识幻想，而且，他们的见诸行动反过来又会影响他们对自己和对方的意识和潜意识体验。
>
> （Novakovic，2016，p. 105）

特定的、核心的、原始的和主导性的共有潜意识幻想

除了这一更广义的界定外，在谈及共有潜意识幻想的时候，通常谈论的是作为更特定的、主导性的、塑造了关系的潜意识幻想。治疗师应当致力于理解和揭示这种幻想，因为这会导向伴侣的心理改变。例如，在 Clulow 等人（1986）有关共有幻想的论文中，弗雷泽夫人认为与弗雷泽先生分手就会伤害到他，而弗雷泽先生认为如果保留婚姻就会伤害到弗雷泽夫人。

> 这对伴侣既无法生活在一起也无法分开，他们共同创造的两难局面导致婚姻关系形如瘫痪，反映出他们之间强烈的潜意识共有幻想：为自己而活就可能带来对方的死亡；为他人而活就意味着自己的死亡。治疗师得出结论：正是这一共有潜意识幻想像老虎钳一样钳制住了他们的婚姻。
>
> （Clulow et al., p. 128）

Tarsh 和 Bollinghaus 在他们的评语中写道，"共有潜意识幻想这一概念是精神分析婚姻治疗的核心和灵魂"。他们提出，"伴侣之间的相互吸引正是源自他们共有的潜意识幻想"（Tarsh & Bollinghaus，1999，p. 125）。因此：

> 这就是圣杯——婚姻治疗师寻找的圣杯，他们相信，只要找到圣杯，所有的防御都会消散，自此以后，伴侣就能自如地走进阳光灿烂的幸福生活。
>
> （Tarsh & Bollinghaus，1999，p. 123）

虽然他们承认这是很不切实际的看法，但他们描述了共有幻想是一种对关系有控制性的、特定的、主导性的幻想。他们指出，幻想"更具有绝对确信或信念系统的属性，此非发音简短的'幻想'一词所能意指。本质上，它是一种

关于处在与他人的关系中意味着什么的信念"（Tarsh & Bollinghaus，1999，p. 126；emphasis in original）。

伴侣治疗中很大的兴趣点在于，伴侣对于成为伴侣或成为两个独立的人或与另一方建立关系的意义有怎样的信念。Chris Vincent 和我在多年前对此有着很多相似的看法。他指出，可用于（我们那时所命名的）共有幻想的词汇是有限的："对共有幻想的诠释大都是根据与自体生存有关的原始焦虑进行阐述的"（Vincent，1992，个人交流）。他认为大多数的共有幻想涉及两人的互动，在其中，自体被描述为在与对方的互动体验中受到了威胁，比如，体验到诸如分离 / 融合，依赖 / 独立，拒绝 / 吸收，理想化 / 贬低，爱 / 恨，等等。

鉴于共有潜意识幻想已经演变为一种广义的概念，涵盖了伴侣共有关系的诸多不同方面，我认为，早期在塔维斯托克关系中心的文献及其他重要出版著作中所探讨的这些共有潜意识幻想，由于具有更特定、更核心、更原始的和更主导性的特点，在概念上把它们归于一种特定类型的潜意识幻想更有实践意义。Britton 已将其命名为"潜意识信念"，我会在后面进行讨论。

总之，我对共有潜意识幻想的看法是，它们是伴侣日常关系和功能的组成部分——"就在我们面前发生的故事"——它们以持续展开的方式呈现出伴侣的潜意识世界。尽管可能存在某些核心的潜意识幻想，但我认为共有潜意识幻想不只一种，而是多种并存。共有幻想通常是伴侣在他们的投射系统中所呈现的潜意识择偶和伴侣相配的组成部分，而共有防御则是伴侣用来管理那些可能会引发焦虑的共有幻想。尽管共有幻想是伴侣双方带入关系的部分组合而成的，它们也可能在关系中被全新地创造。在伴侣治疗中，共有潜意识幻想是伴侣治疗师解释工作的重要素材，尤其是那些针对伴侣关系的解释。

潜意识信念

在《信念与想象》(*Belief and Imagination*)一书中，Britton 指出，不是所有的潜意识幻想都可归属于他命名的潜意识信念。他提出，首先，"幻想产生于婴儿期，并潜意识地持续存在"。其次，"某些先于信念而存在的幻想被赋予了信念的性质，然后产生了相应的情绪和行为的结果，否则，这些情绪和行为的结果就不会发生"(Britton，1998c，p. 9)。克莱因认为，某些未被重塑的婴儿期幻想会以未加改变的原初形式在潜意识的深层保留(Klein，1958)，根据这一观点，Britton 描述了围绕幻想构建防御系统的方式，以及幻想如何成为一种信念并且成为人格的组成部分。对信念的挑战在感受上是具有威胁性的，因为会被感受为对自体的挑战。

潜意识信念这一概念阐明了某些潜意识幻想如何被简单地感受为生活的事实。它们以未改变的、原始的形式深藏在潜意识之中，影响着人格结构。在 Britton 提出这一概念之前，塔维斯托克关系中心一些早期的案例研究就以这样的视角描述了潜意识妄想(delusions)和幻想。例如，在"多诺梵"案例中，治疗师发现：

> 为了维系一种双方可以保持原来的自己的联合错觉(joint illusion)(若不能，便是幻灭)，除非他们能找到完美的配偶，否则婚姻必将陷入非常糟糕的状态，没有勉强接受它的可能。
>
> (Bannister & Pincus，1965，p. 65)

这些作者参考了 Storr 有关妄想的情绪力量能够凝聚人格的观点。Storr 区分了假设与妄想，这一区分也说明了潜意识幻想与潜意识信念之间的区别。

　　根据定义，假设是临时性的；在发现新的事实不支持某个概念的时候，这个概念可以被修正。信念更具有情绪的意味，要改变信念不仅需要观念的转变，而且需要心的改变。妄想是无法被修正的，无论罗列什么样的事实来反对它，妄想都不会动摇，这是因为如果妄想被削弱的话，整个人格都会受到攻击。妄想的主要特征并不是它的荒谬性，而是情绪力量在支撑妄想。我们每个人都有错误的信念；但是，这些信念不会达到妄想的水平，在必要的时候，它们是可以被修正的。但是，妄想或许是唯一一种力量，能让生活变得可以忍受。因此，妄想之人会充满嫉妒地（jealously）抵御任何理性对妄想的攻击。

（Storr，1960，pp. 14-15）

　　尽管伴侣之间和伴侣与治疗师之间建立关系的方式以及他们所创造的共有防御可以揭示共有潜意识幻想，但接近潜意识信念却要困难得多。与之有关的反移情通常非常困难或者不易觉察。Tarsh 和 Bollinghaus 清晰地描述了他们所称为的共有幻想的动力特征，他们谈道：

　　幻想越是根深蒂固，就越会布满伴侣互动的表面；然而，它也越难以被捕捉到，这是因为它处于潜意识深处，且被有力地防御着。在咨询室里，它无处不在，就像我们呼吸的空气，但又像空气一样不可见。

（Tarsh & Bollinghaus，1999，p. 126）

在 Symington 对潜意识幻想的描述中也体现了这种根深蒂固而又弥漫的特性，而这正是潜意识信念的属性。

　　它就像放在壁炉台上的照片，永远不会变动。它并非动态变化中的现实。此种幻想与狂热的信念之间具有类比性。它存在于人格之中，但可以创造出与它的一成不变保持一致的社交环境。这种将社交环境塑造为一成不变的形象或表象的能力是幻想的本质要素。如果失去了这种能力，幻想便会破碎消散。这种固定静止的幻想将自我与改变隔绝。它压制了个体的内在能力。

（Symington，1985，p. 350）

共有潜意识幻想不一定会阻止关系的发展，但是，伴侣一方或另一方的潜意识信念或者钳制整个关系的潜意识信念则会。我曾在以前的一篇论文中描述过：

关系被要求符合有关"伴侣是什么"的潜意识信念。因此，伴侣一方对另一方不再有通向潜在创造性的好奇与探索，一旦另一方的情绪或行为与信念相左，就会被感受为有问题。而且，这些问题也不会被感受为可以接触或思考的问题。潜意识信念就像基要主义心态——你不必发现另一方是什么，因为你已经知道真相。

（Morgan，2010，p. 52）

这里所描述的潜意识信念属于不会因为外部现实中缺乏佐证而有所动摇的潜意识幻想。它们"与新的事物隔绝，导致个体必须不断地限制内部和外部体验"（Schaefer，2010，p. 59）。现实中那些不能证实信念的部分可能被忽略或者被体验为威胁自体的相反信念。Julie Humphries（2015，p. 38）写道，"被信念束缚的伴侣会难以区分事实和现实，也难以区分内部现实和外部现实"。Humphries 所描述的露丝和克里斯这对伴侣"对什么是现实和什么不是现实感到混乱"（2015，p. 38）。援引 Fisher 的话，她谈到"他们的情绪体验的现实与外部世界的现实混淆不清"（Fisher，2009，p. 50），他们的信念表现为"伴侣关系不仅仅在感觉上是危险的，伴侣关系本身就是危险的"（2015，p. 38）。

Fisher 对"预期想象（proleptic imagination）"的思考帮助我们看到，潜意识信念如何在心灵内部以及伴侣的互动中动力性地显现。他描述了伴侣中的每一方如何就即将发生的事提前有了故事情节，而不会等待现实的呈现："在预期想象中，无论有怎样的画面，在形象或看法与事实或现实之间是没有空间的"（Fisher，2009，p. 35）。

当潜意识信念统御现实的时候，在会谈中常常会出现一种特有的氛围。会谈中的情绪基调往往有一种确定性，治疗师感到很难提供另外的看法和解释。如果治疗师尝试这样做，那么伴侣就会觉得治疗师完全没有听到他们在说什么，也完全没有理解他们，或者试图强加给他们另外的现实，但那只是治疗师自己的信念。潜意识信念的存在会激发令人烦扰的反移情，包括被摧毁和无助的感觉，或有针对伴侣的攻击性，想要强行阻止他们。Nathans 描述了预期幻想在会谈中的呈现：

> 这（预期幻想）也让许多伴侣具有了一种按照剧本互动的属性。他们知道故事从哪里开始，到哪里结束。由于我们作为治疗师对伴侣有长期连续的观察，所以也能确切知道伴侣某一方流露的无趣表情、对治疗会谈的打断、迟到、眼睛的转动等会将互动引向何方。我们能预期伴侣双方的反应以及后续的你来我往，因为我们已经反复目睹了这一切。一旦一对伴侣被这样一种动力所束缚，他们好像再也无法解脱；他们深陷其中，我们也在咨询室里与他们一起深陷其中。

> （Nathans，2009，p. 59）

在这种情境中，思考变得非常困难，所以治疗师也很容易见诸行动。当治疗师努力保持独立的位置时，解释就可能有讲座的味道或者相当的重复。

意识幻想、假设和错觉

在结束对幻想的讨论之前，我想说明一下"意识幻想"，后者是伴侣关系中的一种意识现象。也就是说，它是伴侣在意识层面对其关系的幻想，是关于关系是什么或应该如何的更侧重意识的想法。这些想法常被认为是伴侣共有的，但事实并非如此，不过，伴侣双方的表现却好似共有一般。有时，怀有意识幻想的伴侣一方会意识到这些意识幻想在关系中并非共有，于是就试图操纵另一方一起共有它们。而一旦另一方拒不同意，便可能在他们之间引发很大的冲突。以下是伴侣之间常见的一些意识幻想、期待或假设，例如，认为伴侣作为父母应该在孩子面前"统一战线"的想法，任何争论都有破坏性所以应当避免的想法，伴侣双方应当始终保持相互之间的性吸引力的想法，伴侣的性爱频率至少每周一次否则就有问题的想法，伴侣应该保持一致的想法，伴侣一方应当对另一方的幸福负责的想法，等等。其中有些想法可能更接近潜意识幻想、共有潜意识幻想或信念，但是，伴侣们也会有一系列意识幻想，它们被认为是理所当然的现实，有些没有被思考过，有些被认为是共有的但事实上并非共有。

临床案例：杰克和西蒙

这对伴侣正在进行一场争论，争论的问题是杰克经常很晚才下班回家，错过了在傍晚 6 点给孩子们洗澡的时间。杰克努力进行着自我辩护，就他为什么不能早点下班的问题讲了很多理由。治疗师发现，这其实是他们之间常有的争论，但从未得到解决。杰克经常保证下一周他一定会尽量早下班，好像他们双方都没有真正认真地考虑过杰克谈到的各项理由。杰克的"借口"让西蒙感到没有被倾听，并且相当绝望。治疗师意识到，这场争论是基于他们都认为"这就是关系该如何"

的想法。听到治疗师这样讲，西蒙很愤怒，因为她认为傍晚一家人在一起是他们的约定，而她感觉治疗师在破坏这一约定。然后，她也感到治疗师没有倾听她并且让她感到很绝望。治疗师仍然坚持自己的看法，接着，杰克说他们其实从来没有真正讨论过这个问题，但他一直很认同这个观点，即早回家就是他应该做到的，即使他事实上做不到。然后，他坦言自己几乎不可能在傍晚 6 点赶回家。在他的心里，如果他可以做到，他是愿意早些回家的，但他不想让西蒙指望他会早点回家，因为他不能保证自己一定会做得到。他意识到自己从来没有对西蒙清清楚楚地讲过这些，甚至对自己也没有，而只是赞同西蒙谈到的他应该做到早回家，即使在现实中不可能做到。好像他们对他们的关系、对他们想要拥有的关系有一种意识幻想，即使这一幻想没有现实的支持。若对关系的意识幻想不能维系就会带来失望，然而，努力保持这样的意识幻想则会导向毫无结果的冲突，也会阻碍伴侣之间富有创造性的思考。

幻灭

"在伴侣关系的内核中，爱情常常是一种远离现实的状态——它可能充满了理想化、模糊的边界、意识幻想和错觉"（Friend，2013，p. 5）。随着关系的发展，伴侣会逐渐从这种永远"相爱"的心理状态中脱离出来。这并不意味着伴侣之间不会在有些时候还能再次充满喜悦、兴奋和激情地感受他们的爱情，而是伴侣之间存在一个幻灭的过程，因为他们会面对真实的对方，包括好的方面和坏的方面。但对一些伴侣来说，这成了真正的绊脚石，因为伴侣一方对另一方需要成为什么样子的意识幻想从未被另一方满足和体现，由此带来的失望导致了伴侣关系的瘫痪。想要一位特定的意识幻想客体的愿望如此强烈以至于对另一方所呈现的新的、预期之外的方面视而不见，或者如果瞥见的话，也不会参与到与这些方面的互动中，即使这些方面原本可能会令人满意甚至令人兴奋。有些伴侣则具有忍受"意识幻想伴侣"幻灭的能力，可以忍受关系向着全新未知的方向发展。

Alain de Botton 在《为什么你会和错误的人结婚》（Why You Will Marry the Wrong Person，2016）一文中写道：

我们为了让美好的情感成为永恒而步入婚姻。当求婚的想法第一次在脑海中浮现的时候，我们想象着婚姻可以帮助瓶装我们感受到的快乐：也许我们在威尼斯环礁湖的摩托艇上，看着晚霞映照下的海面泛起粼粼波光，交谈着我们内心深处从未曾被人触及的灵魂，憧憬着一会儿将在意大利烩饭馆享用的美食。我们选择结婚是想把这些美妙体验变成永恒，却不曾明白这些体验与婚姻并无稳固的关联。实际上，婚姻会把我们带入另外一个非常不同的、更居家生活的层面，这或许会在郊区的一所房子里展开，伴随着长途的往返，那些让人发疯的孩子令当初的激情荡然无存。结婚时瓶装的成分只剩下配偶还在，但那可能是当初不该装入的成分。好消息是，如果我们发现自己和错误的人结了婚，那并没有什么关系。我们不必抛弃他或她，要抛弃的只是那些 250 年来影响西方对婚姻理解的浪漫主义观念：这世上存在着一个完美的人，他或她可以满足我们所有的需要和渴望。我们需要用一个悲剧性的（在某些点上也是喜剧性的）意识来替换这一浪漫主义的观念，这个意识是，每个人都会让我们感到挫败、愤怒、疯狂和失望——而且我们也会（没有任何恶意地）带给他们同样的感受。

（de Botton，2016，n.p.）

正如 de Botton 所说，这种浪漫主义观念潜藏在我们的内心深处。自婴儿时与母亲建立二元关系以来，进入成人的伴侣关系是重新找回那种特殊亲密感的第一次机会。我们内心一直怀有重新创造一种排他的、神奇的关系的愿望，在其中我们所有的需要都会获得满足——至少是暂时地获得满足，直到我们不得不面对现实和外部的世界，包括母亲的成人伴侣。即使事非所愿，可一旦一个人找到了"完美的另一半"，他或她可能就会更加强烈地渴望这种亲密。尽管这些情感可能存在于潜意识，我们却常会看到这些情感外延的、意识层面的展现，诸如渴望另一半会满足我们所有的需要，渴望关系达到完美的和谐、一致，以及期盼有人会关照我们的不幸。这类意识幻想在文化层面的表现可见于媒体的诸多方面，后者促进了这种完美关系的观念。

有的伴侣会说他们从来没有真正相爱过，而有的感觉曾经相爱，也有的伴侣认为他们的爱在关系中始终不渝。更多见的是，伴侣会谈到他们"相爱"的状态会转变为一种不同类别的爱，有时会被描述为一种更深刻、更持久的爱。这或许仍然包含着某些"相爱"的元素。但是，无论伴侣如何描述，通常会有一种向着更以现实为基础的转变，在这种转变中，伴侣一方可以从另一方的意识幻想的控制中获得更多的自由，更能被允许成为真正的自己。然而，这个过程通常不太容易完成，因为它涉及丧失和失望，但是发现另一方真实的样子也能带来意想不到的结果——有些会给伴侣关系带来挑战，有些则带来深深的满足。

临床示例

下面是一个简单的案例。

达内克和米莉娜

达内克：你对我太挑剔了。你根本没有意识到你对我讲的每句话几乎都是在攻击我。

米莉娜：我没有挑剔啊，我真不知道该怎样对你讲话才会让你不感到被指责。我应该学会如何保持沉默（很消沉、绝望）。

在伴侣治疗中，这是很常见到的互动现象。对伴侣来说，脱离这种互动模式的唯一方式是，去理解伴侣双方内在和外在正在发生着什么。相关联的内部潜意识幻想、共有潜意识幻想和可能的潜意识信念是什么呢？

当妻子米莉娜提出要求时，达内克的确感觉是在批评和挑剔他。治疗师也许会想，为什么达内克在听到妻子的评论时会有如此强烈的被批评的感受。或许在当前对治疗师的移情关系中，治疗师已经看到了这一批评性的内部客体，或者，在伴侣描述他们现在的关系时，治疗师已经听出这一批评而又苛求的父亲形象正在他们的关系中呈现。如果治疗师不曾听到伴侣有这样的描述，她会很好奇在伴侣的关系中是否存在着对严苛父亲形象的投射认同。

也许伴侣自己会把这些联系起来。达内克对米莉娜说"你就像我的父亲"。如果可以做这样的联系，我会认为我们当下正处于潜意识幻想的领域。如果我们面对的是潜意识信念，情况会有所不同。比如，治疗师可能考虑到某种联系，却不敢讲出来；或者她根本无法思考，也或者她通过解释做了联系，却被伴侣感受为一种攻击，好像她在扭曲事实或强加她自己的信念。

达内克还谈到"你对我讲的每句话几乎都是在攻击我"，这句话与"你对我讲的每句话感觉上都像是在攻击我"非常不同。前者更多地提示一种信念，而后者则更多地提示一种可以将其与现实接触的潜意识幻想——"这就是我如何感受的，但不一定符合现实"。

米莉娜有时对治疗师也表现得很挑剔，但并非一直如此，也不是每次都像是在攻击。米莉娜的确经常否认她的批评行为，而治疗师很好奇是否米莉娜惧怕这些批评性的负性情绪，所以要否认。也许伴侣的共有潜意识幻想是双方的差异是有破坏性的，尤其在对另一方的某些方面心存厌恶的时候。

或许，治疗师可能会有下面的看法并反馈给这对伴侣，即伴侣双方好像都很担心他们之间的差异会很有破坏性（共有潜意识幻想），尤其是对方让自己不喜欢的某些方面，他们处理这种焦虑的方式是米莉娜被感受成公开批评的一方，而达内克则是被攻击的一方，这种模式在他们之间不断重复。或者，治疗师可能会对伴侣说，"我想知道是否有相反的情况，达内克，你曾指责过米莉娜吗？"达内克听后也许反应很强烈，"我从来不会指责她，那样我们会立刻吵得不可开交"。这提示了他们共有的潜意识防御。无论米莉娜指责达内克的模式令他们多么不开心，总比"立刻吵得不可开交"要好得多。但伴侣的这种表达会引向更深层的理解。"立刻吵得不可开交"意味着什么呢？它的性质如何——是不是另一层面的共有潜意识幻想？

　　并不是说在与潜意识幻想的工作中没有阻抗；毕竟，潜意识幻想会影响我们对现实的觉知。然而，潜意识幻想是存在裂隙的，治疗师的观点、第三方的位置和现实都是可以照入裂隙的希望之光，它们不会证实潜意识幻想的预期而是改变预期。潜意识信念却没有这道裂隙。治疗师如能知晓某种潜意识信念，往往要先被这一信念潜意识地影响到，会经历难以名状的反移情，这种反移情体验通常会先促发见诸行动，然后才有可能被看到。

第 5 章

移情、反移情与
伴侣动态的内部世界

移情的普遍性质

在《记忆、重复和修通》（Remembering，Repeating and Working-Through）一文中，弗洛伊德谈到了病人无法记起那些已经忘记和压抑的部分，但可以通过行动表达它们。这些被遗忘和压抑的部分是以行动的方式而不是作为记忆的内容得以重现；病人会不断重复这些部分，却不知道自己在重复（Freud，1914，p. 150）。弗洛伊德发现，人们未必总要以症状的形式来处理他们的神经症，也会在他们建立的关系中再现和重复过去。弗洛伊德还指出，"事实上，在精神分析过程中浮现的移情，并不比精神分析之外的关系中的移情反应更强烈和更缺乏克制"（Freud，1912a，p. 101）。

关系，尤其是亲密的成人伴侣关系，是那些过去未解决而现在仍活跃的部分呈现的舞台，它们被潜意识地带入关系，并且强有力地在关系中重复着。因此，在精神分析伴侣治疗中，我们会看到，移情的动力浮现不仅发生在伴侣与治疗师的关系中，也发生在伴侣关系内部。事实上，这一伴侣关系在治疗之外就有其自身的生命力，当被带入治疗中的时候，便成了伴侣分析设置下的焦点。伴侣中的任何一方都是另一方的移情客体，移情是潜意识选择和伴侣相配的要素，是伴侣关系纽带的一部分，有时也是出现张力的起因，特别是在移情没有被解决也无法修通的情况下。

与伴侣的工作也会引入一些与移情和反移情有关的、有意思的新问题，尤其：什么是伴侣移情？什么是对伴侣的反移情？在伴侣治疗中，伴侣在治疗设置中上演了他们关系的、动态的内部世界。治疗师暂时被邀请进入了伴侣的内部世界以及他们关系中的情绪体验。我们可以认为这是伴侣的内部世界移情到或投射进入了伴侣分析的设置，并在其中上演，并认为治疗师对此产生的反应是一种对伴侣的反移情。在进一步阐述这些问题之前，我会首先探讨移情和反移情概念的发展以及我对这些问题的思考。

移情和反移情概念

精神分析的移情和反移情概念随着精神分析的发展已有显著的拓展。那些最初在精神分析治疗中需要克服的问题，后来被发现是理解病人以及精神分析技术的必要元素。

如今，移情被界定为动态的内部世界投射进入了当前的情境，这是一个非常实用的概念。动态的内部世界的观点是精神分析的重要发展，它增加了包括内部的和外部的以及两人之间的所有关系的复杂性。弗洛伊德理解了外部世界的客体是如何被认同和带入自我并成为内部世界的一部分，他在《自我和本我》（The Ego and The ID）一文中写道，"自我的特性是被遗弃的客体投注（object-cathexis）的沉淀……其中含有那些客体选择的历史"（Freud，1923，pp. 29-30）。要阐明这一观点，克莱因对分裂和投射认同的理解（1946）起到了至关重要的作用。透过她的视角，可以看到内部和外部世界的互通及相互影响，在感受上内部世界和外部世界都同样真实。这样的过程会持续终生，内部世界会不断被外部世界的体验所影响，而外部世界又是在潜意识幻想中通过内部世界的透镜被体验到。虽然一个相对稳定的内部世界通常会随着时间的推移建立起来，但从健康的角度，这一内部世界也能被新的体验所改变。这一观点是治疗性改变的核心。

弗洛伊德认为，反移情源自分析师未解决的冲突或病理问题，它会干扰精神分析的工作；后来，反移情则被视为"探索病人潜意识的工具"（Heimann，1950，p. 81）。正如 Heimann 在 1950 年的经典论文中所说的，"分析师的反移情不仅是分析关系的一部分，而且是病人的创造，是病人人格的一部分"（Heimann，1950，p. 83）。病人的内部客体关系投射进入分析的情境产生了移情，而分析师的反移情则被视为对病人的移情的潜意识反应。其他一些分析师进一步发展了这一理解，例如，Sandler（1976）认为，病人让自己扮演了某个角色，同时让客体扮演了另一个互补的角色，这些角色是病人内部客体关系的外化，而客体不知不觉被操纵着接受了赋予他或她的角色。Joseph 论述了我们内心共有的要维系她称之为"精神均衡"或平衡（Joseph，1989a）的愿望，她在这一论述中描述了与上述观点相似的情形。我们在已经建立起对外部世界里的关系和客体的预期后，会倾向于依照这些预期来看待他人。Joseph 在她的临床论文中，论述了病人那些不易察觉的潜意识企图，他们会操控或激发出与分析师互动的情境，这些情境再现了他们早年的体验和关系，或者是内部客体关系的外化。

我们对移情的理解，大都来自我们理解病人如何出于各种不同的原因影响我们对事物的感受；他们如何试图将我们拉入他们的防御体系；他们如何潜意识地在移情中见诸行动，并试图让我们和他们一起见诸行动；他们如何传递出自婴儿期构建起的内部世界的方方面面——在儿童期和成年期有细致地显现，其体验往往超出了语言可以触及的维度，我们通常只能通过在我们内部唤起的情绪——通过广义上的反移情——来捕捉它们。

（Joseph，1985，p. 447）

Ogden 在谈及移情和反移情的时候，进一步将"主体间分析的第三方"描述为"在分析设置内作为独立主体的分析师和被分析者（之间）所创造的独特辩证关系的产物"（Ogden，1994b，p. 4）。

在伴侣治疗中的移情和反移情场

在伴侣治疗中，可以界定两种不同的移情关系场：一是"治疗的移情关系"；二是"伴侣的移情关系"。在临床工作中，治疗师可能对这两种不同的移情场有不同的体验。治疗师可以直接体验到对自己的移情和自己的反移情，而伴侣之间的移情关系则会被治疗师实时地观察到，当然她也会对此产生意识的和潜意识的反应。治疗师或许会指出伴侣之间正在发生着什么，或者指出与治疗师的关系中存在的移情和见诸行动的压力。但无论移情的哪个部分被关注到，它都是同一临床图景的一部分。然而，这给治疗技术带来特有的、新的挑战，因为在与伴侣的临床工作中存在着很大的流动性，治疗师要在不同的移情场之间移动。比如，当治疗师在观察伴侣的谈话时，她也在思考伴侣互动关系的模式，伴侣一方如何邀请另一方，或伴侣双方如何相互邀请来一起重现他们内部世界的某个方面，与此同时，伴侣一方或双方也在以某种方式与治疗师建立关系，潜意识地邀请她扮演某个特定的角色。有些时候可以捕捉到治疗室里每一个体与个体之间正在发生着什么。其他时候，治疗师只聚焦于移情和反移情的一个方面，并由此逐渐补充完善对伴侣的理解，这些理解可能会在之后的某个时间点整合起来形成解释。事实上，如果治疗师将伴侣中的每个人与治疗师的移情和反移情关系也包括进来，那么这一领域所涵盖的范围会进一步扩大。 如果有协同治疗师，则会涉及另一个维度。尽管这会变得更加复杂，但协同治疗师的关系仍然是理解伴侣的重要来源，因为伴侣关系的某些方面会投射进入协同治疗师的关系并在其中得到反映。（对协同治疗的进一步讨论，参见第 3 章）。本章将探讨在这种扩大的移情和反移情场中，治疗师该如何理解伴侣和开展工作。

伴侣动态的内部世界

在亲密伴侣关系中，伴侣双方相互影响，潜意识地形成了一种独属于他们的特定关系。他们各自将动态内部世界的不同方面带入关系，包括那些受过去和现在影响而产生的内部客体以及各种活跃着的潜意识幻想，有时也有钳制他们的潜意识信念。配偶会给主体内部世界的塑造带来新的影响，并在他们之间创造出他们自己的伴侣内部世界。

因为伴侣把他们的关系带入了治疗，所以伴侣关系不只是要讨论的问题，而且是当下的一种鲜活的存在；治疗师不仅观察伴侣，思考他们的关系，理解他们如何感受治疗师以及如何与治疗师建立关系，而且也会对伴侣的关系有动态、即刻的体验，这种体验犹如置身其中。治疗师会被伴侣的互动和讲话的方式、语音语调、沉默、攻击与恐惧，或者温暖与连接等所影响。换言之，伴随着发生在治疗师与伴侣之间的移情和反移情关系，伴侣之间存在着见诸行动的动力，治疗师作为观察者，会在意识和潜意识层面感受到这一切。

例如，一对伴侣在这周早些时候发生了一次争吵，在会谈中，他们重现了这次未解决的冲突。面对这对伴侣，治疗师感受到施加在她身上的要偏袒某一方的压力，因为伴侣双方都在试图联合治疗师，批判对方的不是。伴侣双方都把治疗师当成了法官或“真相”的仲裁者，而治疗师在反移情中感受到被操控、胁迫、理想化，或者因为没有给予伴侣期待的回应而被贬低。同时，通过伴侣在会谈中以见诸行动的方式重现争吵，治疗师被邀请进入了伴侣动态的内部世界。她感受到了伴侣在事情发展到无法沟通的地步时所经历的感受，感受到他们多么恐惧和失控，对关系有多么绝望。由此，治疗师了解了这对伴侣的投射系统中那些无法管理的部分，也了解了伴侣的共有内部客体和关系的性质，伴侣一方如何成了胁迫性的父亲，而另一方成了无助的像受害者一样的母亲，以及在移情和反移情中，这些客体关系如何会在三人在场的关系中来回移动。正如 Ruszczynski 和其他治疗师指出的，当反移情转变为见诸行动时，尤其如此（Ruszczynski，1994）。

伴侣心态可以帮助伴侣和治疗师一起思考他们的关系中正在发生的事情，伴侣越是缺乏伴侣心态，在关系中就越有见诸行动的倾向。例如，伴侣正在进行的交谈可能很难跟随，治疗师感到越来越迷惑和混乱，或者伴侣的交谈沿着可预测的模式在进行，没有给任何新的元素留下空间。Nathans（2009）对此有所描述，他联系到 Fisher "预期想象" 的概念，提到有时可以在伴侣互动中观察到 "剧本的特性"（参见第 4 章）。

关于重复关系的说明

尽管移情普遍存在于所有的关系，但在有些关系中可能存在着非常固定的、具有自恋特性的移情维度。在个体治疗或伴侣治疗中，可能会见到这样一些病人，他们好像持续地进行着相同的客体选择，他们不允许其他人打破这些移情的要求。这类伴侣可能会让伴侣治疗师感到非常挫败，因为伴侣要重复关系的愿望超过了对修通的需要。

自从弗洛伊德发现移情现象以来，虽然我们对这一概念的理解已经有了很大的发展，但这类固定的移情仍让我们回想起弗洛伊德在《超越快乐原则》一文中描述的个体类型（1920）。弗洛伊德举例谈到，有些人的关系好像都会通向相同的结果，这类现象证实了未解决的移情所造成的影响。我们如今可以将之描述为"防御性的客体选择"，即个体会重复选择相似的客体，但不会发生任何修通。弗洛伊德写道：

> 有这样的施助者，尽管他的受助人各有不同，但每位受助人都会在一段时间之后愤怒地抛弃他，好像这位施助者注定要不断经历忘恩负义者带来的痛苦；或者有的人，他的友情总会以朋友的背叛而告终；或者，有的人在生命历程中，会一次又一次地把别人推举到私人交往或社会关系中的权威位置，接着，一段时间以后，他又会亲自推翻这个权威并选择一个新人取而代之；或者，一位情种，他与女人的每一段风流韵事都会经历同样的阶段，止于同样的结局。
>
> （Freud，1920，p. 22）

后又写道：

> 如果我们基于移情中的行为和这些男女的生活史对这些观察加以考虑，我们便有信心认为，在心灵中的确存在着一种强迫性的重复倾向，它超越了快乐原则。
>
> （Freud，1920，p. 22）

有些伴侣关系存在着重复过去的特性，尤其是冲突的或创伤的客体关系。从事社会工作或社会健康职业的人常常会目睹许多这类关系。在这类关系中，伴侣一方会选择抛弃的、虐待的或控制性的另一方作为配偶，或者在选择的关系中，配偶会被抛弃、被虐待或被控制，这样的配偶选择会重复早期困难的关系。这些关系有时是充满暴力的，伴侣双方都深陷其中，无法挣脱。在这类伴侣中，似乎存在着一种潜意识信念，认为关系就是如此。即使它非常有限制性，而且往往具有很强的破坏性，但这类重复的关系也有吸引力，或许携带了可以解决问题的希望（因为它会带来确定感）。其中部分原因可能是在更创伤的早期体验中，对更美好事物的不确定感和憧憬会带来更加不可预测和暗藏危机的感觉。

治疗师的反移情

　　到此，我已经将移情和反移情放到一起进行了讨论。现在，我会讨论有关反移情的某些特定内容。不言而喻，从事精神分析心理治疗的工作，治疗师本人也需要被分析。我们需要从内向外地理解分析的过程，对此，治疗师要有亲身体验，因为这不是通过教授可以获得的经验。另外，我们都需要在分析师的帮助下尽己所能地理解和修通我们自己的困难，并知晓我们心中那些易于见诸行动的部分。精神分析的工作有赖于自体的运用，而要在这个方向上工作的话，我们需要定期从同道和督导那里获得支持。

　　在与伴侣一起工作的过程中，可能会激活治疗师自身一些未解决的问题，因为这样的工作会将治疗师带入伴侣的关系。许多治疗师经历过父母离异或父母的冲突关系。另外，也有的治疗师可能在家庭中经历过创伤。我们都曾在俄狄浦斯冲突中挣扎、感受过被父母关系排斥在外或者不恰当地卷入其中。在与伴侣的工作中，我们又回到了三角关系情境。治疗师可能难以在伴侣关系之外的位置去感受，或者，她也可能过于担心自己会被拉入伴侣关系之中。她可能很难找到自己的位置。如果伴侣想要分手，那么治疗师对自己父母离异（如果发生过）的感受可能会促使她尝试维系伴侣的关系，以此作为她修复自己父母关系的潜意识尝试。当然，这也可能是在潜意识层面吸引她进入这一工作领域的部分动因。

　　若没有个人分析，治疗师是不可能运用反移情这一工具来进行有效的或负责任的工作的。这并不是说，有了个人分析后，我们就不再轻易地由于自己未解决的问题而受到病人的扰动，即所谓"真正的反移情"，而是我们可以通过咨询同道以及运用自我分析功能，尽可能地知晓我们容易受到侵扰的方式并找到观察它的方法。

采集移情

在与伴侣的治疗会谈中，有时会感觉没有太多的移情发生；而且很难在心里保持这样的意识，即伴侣所谈到的"（治疗室）外面、那里"的事（他们谈到的所有可能在外面发生的事）是在潜意识地表达在"（治疗室）里面、这里"可能正在发生的事。有些伴侣会在治疗中描述或争论上一周他们之间发生的事，让治疗师感觉自己成了一个被动的观察者。然而，治疗师总要考虑一个问题：为什么这些特殊的事件会在当下被带入伴侣治疗的设置中来？尽管将伴侣在治疗中谈起的每件事都解释为对治疗师的移情没有多大的帮助，但若治疗师在心中保留着这种联系，并在感觉与自己有关的移情足够强烈或者足以接近的时候做出解释，那将是很有帮助的，因为这可以在情感上更深入地理解正在发生的事。事实上，如 Hobson（2016）提示的那样，在讨论自体代表事件（self-representing events）的过程中，有时所谈论的在外面的那里所发生的事，恰在会谈当下的这里正在发生着。因此，当一对伴侣正在谈论一周来所发生的事时，治疗师会考虑这不仅仅是对已发生的事及相关的情绪体验的描述，而且也是在治疗室里就当下关系中正在发生的事进行着潜意识的交流，而当下的关系可以是伴侣之间的关系，也可以是治疗师与伴侣之间的关系。下面我对此举例说明。

临床实例：伊娃和约翰

伊娃和约翰这对伴侣似乎都缺乏安全的内部客体。尽管他们富有领悟，认识到了他们的共有体验，并且在意识层面渴望亲密和寻求对方的容纳，但是，与拒绝有关的痛苦体验仍不时在他们的关系中重现。他们有一个 6 岁的儿子，罗比；约翰在前段婚姻中还有一个十几岁的儿子，马克斯。马克斯有时会和他们一起住。

在一次会谈中，伊娃和约翰迟到了一会儿。伊娃谈到，她在学校操场上跟一位孩子的家长打招呼，对方却没有理会，她有些生气。她感到很尴尬，想象着其他孩子的父母都看到了这一幕。

对这段临床材料可以有不同的思考和解释的角度。比如，这一不愉快的体验可能是伊娃在表达她在会谈中被我忽略的感受。另外，与这一自体代表事件中的情境相似，伊娃也可能在表达她事实上对当下会谈中正在发生的事情的感受。这可以理解为伊娃在与约翰关系中的感受，有时她感到自己被单独留下来跟孩子在一起，她向约翰挥手求助却感到被忽视。也许，伊娃常会表达的这些幼稚的体验——在操场上感受到的羞耻和羞辱是不太成熟的体验——也是约翰的感受。在伴侣治疗中，治疗师可以探索上述任何一个方面，这取决于在会谈的那一刻，她感觉什么是最重要的、最需要关注的方面。在某个时间点，可以联系到过去经历以及伴侣之间再现其共有内部客体关系的方式，在这一共有的内部客体关系中，孩子不能向客体清楚地表达自己，也无法与客体保持接触。

在另一次会谈中，当伴侣走进咨询室的时候，约翰的手机响了。他返回等候室接听电话。咨询室的门开着，伊娃和我在咨询室里等他，可以不时听到一些约翰的对话片段。之后，他面带微笑地回到咨询室，说他本以为要接听的是一个重要电话，但其实不是。很明显，伊娃非常恼火，我也有相似的反应，并尝试去理解我的反应。我意识到我可以从几个方面来思考这一现象，包括约翰与我、与治疗、与伊娃的关系，以及他如何对待他们的关系。当约翰走进咨询室的时候，我在思考他进入会谈时的言不由衷，我想他也许想要再次离开，因为我注意到他没有关掉手机。

这次会谈进行了一段时间后，约翰谈到了他感觉自己不得不配合很多同事，我据此解释了他并不想与我配合，并且感到被强迫来参加伴侣治疗。我很好奇刚才打来的那个电话是否受他的欢迎。我不太确定这个解释是否恰当，但约翰做出了积极的回应。他谈到，我在会谈中观察他们关系中的困难让他感到羞耻，因而很难待在会谈中。此时，我开始理解自己在会谈开始时感受到的被约翰忽视的反移情体验，他在打电话，而我却在等候并感到被他拒绝。我认为他让我（或许也包括伊娃）直接体验到了他在关系中的感受。此时，我很感激刚才感受到的不悦（一种未被加工的反移情）。因为尽管约翰在意识层面拒绝了我，他却通过投射认同让我体验了他与伊娃关系中的感受，即被拒绝并感到羞耻。我与约翰一起细致地阐明了这一点，我同时意识到，在这个过程中伊娃成了观察者；我和约翰如同在"互通电话"，而伊娃可能感到被忽视了。

根据我的反思，我谈到，在他们的关系中很容易有被忽视的感受。然后，他们告诉我这也会发生在他们与朋友、其他孩子的家长以及同事的关系中，而且，这在与我的治疗关系中也很容易再现。伊娃说，在会谈开始的时候她很生约翰的气；在和我等待会谈开始的那一刻，她想就这样开始会谈，不等约翰了。我说，"的确，他拒绝了你和我，你也想拒绝他，而我也很容易感觉我会忽视你们中的一员……"会谈最后，伊娃谈到，她感觉约翰作为父亲对待他们年少的儿子罗比缺乏自信，而当他十几岁的儿子马克斯来家里住的时候，约翰与其互动很少。她很厌恶约翰把所有的责任都交由她来承担。此时，会谈前面所讨论的内容似乎有了成果，因为他们都意识到，他们相互的拒绝感让他们无法作为父母联结在一起。

通过治疗师内在唤起的情绪体验，即反移情，伴侣内部世界的很多部分得以交流和理解。这种交流可以来自伴侣一方或双方。移情和反移情并不总是发生在伴侣与治疗师之间，它也可以发生在伴侣任一方与治疗师之间。有些伴侣治疗师可能在思考和解释与伴侣某一方关系中的移情和反移情时会保持谨慎的态度，但只要治疗师怀有抱持伴侣关系的伴侣心态，那么这样的理解和解释也可以是整体画面中很有帮助的组成部分。就像在伊娃和约翰的示例中所描述的那样，在会谈过程中浮现的对我的移情以及我的内在被唤起的情感体验，也能够放在与伴侣的关系中加以思考。通过关注个体的移情，我不仅能够对伊娃的内部体验有了更多的理解，也最终可以理解约翰的体验，这些体验都在此时此地的伴侣关系中呈现出来。

在精神分析的伴侣治疗中，通常是一位治疗师和一对伴侣的在场，即三人在同一治疗室。从会谈中的一个时刻到另一个时刻，治疗师将注意转向不同的移情领域，有伴侣之间的移情，也有伴侣与治疗师之间的移情，包括伴侣一方或双方对治疗师的移情。治疗师能用以探索反移情的重要工具是她的伴侣心态，这种伴侣心态一直朝向对伴侣关系的理解，所以会允许治疗师以一种创造性的方式在不同的位置间移动。在尝试理解伴侣一方对治疗师的移情时，治疗师也会思考这种移情反应在伴侣关系中的呈现。另外，治疗师会留意处于"观察者"位置上的伴侣另一方，在某个时间点会纳入他或她的体验。事实上，在这种情境中，成为伴侣中的观察者是可以促进领悟的。

伴侣治疗的三角性质

伴侣治疗师所关心的一个问题是，如果向伴侣一方解释，是否会将另一方排斥在外。伴侣治疗师不可能花太长时间只和伴侣一方讲话，她需要观察和顾及暂时处于观察位置的伴侣另一方的体验。尽管伴侣另一方可能有被排斥感，但他们也能在观察者和第三方的位置上（通常是治疗师的位置）拥有重要的体验。在观察者的位置上，他们可以看到治疗师与他们的配偶之间正在发生着什么：或许是治疗师对配偶的解释，又或许是配偶与治疗师建立关系的特殊方式，甚至是治疗师和配偶之间某种微妙的见诸行动。观察者可能会发现，他所观察到的现象也会发生在自己的关系中，但从当下"第三方位置"的视角则看得更清楚。当然，这种第三方视角也可能不会出现，处于第三方位置的伴侣一方可能感觉被忽视或者不被理睬，或者与治疗师达成了某种联盟关系来对抗自己的配偶，或者与配偶认同来共同对抗治疗师。但是，随着治疗的进展，第三方位置的观察视角会逐渐形成。伴侣常常被他们之间强大的移情动力所钳制，以至于在他们两人的关系互动中无法进入任何一种客观的、第三方的位置。然而，在伴侣治疗中的这种三角情境却能够提供一种不同的观察视角，帮助创造某些客观性。

Balfour 在下面的临床示例中明确地描述了这种现象。

> 从这一视角，他们开始能够看到，这不再只是他们两人以线性方式见诸行动了，而是一种三方维度的事情，即在治疗室内的"三角框架"中，伴侣任一方都体验到另一方与我一起上演了这种客体关系的某个方面。对伴侣双方都重要的是，他们看到自己所熟悉的、彼此相互争斗的部分现在同样会发生在与我的关系中——或许那一刻为伴侣提供了一种视角，让他们可以观察到往常只会共同"陷入"其中的问题。

> （Balfour，2016，p. 69）

难以讨论的移情

有些时候，对治疗师的移情不仅是治疗工作的一部分，而是，若未加以讨论，还会干扰治疗工作。负性移情尤其如此。但在伴侣治疗工作中，也常出现其他类型的移情，比如理想化或色情移情。尽管这或许与伴侣之间的动力有关，但因为这类移情的情绪强度存在于与治疗师的关系中，所以，如果不在治疗工作中加以讨论，可能就会威胁治疗工作的进展。治疗师可能会被体验为对伴侣关系的一种威胁，这可能是因为伴侣一方会施加压力来保持伴侣关系不变，而治疗师没有提供快速的修复，甚至也没有采取挽救婚姻的立场。或者，可能伴侣一方会感到治疗师与伴侣另一方站在了一起（这是伴侣治疗师要在心里时刻关注的问题），基于这一信念，伴侣一方感到自己被误解（或者不被认同）并想结束治疗。这一现象在一方有外遇的伴侣中很常见：伴侣另一方尝试获得治疗师的支持，一起来审问有外遇的一方。也有的伴侣幻想着与治疗师有象征性的外遇，有时伴侣一方或者双方一起对治疗师有了情色移情，他们会在治疗中非常兴奋地谈论他们的性关系，想要以此吸引治疗师的关注，让其成为窥探者，但随后又可能引发恐惧感。Strachey（1934）谈到，治疗师也可能会被体验为严苛的超我形象，除非可以理解和解释这种移情，否则无论治疗师说什么话都有了批判性的色彩。

解释移情如何带来改变

尽管伴侣一方会对治疗师及其配偶进行相似的投射和相似的移情性见诸行动，但他们处于不同的位置应对这一切。伴侣治疗师在感受到内在被唤起的情感以及见诸行动的压力时，会处于第三方的位置做出分析，从而可以理解病人的内部世界。尽管治疗师并非中立客体，她自己内部世界和内部客体的方方面面会被唤起，她可能会见诸行动，但我们希望这样的见诸行动不会过于强烈，以便她可以恢复过来并利用这些体验去理解伴侣。伴侣治疗师要辨识来自伴侣的、要以某种特定方式对他们做出反应的压力，并且能够抵御这种压力，由此，她为伴侣呈现了一种不同的客体，使他们能够意识到他们的预期不一定会实现。例如，伴侣进入治疗室后，伴侣中的一方对另一方的不当言行进行了指责。他们可能都认为被指责的一方应该受到批评，并且期待治疗师也参与到批评中来。但是，治疗师（除非陷入了反移情）没有参与批评。这会带来两种结果：一是，在那一刻，他们感觉到存在着一位与伴侣的移情期待不相符的客体；二是，治疗师为伴侣创造了更多的空间来思考他们之间发生了什么。

然而，配偶和治疗师可以成为促进改变的力量。尽管配偶并非治疗师试图以某种方式成为的中立客体，但配偶修饰或改变其对伴侣另一方的移情期待所做出的反应，也会带来变化。

有时，配偶满足了另一方的移情期待，这就形成了伴侣的潜意识相配；但这种关系的动力已经延伸到了它的能力范围之外，接收投射的一方会感到自己被投射方以一种特有而固定的方式所感知，并感到自己被困在其中。此时，治疗师可以发挥重要作用，指出虽然配偶在某些方面或许很像（移情客体），但在另外一些方面，他或她是一个不同的（新的）客体。

治疗师作为一种特殊的第三方：熟悉的主题

有些移情和反移情会在伴侣治疗中突出显现，并可能导致治疗师的反移情性见诸行动。

依赖

参加治疗的伴侣有时会非常依赖治疗师，甚至像孩子一样。在与治疗师的关系中，伴侣好像在精神层面让治疗师居住在了他们的婚姻里，在会谈的间期，伴侣也会想念、提及和谈论治疗师。这可能会唤起治疗师的反移情反应，会像父母或者像爷爷奶奶（外公外婆）那样对待伴侣。治疗师意识到自己被伴侣赋予了不恰当也不现实的责任或权威性，或者可能会发现自己像是在给伴侣讲课或在提供建议。

理想化

与上述依赖相似的是理想化移情，在这种情况下，伴侣把治疗师作为救世主来依靠（Freud，1923）。治疗师感觉自己有责任"挽救"婚姻，因而很难忍受婚姻破裂以及伴侣分手的可能性。如果伴侣中的一方想要脱离伴侣关系，常会潜意识地希望分手不会带来太大的扰动和痛苦，希望治疗师能提供神奇的处方来达到这个目的。

这一动力往往反映了伴侣之间也在寻求相似的理想化关系。有时，伴侣感觉已经找到了能够拯救他们的"那位"治疗师。有对伴侣在评估会谈后坚持要继续和评估治疗师工作，即使他们并不确定自己要等多久。过了一段时间，当这位评估治疗师与他们会面，试图再次帮助他们接受转介时，他们已对她有了非常固定的想法，包括她的声音。之前，他们见过不同的咨询师和治疗师，但都没能帮到他们。这位评估治疗师感到自己被置于某种有魔力的、救世主的位置。当她最终可以为这对伴侣提供治疗的时候，他们对她的理想化维持了一段时间。但是，当治疗师对这对伴侣呈现出更为真实的一面时，他们大失所望，当然这并不令人惊讶。然后，他们尝试复活被他们的"大白希望（great white hope）*"。伴侣双方早年都遭受过他们无法应对的创伤性丧失。多年来，他们设法保持一种非常理想化的伴侣关系，直到妻子崩溃，丈夫有外遇。对他们来说，治疗是非常痛苦的过程，治疗师被伴侣移情为令人失望的客体，但对这部

---

* "大白希望"意指寄予厚望者，期望给某集体带来成功的人。此处指被理想化为唯一可以帮助伴侣的治疗师。——译者注

分移情的工作又似乎是一条前进的道路，帮助他们逐渐开始接受在伴侣关系中彼此失去了理想化客体。

Vincent（1995a）谈到，与将要离婚或分手的伴侣工作，治疗师会面临着充当法官、魔法师或佣人的巨大压力。如果面临的是充当法官或魔法师的压力，咨询师会被推动着成为"救援者，为一位或更多位参与者做决定或者提出解决方案，从而缓解他们难以忍受的压力"（1995a，p. 679）。当伴侣一方想要结束关系的时候，他或她常常"潜意识地希望分离不会带来任何麻烦和痛苦，并且希望咨询师会提供神奇的方案来实现这个目标"（1995a，p. 680）。另一种是想要一个佣人的愿望，这是一种非常不同的压力，咨询师感受不到来自伴侣的尊重，却感觉不断承受着来自伴侣一方或双方无休止的要求。Vincent 认为，伴侣通过这样一种对待治疗师的方式来处理他们内在的强烈焦虑，这些焦虑涉及失控感和来自他人的各种强求（1995a，p. 680）。

偏袒的压力

这是伴侣治疗中常有的压力，因为伴侣双方经常试图与治疗师结盟。这在治疗会谈之中或之外都会发生。伴侣经常报告说，当他们在家里发生争执的时候，伴侣一方会引用治疗师曾经说过的话，或者想象治疗师曾说过的话，或者想象如果治疗师在场会说的话，来支持他或她的观点。治疗师也会受到自己内部压力的驱使，可能经常对伴侣某一方有更为正性的情感反应。治疗师偏袒的倾向或者伴侣觉察到治疗师已然偏袒，是伴侣与治疗师之间动力关系的很好例证，需要给予解释。治疗师可能承受诸多压力而为伴侣中的一方见诸行动。例如，当理性而又防御的丈夫用他非常机智、精准和无懈可击的陈述让妻子哑口无言的时候，治疗师会挑战他来为妻子辩护。或者，面对情感退缩的伴侣一方，治疗师会代表另一方对其刨根问底。在这种情况下，伴侣双方都不太可能将治疗师体验为一个独立的客体，而是将其体验为伴侣某一方的一部分——他或她的声音，一种部分客体移情。甚至在治疗师能够解释潜意识的压力而避免了见诸行动，从而保持更独立的客体身份时，伴侣仍可能扭曲他们对治疗师的感知；比如，伴侣双方可能幻想着治疗师与他们每个人都保持一致。

同为一体

在这种情境中，伴侣的自恋关系模式进入了移情反移情关系，我曾将此描述为"投射僵局"（Morgan，1995）。在反移情中，治疗师可能觉得自己对伴侣有完美的理解，因为伴侣好像能听到并同意她给出的所有解释。通常，过了一段时间之后，治疗师会有越来越乏味的反移情体验，她开始好奇治疗中是否在发生着什么。接下来，治疗师可能会发现，伴侣对解释的赞同并不等同于他们真的理解了解释；事实上，如 Britton 在对自恋病人的描写中指出的，赞同与理解存在着反比的关系。对赞同的需要越高，对理解的期待就越低（Britton，2003b，p. 176）。当治疗师能识别出这一动力特征时，她必须找到方法以便创造出更多的心理空间，从而对伴侣来说，她可以成为一个独立的人。

同为一体（oneness）的动力现象也有另一常见的表现形式，但更有施受虐的特性。治疗师可能会被牵拉到一边或另一边，以至于貌似有一种不得不偏袒一方的压力。伴侣关系的情形越让人觉得不舒服，治疗师就越可能被拉入关系中充当保护者。此时，就很难再看到，事实上受虐者在这种关系中也是施加了影响力的，因为施受虐关系的成立除了有一位施虐者外，也必然依靠一位乐意参与其中的受虐者。一旦治疗师充当了受虐者的保护伞，便无法理解伴侣正在呈现的实际上是一种关系模式，这其中隐藏着他们之间的潜意识协议。

Stokoe（在个人交流中）曾谈到，值得注意的是，像依赖、理想化、偏袒的压力和同为一体等主题，与描述偏执分裂心理状态的关系和团体行为有着直接的联系。比昂（1961）描述了团体在面对焦虑的时候所采用的防御策略，他称之为基本假设模式（basic assumption modes）："依赖""配对"和"战斗或逃离"。比昂根据团体共有的潜意识幻想对此进行了描述。之后，Turquet（1985）在比昂描述的这三项基础上又添加了第四项——"基本假设同为一体（basic assumption oneness）"。尽管理想化具备一些基本假设依赖的特点，但它可能与比昂描述的基本假设配对有更密切的关联。比昂相信，团体的潜意识幻想是：要是两位合适的成员可以结合生个孩子的话，他们就能创造一个可以带领团体走出困境的救星。这种魔力是此类伴侣所创造的治疗师形象的核心特性。

情色移情和反移情

　　任何治疗都有可能出现情色移情和反移情，但伴侣治疗中的情色移情和反移情却有着特殊的动力学特征。伴侣双方都对治疗师有情色移情的情况不多见，但仍可能会发生。有些伴侣对他们的性关系闭口不谈，除非性方面的问题是他们前来就诊的主诉；但也有的伴侣会很兴奋地谈论他们之间的性，将治疗师置于窥淫者的位置。更多见的情况是，伴侣一方有情色化移情或者另一方想象自己的配偶是这样，这种情色化移情的范围可以从对治疗师不同程度的爱的情感，到性的情感。尽管很多时候要在治疗中指出情色移情都不太容易，但情色移情仍然是需要被理解的重要方面，无论它与病人婴儿期的性还是与成人的性有关。

创造性地与移情、反移情和伴侣工作：
差异、挑战和机遇

　　与其他精神分析工作一样，对移情和反移情的理解和工作也是精神分析伴侣治疗的核心，但存在着一些差异、挑战和机遇。伴侣会将"关系"带入治疗并在伴侣分析的设置中上演，这让治疗师有机会以一种现场的、即刻的并且通常很有影响力的方式接近伴侣的内部世界。治疗关系具有三角关系的性质，其中每位参与者在不同的治疗时刻都有机会处于第三方的位置观察关系，而被观察的关系可能正体现了伴侣关系的动力。保持伴侣心态的治疗师可以创造性地与治疗室里所有的关系进行工作，关注移情的不同呈现，并形成对伴侣关系的更为丰富的理解。

第 6 章

投射认同和伴侣投射系统 [1]

　　投射认同概念是精神分析的礼物，赠送给那些试图理解伴侣关系潜意识动力的人。它是含义丰富的临床和理论概念，并在 1946 年梅兰妮·克莱因首次对其进行阐述以来，已有广泛的探讨和发展。如今，我们已经了解投射认同既是一种精神内在的过程，也是人际间的过程，既是一种防御，也是一种交流和建立关系的方式。在伴侣关系以及其他类型的关系中，投射认同可以是在幻想中创造自恋关系过程的一部分，也可以是伴侣一起行使功能的方式，就像在"投射僵局"中所见到的那样（Morgan，1995）。

　　投射认同是"伴侣投射系统（couple projective system）"这一伴侣精神分析概念的核心。它非常有助于理解，为什么有些伴侣看上去相处得很不开心，却仍然不能分离。伴侣投射系统的性质，即它有怎样的交流性和灵活性，或是防御性、僵化和侵入性等，取决于投射者运用投射认同和接收者体验投射认同的方式。伴侣的投射系统可以对伴侣起到容纳作用，但也可能带来非常自恋、阻碍发展的问题。投射系统含义广泛，也可以用来理解其他两个重要的伴侣精神分析概念——"潜意识伴侣选择"和"潜意识伴侣相配"。

投射认同概念

梅兰妮·克莱因在 1946 年的论文《关于某些分裂机制的评论》（Notes on Some Schizoid Mechanisms）中首次描述了投射认同的过程，不过，直到 1952 年的版本，她才真正使用"投射认同"这一术语。她认为投射认同是一种原始的幻想，在幻想中分裂掉并投射出自体和内部客体的部分，同时认同这些投射的部分，就仿佛它们在别人那里。对克莱因而言，投射认同是一种防御、一种潜意识幻想和内在的心理过程。

> 伴随着充满恨意地将这些有害的排泄物排出体外，自我分裂掉的部分也被投射到（on to）母亲身上，或者，我更愿意描述为，投射进入（into）母亲。这些排泄物和自体坏的部分不仅用来伤害客体，而且要控制和占有客体。只要母亲容纳了这些自体坏的部分，她就不会被体验为分离的个体，而是那坏的自体。于是，那些指向自体部分的恨意此时就转向了母亲。这种特殊的认同构建了攻击性客体关系的原型。
>
> （Klein，1946，p. 102）

之后，克莱因又写道：

> 然而，被排出和投射的不仅仅是自体坏的部分，也有自体好的部分。如此，排泄物便有了礼物的意义；与排泄物一起被排出和投射进入另外一个人的那些自我的部分，代表了自体好的部分，即自体爱的部分。
>
> （Klein，1946，p. 102）

对克莱因来说，婴儿是以这样的方式来管理那些无法忍受的身体和心理状态的。那些被体验为对自体构成威胁的、坏的部分被投射出去，有时，当感到自体好的部分受到内部坏的部分的威胁时，为了安全起见，也会将好的部分投射出去。克莱因描述的早期发展的图景，是一个偏执分裂的心理宇宙，其中也有攻击性和控制性冲动指向对主体构成威胁的客体。她描述了一个复杂的原始内部世界，在这个世界中，有时会感觉受到客体的威胁，部分的原因是婴儿已将坏的、威胁性的自体部分投射进入了客体。

自从克莱因首次描述这一过程以来，投射认同的概念已被很多精神分析师发展，使得这一概念不仅用以描述早期发展的过程，也用于描述病人与分析师之间的过程和其他关系中的过程。

比昂：容器和被容纳

比昂最为显著地推动了投射认同概念的发展（1959，1962，1967a）。在克莱因之后，他认为投射认同除了作为一种防御，也可能是一种原始的交流方式。他将投射认同描述为最为原始的前语言交流方式，在这种交流中，不仅仅是婴儿在潜意识幻想中清除了那些无法忍受的身体和情绪的感受，并将其投射进入母亲，而且母亲也会将之作为婴儿精神和身体状态的交流来接收。如果母亲能够消化和加工这些原始的状态——比昂称之为"贝塔元素（beta elements）"，母亲就通过她的 reverie* 发挥了一种功能——比昂称为"阿尔法功能（alpha function）"，来将这些贝塔元素转化为"阿尔法元素（alpha elements）"，这些阿尔法元素便能以这种被加工的、可管理的形式返还给婴儿。

---

* "reverie"是比昂在 1962 年提到的一个概念，用以指代婴儿在与母亲交流中需要母亲处于的一种心理状态。母亲需要处在一种平静的接收状态来接收婴儿的投射并将其转化。比昂将"reverie"的英文原意引申到精神分析的领域来界定他所定义的母亲的心理状态，一种很难用语言描述清楚的状态，其寓意已经超出了"reverie"原词的范畴。译者认为，保持英文原词而不译为妥。——译者注

最终，作为思维器官的"阿尔法功能"也会被婴儿内射，这会帮助发展中的婴儿加工自己的情绪状态。

容纳的过程通常是母亲为婴儿提供的，也通常是婴儿向母亲寻求的。不过，在母亲与婴儿的这种交流过程中可能会出现很多偏差，导致偏差的因素源自母亲、婴儿或是双方。在提供容纳功能的过程中，母亲允许自己被婴儿的情绪状态所影响；例如，母亲会感受到婴儿原始的恐惧和碎裂状态。有些母亲会被婴儿的焦虑所淹没，这可能让她们感觉自己正在碎裂，以至于她们可能试图强行将焦虑返还给婴儿，但这些焦虑并未被加工，甚至被母亲自己的焦虑所强化。有些婴儿好像不能充分利用容纳自己的客体；例如，婴儿受到自己的妒忌（envy）*的过度影响，这种妒忌指向的是自己不曾拥有的母亲的能力。这就很容易形成恶性循环——被压垮的母亲很快就变成了婴儿不信任的客体。许多母亲和婴儿在成为母亲和成为新生儿的早期阶段中挣扎，但在大部分情况下，她们会从相互学习中促进关系的发展。这种挣扎是正常的，它生动地向婴儿证明，有一位客体在全身心地投身于和他的关系。

在有些情况下，容纳十分有限：

> 如果婴儿和乳房之间的关系允许婴儿投射一种感觉——比如说，垂死的感觉——进入母亲，这种感觉在乳房那里的停留使它变得对婴儿的精神世界来说是可以忍受的，然后被婴儿重新内射，那么正常的发展就可以发

---

* 对"envy"一词，译者将之翻译为"妒忌"，而没有采用目前流行的翻译"嫉羡"，原因概括如下："羡"在汉语中指的是当事人因别人有当事人喜爱的东西而生爱慕之心，当事人希望自己也可以得到或拥有它；而克莱因对"envy"的界定则是，当事人因别人拥有或享受当事人想要的好东西而产生的愤怒情绪，在"envy"的冲动下要掠夺或摧毁它。根据克莱因的界定，"羡"与"envy"不仅是两种不同的心理状态，而且其发展水平也不同，"envy"并不具备"羡"的能力，"羡"是基于主体与客体的分离，可以接受或允许自己想要的好东西在客体那里，是自己也想拥有而不是掠夺或摧毁，对客体有欣赏能力，与生本能关联，具有抑郁位的特性；而"envy"则具有偏执分裂位的特性，是死本能的化身。——译者注

生。如果投射没有被母亲接收，婴儿会感到自己垂死的感受被剥离掉了应有的意义。因此，婴儿重新内射的就不再是被转化为可以忍受的那种垂死恐惧，而是一种无名恐惧。

（Bion，1967a，p. 116）

如果母亲非常不安或精神错乱，那么不仅婴儿的焦虑不能被容纳，而且母亲可能会投射她自己的焦虑进入婴儿。对早期发展的这一描述可以联系到对伴侣关系的思考，这不仅是基于投射认同概念的阐述，而且也因为在早期关系中体验到的困难往往会在成人的伴侣关系中以某种形式显现。

继比昂之后，一些作者现在认为，投射认同的过程总会涉及对被投射客体的影响，以及这一客体对投射过来的情绪的容纳潜力；比如，Ogden 谈道：

> 以一种概略的方式，我们可以把投射认同考虑为涉及以下顺序的一个过程：首先，在幻想中将自体的某个部分投射进入另一个人，而且投射的部分从内部接管了那个人；然后，通过人际互动施加一种压力，使得投射的"接收者"感觉到要以与投射一致的方式进行思考、感受和行事的压力；最后，当接收者在"心理上加工了"投射过来的情绪之后，投射者将其重新内化。

（Ogden，1979，p. 358）

对英国克莱因学派的作者来说，这并不能涵盖所有投射认同的过程，因为"投射幻想并不总是伴随唤起行为（evocative behaviour），这些唤起行为潜意识地旨在诱导投射的接收者在感受和行动上与投射幻想保持一致"（Bott Spillius et al.，2011，p. 126）。这一观点强调了投射认同是一种潜意识幻想和精神内部的过程，它可能会或者可能不会包含 Ogden 提及的其他阶段。事实上，我认为，甚至在以人际维度为内核的伴侣治疗中，从精神内部和人际两个层面来理解投射认同也是很有用处的。这是因为，在与另一个人的关系中，尤其是在更自恋的关系中，发生在伴侣一方精神内部的投射认同会影响他们对另一方的感知，他们会与被投射扭曲的另一方建立关系。然而，接收者或许不会接受投射，因此他会感到被投射方扭曲的感知所束缚和误解。

获得性和归属性投射认同

还有另外一种描述投射认同的方式，这种方式所考虑的着眼点是，在投射认同过程中，认同有时会被感受为具有"获得"和"归属"的特性，也就是说，幻想不仅包括去除个体内部世界的某些部分，也涉及在幻想中进入另一方的心灵以获得他在另一方的心灵中想要得到的部分。"在获得性认同中，幻想是'我是你'；在归属性认同中，幻想是'你是我'"（Britton，2003b，p. 167；emphasis in original）。换句话说，在归属性认同中，就像通常所描述的投射认同那样，个体的某些方面被归属于客体；而在获得性认同中，在投射幻想里，个体进入客体以获得客体拥有的某些属性。这一过程越有全能性，其结果就越具妄想性。这与 Bollas "提取内射（extractive introjection）"的观点相似，"在这个过程中，个体侵入另一个人的心灵，占有了心理生活中的某些元素"（1987，p. 163），或者在伴侣关系中，伴侣一方发现在另一方那里有其没有的部分，然后接管了这些部分。两种观点都表明了投射与内射过程的密切关系。Bollas 给出了一个有趣的案例来说明发生在伴侣中的提取内射，我引用如下：

> A 和 B 最近决定生活在一起。事实上，A 对此很矛盾，因为他不喜欢与任何人分享他的私人空间，而且，尽管他很喜欢 B 并感到 B 很性感，但也常会被 B 惹恼。A 是一位自我标榜的道德主义者，他不喜欢 B 的存在带给他的恼怒情绪。他想超越这个部分。在 A 的生活中，最让他心烦的是 B 的宠物。B 喜爱动物，有仁爱之心，在搬来与 A 一起生活的时候，

她也把自己的宠物带了过来。其实，A说服自己与B一起生活的原因之一就是B有爱心，乐于照顾人。不久，A就无法继续忍受B的宠物了，他找到了弄走它们的手段。他表现得对这些宠物充满爱心，展示了强烈的兴趣，但过了一段时间，他貌似心情沉重地对B说，这些可爱的宠物被限制在狭小的公寓里令他心存不忍。A和B白天工作的时候，宠物们非常孤单。B对此一直耿耿于怀。A暗示，如果一个人真的爱宠物，那么这种对待宠物的方式是无法接受的，然后他告诉B，自己不能再这样忍下去了：这些宠物必须送给有时间照顾它们的人。由于A表现得对宠物既爱又关心，反而让非常爱动物的B现在感觉很内疚（不是爱）和焦虑（因为她知道接下来将会发生什么）。B放弃了这些动物，现在她认为自己一直是很残忍的，而事实上，她一直很爱她的宠物们。A提取内射了那些爱与关心的元素，将之占为己有，而让B感觉很糟糕。

（Bollas，1987，p. 162；emphasis added）

如果这是治疗中的一对伴侣，那么治疗师的观察将会扩展到伴侣之间的动力，并充满兴趣地关切那些看上去非常施受虐的关系特征。面对A的妒忌性攻击，B似乎很情愿地放弃了自己好的部分，然后认同了A分裂投射的残忍。这个案例呈现了A有意识的企图，由此也呈现了他与B的虐待关系，而B坚持自己及其真实感受的能力很有限。在一些伴侣关系中，这一动力更处于潜意识层面，但其影响力丝毫不减。伴侣一方会接管或者有些时候会破坏另一方相当固有的方面，这在后面马里奥和卢拉的例子中会看到。在这种情境下，另一方的分离或他性会激发强烈的焦虑或妒忌，而对此采用的一种处理方式就是提取内射或获得性认同。

还有一个有趣的现象就是在伴侣关系中，最初具有归属性质的投射部分会变成获得性的，因为被投射进入的伴侣一方接受了投射并接管了投射部分。然后他或她会携带所谓的"双倍剂量"（Pincus，1962，p. 18；Cleavely，1993，p.

65），但并非总是不情愿。举一个典型的例子，有年幼子女的伴侣会暂时地将自己的某些部分归属于对方，而这些部分给对方带来了实用价值。待在家里的父母一方将自己"对外的胜任能力"归属给在外工作的另一方，而后者又将自己的"养育照料能力"归属给了前者。当孩子大些的时候，一直在家里照顾孩子的伴侣一方想要回归家庭之外的职场，但她可能会感到自己失去了所需要的工作能力。而她的配偶一直靠着所获得的"双倍剂量"的工作能力在外工作，可能此时并不想归还她投射给他的工作能力。也可能会有相反的情况出现，在外工作的伴侣一方会在一段时间后想要更多地参与对孩子的照顾，却感到自己在这方面很无能，而他的配偶会持续让他处于这种状态。

侵入性认同与幽闭空间

在比昂之后，尽管有许多作者对投射认同的交流属性进行了详尽阐述，Meltzer 仍重新回到了克莱因对投射认同更具防御功能的观点，并对此加以阐述。他建议将克莱因对"投射认同"这一术语的最初应用与比昂对它的发展区分开来。就比昂对这一概念的发展来说，Meltzer 建议将投射认同这一术语作为一种过程来保留，它描述的是"运用非词汇的语言和行为的潜意识幻想，其目的是为了交流而不是行动"。而就克莱因对投射认同的最初应用，Meltzer 则建议，采用"侵入性认同（intrusive identification）"这一术语来描述"潜意识的全能幻想和防御机制"（Meltzer，1986，p. 69）。在上述说明中，Meltzer 将关注点引向了在潜意识幻想中对被投射进入的客体的体验；在比昂的观点中，投射者将被投射者体验为容器，而在克莱因的观点中则将其体验为"幽闭空间（claustrum）"。在思考伴侣关系的时候，伴侣对他们的关系有怎样的潜意识幻想是很重要的方面。他们是否将伴侣关系视为一种容器，"感受到他们存在于其中，为其所容纳"（Colman，1993a，p. 90）；或者，是否他们将伴侣关系体验为幽闭空间，在其中"潜意识地体验到自己被掩埋在了另一方的内部，感到窒息，因为在幽闭空间里没有空气，也几乎没有希望可以收回被封存的部分"（Feldman，2014，p. 145）。Fisher 将之描述为互锁的黏附性与侵入性动力，这种动力以一种特有的自恋方式进行运作。

> 黏附性动力加剧了受虐倾向，而侵入性动力则恶化了施虐倾向，在伴侣关系中它们相互强化，因为伴侣中的每一方都感到越来越被锁进了不断加剧的报复螺旋里。伴侣的这种感应性精神障碍的状态让他们毫无出路。
>
> （Fisher，1999，p. 243）

在讨论伴侣投射系统的性质时，我会再来讨论后一种幻想。

临床案例——具有侵入性投射认同的投射系统：马里奥和卢拉

马里奥和卢拉前来做咨询的原因是，他们感到彼此开始疏离，两人都很痛苦，尽管当初他们对关系的未来充满了希望。他们面临的一个冲突是，假期是否去马里奥的父母家度假。马里奥很想去父母那里，但卢拉说她想拥有属于两个人的时光，不希望被马里奥的父母侵入。随着会谈的进行，马里奥越来越强烈地坚持认为，卢拉没有说出自己真实的想法，他们都已经同意与马里奥的父母一起度假了，以前他们都是这样做的，这也是他们都想做的事。卢拉开始屈从。我注意到，当卢拉失去了她一开始的立场时，感觉上她好想失去了自己的内心。当我告诉这对伴侣或许他们很难容忍不同的观点时，马里奥打断了我，他告诉我说卢拉根本不知道她想要什么，她总是依赖马里奥。在会谈的那一刻，我感觉马里奥说得对，他的确已经接管了卢拉的思考功能，这很令人担忧。

在这个例子中，我们看到了伴侣关系中的侵入性投射认同。这不是要交流未经加工的体验，而是要处理分离和差异带来的焦虑，并控制和占有客体。马里奥不能忍受卢拉的分离独立。当她呈现彰显其独立心灵的行为时，马里奥就变得非常控制。和此类伴侣关系中常见的情形一样，卢拉的自体感非常薄弱，而马里奥貌似确定的姿态很吸引她，也很容易让她屈从。

当投射认同以这种侵入性的方式发生时，重新内射的过程会非常困难。原因之一是，如果收回投射的部分，那么对被投射客体的感知，就会从他或她是自体的一部分转变为他或她是独立的个体，这会令自体感受到威胁。另外，也会担心来自被强行投射的客体的报复。克莱因在 1946 年的论文中描述了这一点：

> 如我们所见到的那样，投射过程的另一方面意味着自体的某些部分强行进入客体并控制客体。因此，内射可能被体验为从外部世界强行进入内部世界，是对暴力投射的惩罚。这或许会带来一种恐惧，即害怕自己的身体和心灵会被他人以充满敌意的方式控制。

（Klein，1946，p. 103）

伴侣中的投射认同：伴侣投射系统、潜意识配偶选择和伴侣相配

塔维斯托克关系中心的早期开拓者从 1948 年就开始使用从个体精神分析中汲取的一些概念来理解伴侣关系。然而，从很早开始，他们就意识到这些概念需要完善和扩展，而且需要发现新概念以具体地解释伴侣之间的潜意识关系。"伴侣投射系统"是伴侣精神分析的一个关键概念，它在塔维斯托克关系中心的很多临床讨论和督导中被引用。这一概念描述了伴侣通过投射认同建立关系的方式，这种方式创造了一种灵活的、准永久性的或者是或多或少固定下来的潜意识系统。其核心是投射认同的概念，特别是在人际间交互运作的投射认同，这是通过相互之间的投射认同和反投射认同来实现的。

Bannister 和 Pincus 对伴侣的投射系统有如下描述：

> 每位配偶都会把自己意识的和潜意识的驱力、态度和需要带入婚姻，而这些驱力、态度和需要，部分是他们自己可以接受的，部分是无法接受的。每位配偶都试图将自己内在难以接受的那些态度或驱力归属于对方。个体的内在越处于混乱不和的状态，他或她可能就会有越多的投射，他或她也就越依赖接收其投射的容器。在婚姻中，配偶由此被侵入，与该配偶的关系也就部分地变成了投射方与自己的一种关系，配偶则不再作为独立个体而存在。
>
> （Bannister & Pincus，1965，pp. 61–62）

除了这种防御性的投射系统，还有一种观点认为，投射系统是潜意识地试图找到解决内部冲突和未解决的早期关系的方法。通过投射认同，自体中不想要的部分会被归属于另一方而又不会丢失，因为投射进入的另一方也是与投射者有亲密关系的人。投射者既可以否认所投射的自体部分，也可以与它们保持联系，由此开放性地保有了容纳、重新内射以及成长和发展的可能性。

潜意识配偶选择和伴侣相配

在理论上，也可将投射系统作为一个含义丰富的概念加以考虑，它包含了其他一些重要的伴侣概念，尤其是"潜意识配偶选择"和"伴侣相配"——尽管这些概念本身也包含了投射认同以及诸如移情和共有潜意识幻想等其他元素。有一个问题激发了塔维斯托克关系中心早期临床治疗师们的想象力，那就是为什么有些伴侣在一起很不快乐却又选择与对方一起生活。对这个问题的回答可以涉及：有意识地选择成人伴侣、性魅力、找到了"那个人"、坠入爱河、选择在感觉上可以和自己有深层连接的人，等等。但无论一个人以怎样的方式在意识层面描述这个过程，都会有许多潜意识的因素在起作用。这些在起作用的潜意识因素如同婚姻协议的潜意识版本。由此，在伴侣关系中创造了一种特殊形式的亲密，无论是好是坏，伴侣都会在这里分享他们的精神生活。

克莱因认为，投射认同是处于非常原始状态的婴儿最初建立客体关系的方式，尽管在生命早期，这还仅仅是一种部分客体关系，而且自体与他人的区分也不清晰。跟随克莱因的观点，Rosenfeld 认为投射认同涉及识别客体并认同客体的过程，有时会带着与客体建立必要联系的目的（1983）。在关系的早期阶段，潜意识地"识别"出在另一个人那里有自体失去的或否认掉的部分，会带来非常有影响力的体验。我们可能会被这些部分所吸引，即使它们令我们不安。我们希望通过与另一个人的接触来重新体验这些原本属于我们自己的部分。将这些部分重新整合进入自我进而丰富自我，会让人感觉很冒险，但也会让人感觉不是不可能。如果在心理上没有将对方体验为自己的"另一半"，而是体验为与自己建立关系的客体，那么自体便会有更完整的感觉。投射认同经常在潜意识配偶选择中发挥作用，既有各种发展性的目的，也有防御性的目的。有时，我们会在别人身上识别出事实上属于我们自己的部分，但我们想一直将其存放在别人那里，以便我们只能将其作为别人的部分来体验。在存在冲突的关系中，这些不想要的自体部分往往仍会给自体带来恐惧，因此，当配偶认同了投射过来的这些部分并在关系中见诸行动时，这些部分会遭到投射者的攻击。

伴侣相配，在早期文献中称作"婚姻相配"，是指作为一个整体的投射系统，也就是说，伴侣双方通过投射达成彼此的连接，然后围绕着伴侣内部的核心问题或共有潜意识幻想进行互动。在他们的关系中，伴侣双方相互为对方承载某些部分，也就是那些投射到对方那里的自体部分或是从对方那里获得的部分。伴侣一方可能会潜意识地从另一方那里发现他想要密切接触的自己内部世界的某些方面，一个内部客体（他想与这一内部客体一起修通某些问题），或者某些不想要的方面（它们可以被存放在另一方那里并在那里被控制）。Dicks

对此有如下描述：

> 潜意识的互补性，一种功能的分配，伴侣双方都会对一整套的关系品质贡献自己的一部分，而双方的贡献之和创造了一个完整的二元单位。这种联合的人格或结合体，使其中的每一半都可以重新发现他们失去的原初客体关系的某些方面，这些方面已被他们分裂掉了或已被压抑，而在配偶参与的情况下，这些方面正在通过投射认同被重新体验。
>
> （Dicks，1967，p. 69）

Willi（1984）发现，伴侣会通过共谋来回避那些令他们焦虑的领域并在关系中呈现两极化现象，即伴侣双方分别承载共有主题或问题的相反方面。他谈到这种两极化的行为模式与伴侣的精神发展水平有关：

> 伴侣双方可能感到被一个他们都很着迷但同时令他们不安的主题所吸引……这些核心主题往往潜意识地构成了其婚姻关系的共同基础。相似的恐惧可能引导伴侣构建一种由他们共同组织起来的防御体系，用以帮助他们中和这些恐惧、对冒犯进行补偿以及回避或掌控带来威胁的情境。这一结果也许是一种共谋，一种伴侣之间潜意识的、神经症性的相互作用，它基于伴侣相似的、未解决的核心冲突，并且在两极化的角色位置上见诸行动。
>
> （Willi，1984，p. 179）

伴侣投射系统的性质：发展与防御的方面

在思考伴侣之间的投射系统时，不仅要考虑投射与内射的内容，而且要考虑投射系统自身的性质，比如它的排泄性、侵入性、控制性、灵活性或容纳性的程度。很多作者以不同的方式将关注点引到了投射系统和伴侣潜意识关系的性质上。Novakovic（2016，p. 97）在描述"伴侣的潜意识关系"时，强调了"过程"与"内容"："在'伴侣关系'中将伴侣'连接'在一起的是潜意识客体，内部人物，这是心理的内容，以及过程，也就是功能，或客体之间的关系"。Fisher描述了从自恋关系到心理学上的婚姻状态的摆动，强调了伴侣关系不可避免的变化属性，他认为这是"一种基本的人性张力"（1999，p. 1）。Ruszczynski认为，如果我们把投射认同考虑为连接伴侣的部分，那么：

> 所有的客体关系在某种程度上都是自恋性的。问题在于投射认同的程度、灵活性和力度。如果更为原始的防御——如分裂和投射过程——主导了互动的性质，那么这样的客体关系在结构上更有自恋的特点。如果更少分裂且投射系统更具有流动性，便可以允许投射的收回，那么关系的性质就更会建立在自体和他人的现实基础之上。

> （Ruszczynski，1995，p. 24；emphasis in original）

灵活的容纳

当伴侣投射系统在发展的方向上运作时，我们实际上是在谈论关系中的容纳，但在意义上不一定或不只是或不确切地就是比昂所描述的容纳，即一个人充当容器功能，而另一个人被容纳。如果关系的结构是一方充当母亲的角色，而另一方作为婴儿，那么这种关系将以相当原始的方式运作。这样的运作非常受限，并承受着巨大的压力。在更为成熟的关系中，自体的部分并没有如此彻底地被否认掉。如Joseph指出的那样，在更原始的心理状态中出现的投射认同在运作的时候是缺乏对客体的关心的，不过，这会随着心理的发展而有所改变。

当孩子朝向抑郁位移动时，……尽管投射认同可能永远不会被彻底放弃，但它不会再涉及完全地分裂和否认自体的部分，而是不再那么绝对，更有暂时性的特点，更可能重新收回到个体的人格中——由此成为共情的基础。

（Joseph，1989b，pp. 169–170）

在更灵活的关系中，自体的某些部分被否认掉了，同时，这些被否认掉的部分被放置在了与自体密切相邻的客体那里，所以自体通过这一客体仍然与被否认掉的部分"并存着"。

发展性（也是治疗性）的潜力在于，那些在内部世界中令人恐惧和被拒绝的部分被置于配偶的人格之中，它们并没有丢失，而是与投射的主体"并存"。因此，在体验上它们是可以利用的，也可以被吸收。

（Woodhouse，1990，p. 104）

那些投射的部分被置于另一方而与投射者并存，且对投射者来说不再那么可怕，由此可能会增加关系中的共情并促进伴侣双方的心理发展。在关系中，这种伴侣投射系统的"并存"特性在体验上与之前描述的侵入性投射认同非常不同。

对大多数伴侣来说，他们的投射系统包含着防御性和发展性的元素：有些时候，伴侣投射系统的运作更具防御性；另外一些时候，则更具发展性。其防御性功能的运作可以对伴侣提供支持，就像 Cudmore 和 Judd 在与失去孩子的伴侣的工作中所发现的那样。他们观察到，当伴侣一方暂时性地陷入巨大的丧子之痛时，另一方会行使功能和容纳。"我们见到的所有利用他们的关系来协助哀伤的伴侣，都证实了这种灵活性，一种轮流照顾和被照顾的能力"（Cudmore & Judd，2001，p. 169）。

上述情况发生的条件是，所投射的部分不过于极端或者不会代表整体人格，而且，如果投射具有一定的灵活性，那么自体投射的这些部分就可以被客体返还并被自体重新吸收。但是，如果伴侣中的某一方几乎总是愤怒的一方，或是理性的一方，或是抑郁的一方，或是情绪化的一方，或是唯一有头脑的一方，他或她就潜意识地陷入了这些特定情绪和功能的表达，并且剥夺了另一方表达它们的机会，那么投射系统也就会变得越来越固化。Colman 认为，伴侣在关系中轮流容纳对方的这种灵活能力需要将关系的意象转变为：

> 关系本身即为容器，它是伴侣结合的创造性结果，伴侣双方都可以与它建立联系。它是伴侣不断创造、维持和维护中的某种东西的意象，同时，伴侣也会感到他们存在于其中——被它容纳。

（Colman，1993a，pp. 89-90）

心理发展

塔维斯托克关系中心的很多早期著作、文献都涉及一个核心理念，即伴侣关系本身具有潜在的疗愈性，或者至少处于这样的关系中，能给伴侣双方带来持续的心理成长和发展。即使我们有时能够作为整体的、整合的个体行使功能，但不可能一直如此，而伴侣关系会允许某些退行的发生。与容纳了自体不想要的部分的配偶亲密地生活在一起，是伴侣之间的一种潜意识安排，随着时间的推移，它可以通向伴侣双方心理的发展。

这种潜意识约定十分重要，因为投射带来的结果往往是自我的耗竭，这可能导致自体的虚弱感。比如，因为感到愤怒的情感太有破坏性而无法感受和恰当表达愤怒，导致个体可能在生活中对自己非常约束，总是避免冲突和对抗，或者变得很抑郁。另外可能的情况是，爱的情感被放弃，因为觉得爱会让自己非常容易受到伤害或感到失望；这可能会导致虚假的独立和孤独的生活。在亲密关系中发生投射认同的有利之处在于，自体投射出去的部分不会离开自体太远，而且，当看到这些部分在另一方那里以不同的方式被处理的时候，会让投射者对这些部分的恐惧减少。或是在关系中存在某种心理平衡，可以依靠另一方承载自体的投射部分，或是随着时间的推移，自体的这些部分有可能被重新内射。正如 Scharff 所谈到的，

> 功能良好、成熟的投射认同系统可以让人收回导致自体贫乏的投射。它同时会让自体变得丰富，以及最大程度地将配偶作为分离的客体来关心，而且会重塑内部客体或者自体的部分以与配偶相契合。
>
> （Scharff，1992，p. 138）

Ogden 对这个过程有如下描述：

> 所引发出的情感是一个不同的人格系统的产物，这个人格系统有它独特的力量和弱点。这一事实开启了一种可能性，即，被投射的情感（更准确地讲，在接收者那里唤起的一致的情感）将会以不同于投射者处理它们的方式来处理……处理情感的这些方式与投射认同形成了反差，因为从根本上来说，它们并不是要努力回避、消除、否认或是忘记情感和想法；相反，它们尝试以不同的方式来容纳自体的某个方面或与之并存，而不是否认它。如果投射的接收者能够以不同于投射者的方式来处理投射"进入"他的情感，那么一组新的情感就产生了，它们可以被看作最初投射出去的情感"被加工后"的版本。这一组新的情感可能会带来一种感觉，即可以与被投射的情感、想法和表象共存，而且不会损害自体的其他方面或对自体有价值的内部客体和外部客体（cf. Little，1966）。
>
> （Ogden，1979，pp. 360–361）

意识的容器和潜意识地被容纳

在一些伴侣关系中，伴侣一方充当容器而另一方被其容纳。然而，事情并不总像它看上去的那样，因为"意识层面显而易见的容器有时在潜意识层面却是被容纳的一方，反之亦然，在意识层面显而易见被容纳的一方却在潜意识的情绪维度中充当了另一方的容器"（Lyons & Mattinson，1993，p. 108）。有一对同性伴侣，其中一方认为另一方"优柔寡断"，在讨论问题的时候没有任何立场。她感觉所有重要的决定都要由她自己来做。治疗师意识到，这位看上去更自信的伴侣一方有多么脆弱，治疗师感觉，如果那位"优柔寡断"的另一方不接受这样的投射，表面更自信的这一方将会崩溃。这是一个说明伴侣潜意识投射系统的例子，也说明了表面上像是容器的伴侣一方，事实上，可能是潜意识地被容纳的一方。投射系统在伴侣关系中的运作可以是防御性的，但如果不是太有限制性的话，就会在某种程度上支持伴侣关系。伴侣有潜意识的协议，即一方承载来自另一方的投射，这会给他们的关系带来好处，因此，也会让关系中的每位成员受益。

容器的缺失

为了让伴侣投射系统的运作朝向伴侣发展的方向，需要一种能力可以纳入来自另一方的投射，并暂时或相对持久地保持这一投射，直到情况允许放弃这一投射。有些伴侣在运用投射认同时会遭遇失败。Lyons 和 Mattinson 有如下观察：

> 婚姻面临最大困难的时候，是当婚姻中的双方都极力寻求被容纳的时候。一旦这成了一种压力，他们将无法觉察或识别在配偶那里有相同的需求，并无法为之提供相应的容纳功能。于是，他们就陷入了"谁才是婴

儿"的绝望挣扎。

（Lyons & Mattinson，1993，p. 108）

投射认同或许已经在精神内部发生了，投射的部分在潜意识幻想中被识别为处于另一方的内部，但除了最为自恋的伴侣，投射者通常需要一些证据来证明他的投射已经被这一客体感受和体验到了，并且已经被这一客体认同了。有些关系中充斥着焦虑的情绪。关系中的一方被焦虑吞没，他通过将焦虑投射进入另一方来处理它们。但他的焦虑让另一方也过于焦虑，于是另一方又把焦虑推回给他，结果造成他的焦虑更为强烈。在这种情境中，接收者并没有加工处理投射过来的焦虑，伴侣最终也无法一起思考这些情绪，结果导致焦虑升级。

临床案例：马特和安倍

来寻求帮助的这对伴侣非常渴望能理解他们的关系出了什么问题；他们无法理解为什么他们之间的交流会如此轻易地被破坏。在一次会谈中，马特告诉治疗师，"我们的交流还存在另外一个问题，当我不愉快的时候，也是安倍看上去很焦虑的时候，可能他没有意识到这点。最近，我发觉他的焦虑会令我非常不安。如果我不能消除他的焦虑，我就会非常焦虑。"安倍回应道，"我们都是容易焦虑的人，但有些时候，我认为我处理得还是不错的，你知道的，就像我们丢失了你房门钥匙的时候；但那时，我发现你让我内心充满了焦虑，好像这让你很享受！"马特马上说道，"但正是这件事，安倍，你好像没有意识到你确实非常焦虑……"当他们互动的时候，治疗师能感觉到焦虑正在治疗室里升级。

通过上面的例子，可以看到伴侣之间的冲突很容易接连发生，这是因为伴侣一方的投射会让另一方感到被攻击。而且，客体越是不可穿透，投射就越有力度，也越有攻击性。马特和安倍知道他们的关系有问题，并且想要更好地

处理他们之间的事情；然而，有时伴侣会不恰当地利用关系来处理内在的痛苦
和冲突。在这种情况下，正如 Zinner 所描述的那样，关系变成了"精神内部
冲突的外化元素或被驱除的、无法接受的内部客体的存放地或倾倒场……于是
以牺牲掉婚姻关系的品质为代价，满足了减轻个体内部张力的需要"（Zinner,
1988，p. 2）。

防御性投射过程

在有些关系中，投射系统是非常防御性的。伴侣可能会联手维护共有潜意
识信念，将任何与之相矛盾的部分排除在关系之外；或者，他们可能会重复他
们共有的而又无法放弃的、尚未解决的内部关系。抑或者，如前所述，个体可
以通过关系否认掉自己的某些部分，并将其完全地投射进入另一方，以至于再
也无法感觉到它们与自己有任何的联系。相反，这些投射出去的部分在另一方
那里被牢牢地锁住和控制。这样的伴侣常常呈现出两极化的现象，伴侣中的每
一方都承载了双倍剂量的某种特定情感。

要理解伴侣关系，我们需要考虑投射者和投射接收者的体验。在侵入性认
同中，配偶是被作为自恋客体而不是分离的他者来建立关系的。相对于交流，
投射有着不同的动机；投射是要将自体的部分存放在别人那里，并在幻想中从
内部控制客体。就伴侣如何觉知彼此而言，从配偶外部的位置上想象其内部正
在发生什么，和从配偶内部的位置上感觉自己知道配偶内部在发生什么，是非
常不同的。

从投射接收者的角度，Fisher 提出了一个问题：在侵入性投射的接收端会
有怎样的感觉？感觉是，"这种投射是某个人在未经允许的情况下专横地界定
了他或她自己及我"（1999，p. 239）——也许这是他的伴侣治疗著作《不速之
客》（1999）取此书名的另一层含义。这里谈到的不是关于纳入和容纳什么，
而更像是一种被接管的体验。Meltzer 谈到，"邀请这一因素，因此也是接收的

因素，在客体关系中是至关重要的"（1992，p. 70）。如果没有这种接收，侵入性认同会被体验为"被操控着在别人的幻想中扮演某个角色，无论这多么难以识别"（Bion，1961，p. 149）。有些伴侣的确有着特定的自恋相配，每一方的边界感都很弱。伴侣一方通过运用侵入性（投射）认同来发挥功能，而自体感薄弱的另一方则会被这些投射接管并认同它们。

投射僵局

我以伴侣"投射僵局"的观点来描述相关的动力现象。在投射僵局中，投射认同被用来处理分离和差异引起的焦虑（Morgan，1995）。尽管在认知层面，伴侣双方认识到他们是两个分离的个体，但在情绪层面，将对方感受为不同因而也是分离的个体，会带来被迫害的体验。在这种情境中：

> 投射认同通常以极端、侵入的方式被运用，其目的或导致的结果是，否认另一方分离的精神存在。与分离独立的关系相反，它会创造一种舒适的融合，或者被陷入或被囚禁的感觉，这会阻滞关系的发展。
>
> （Morgan，1995，p. 35）

Bannister 和 Pincus 谈到，当存在对自体不想要的部分的极端投射，甚或对另一方投射过来的部分的极端内射时，会"在这些过程中失去人格中太多的部分，导致个体的情绪生活匮乏，或者以过于强烈的情绪压力为代价来维系这种情境"（Bannister & Pincus，1965，p. 61）。

下面是一位妻子心酸地描述了在伴侣关系中被接管和自体感丧失的体验：

> 现在我已经到了一个点，我感到自己想要更加独立，可以有自己的观点和想法。在这之前，我让自己的生活一边倒，仅倒向丈夫那一边。有时

> 我感觉，我并没有过自己的生活，而在过他的生活……我希望我可以感受
> 到我是谁。

（Morgan，1995，p. 34）

当投射认同以这种方式被运用的时候，会对亲密产生扭曲的效果。比如，运用侵入性认同的一方会感觉他们完全了解另一方，甚至比另一方更了解他或她自己。

> 侵入性投射没有给想象留下任何空间。这有助于我们理解……与他人真正的亲密和"假性亲密"之间的基本区别，假性亲密实际上是一种自恋的关系类型。前者基于这样的现实，即我们只能在他人外部的位置上去了解他；而后者则是以进入他人内部的幻想为基础。

（Fisher，1999，p. 236）

Meltzer 邀请我们思考，通过两种途径获得的关于内部母亲的内在画面之差异：一种是通过运用想象获知，另一种是通过全能侵入的幻想而获知。从"外部"看，即通过运用想象功能，内部母亲的内在画面的主要品质是"富有"，它有着下列精细的内涵，如"慷慨、接收、富有美感的互惠；理解和所有可能的知识；象征形成的所在，因此也是艺术、诗歌和想象的所在"（Meltzer，1992，p. 72）。然而，Meltzer 提示，若受到侵入性动机的影响并从其内部"体验"的话，会有一种非常不同的画面："慷慨变成了回报，接收变成了诱骗，互惠变成了共谋，理解变成了对秘密的侵入，知识变成了信息，象征形成变成了转喻，艺术变成了时尚"（Meltzer，1992，pp. 72-73）。

由此，投射认同系统和主体使用投射认同的方式，以及客体体验投射认同的方式，可能会有非常不同的呈现。有些时候，重要的是要考虑投射认同的内容——伴侣一方为什么会放弃自己重要的部分，而另一方为什么会认同这样的

投射。还有些时候，至关重要的是，要理解投射认同如何在关系中被使用、投射认同的目的是什么，以及它所创造的关系有怎样的性质。

关系有其自身的生命力

对伴侣关系中投射认同的讨论可能会有先入为主的看法。我们常常会思考一对伴侣从他们过去的生活中把什么带入了关系，他们在关系中寻求解决怎样的精神内部冲突和焦虑。那些看上去有发展前景的潜意识伴侣选择事实上可能并非如此。伴侣会试图在关系中再现其内部的客体关系或者将某些问题修通，或通过关系来保护自己免受精神上的痛苦，但这也未必都会实现。将自己的抑郁投射给对方不一定会让自己与抑郁隔绝。接收抑郁投射的配偶可能会得到帮助，逐渐缓解抑郁；也或者，持续投射的压力会造成接收方逐渐增强的反投射力量，将投射过来的抑郁加之自己的抑郁一并反投射给投射方。而且，一些外部事件——丧失和变动，都可能会产生影响并导致预想不到的行为，而伴侣如何处理它们也无法预测。尽管伴侣每一方带入关系的部分会影响双方形成的伴侣聚合体，但他们如何在伴侣关系中一起互动和发挥功能却有着自己的生命力。这会创造各种张力和困境，促使伴侣前来寻求治疗。但在健康的关系中，这会给关系带来生命力，因为伴侣发现他们以不曾知晓的方式在一起发挥着创造力（Morgan，2005）。然而，伴侣也可能发现，他们之间发生的事情既困难又令人不安，对他们来说很难处理。

临床案例：迪兰和拉迪卡

丈夫迪兰抱怨说，当他想和妻子拉迪卡讨论一些困难的事情时，她逐渐变得越来越没有反应，直到最后完全退缩，不再跟他讲话。迪兰为此十分恼怒。拉迪卡说她控制不住会这样做；当迪兰追着要和她一起讨论问题的时候，她就是感到无法跟他讲话，这个情境让她想起了专横的父亲对她的侵入和折磨。拉迪卡似乎将迪兰感受为无法对抗的欺凌性内部客体。然而，迪兰并没有认同这一欺凌性客体，他也没有将拉迪卡视为被欺凌的受害者。他感到拉迪卡是一个不可用的内部客体，他无法与之有直接的联系，而这或许与他早期对母亲的体验有关。

这个例子突出说明，伴侣关系中的移情维度不仅代表了两个分离的内部世界之间的结合，而且也创造了它自己的全新动力，因此，它不仅涉及对过去的修通，也包含了在当前新创造的复杂动力中的挣扎。

投射系统中更有创造性的功能

在伴侣关系中，虽然过度的和侵入性的投射认同对任何的创造性都有明显的破坏力，但也有些情况下，投射认同和伴侣投射系统有助于伴侣功能的运作。

如果灵活而不过度地运用投射认同，则伴侣双方都能感觉到被对方所容纳。但是，在功能正常的关系中，投射认同并不完全像在婴儿与母亲的关系中那样，将无法处理的心理内容彻底分裂掉。更可能的情况是，这些心理内容并没有被完全地分裂消失掉，而是归属于另一方，通过另一方实现并存，并在那里可以被观察。这会带来投射主体的心理成长，他对他所投射的内容有了更大的兴趣，不再那么恐惧。

在某些关系中，投射认同不那么灵活，但如果不是过于极端，它就可以为伴侣提供支持。伴侣双方达成了一项潜意识协议，相互承载对方的投射，他们甚至会潜意识地认识到这是一项协议。以这样的方式，伴侣创造了一种关系，在其中他们在一起所发挥的功能要比任何一方独处时的功能好得多。

临床案例：瑞克和索尼娅

我所了解的一对伴侣，双方都存在愤怒和攻击性的问题。从表面上看，问题出在妻子索尼娅身上。当他们争吵时，她会变得咄咄逼人。但我注意到，当这一切发生时，瑞克会提请大家注意，事实上，他会煽风点火，让索尼娅更加愤怒。然后，他会向我指出索尼娅是多么不开心，以及他真的没有必要说什么，因为她根本不听。的确，索尼娅已被激怒，什么也听不进去。我感觉在我面前的这对伴侣非常两极化，索尼娅十分生气，她的情绪不受控制，而瑞克越来越退缩，表现出很无能的样子。令索尼娅感到特别难以忍受的是，她被瑞克描绘成如此负面的形象，而且她担心我也是这样看她的。在那一刻，我感觉瑞克因为我没有和他站在一起反对索尼娅而对我很蔑视，不过，当我谈到在他眼里索尼娅如同一个"恶魔"时，我发现他也逐渐不太喜欢把妻子描绘成这样了。

直到后来，在我与瑞克单独进行的一次会谈中，他才感觉可以分享和承认自己对索尼娅的愤怒情绪，这些情绪让他感到害怕和不安。索尼娅出差在外，瑞克感到被她抛在了一边，这种感觉深深地影响着他，并与他一直存在的孤独感产生了共鸣。瑞克之前强烈否认的愤怒在这次会谈中爆发，他和我都很惊讶地发现，他的愤怒情绪竟如此强烈。

我觉得，他现在之所以能够与这些情绪连接，是因为我们之前已经开始着手修通他投射到索尼娅身上的愤怒。我想，尤为重要的是，瑞克看到我并没有被索尼娅的攻击性吓倒——他曾向我施加压力，要我和他站在一起将索尼娅视为"恶魔"，但我没有这样做。如果当时我这样做的话，我就充当了一位维系这种投射系统的积极参与者，由此，不仅支持了这种防御性的运作，更重要的是，也支持了有关愤怒很危险、必须要将之分裂掉的幻想。这是一个涉及伴侣关系中投射系统的典型例子。这并不是说索尼娅特别乐意承载所谓的"双倍剂量"的攻击性，即她和瑞克两人的攻击性，而是相比瑞克对他的攻击性的恐惧，索尼娅更少被自身的攻击性扰动。在瑞克的内心世界，愤怒的表达有可能破坏他所爱的客体（他的母亲在生下弟弟后去世，那时瑞克只有 5 岁），这真正让他感受到自己的愤怒如同"恶魔"。

投射系统中发生这样的转变并不容易。收回分裂和投射的自体部分常会面临阻抗和焦虑。这些投射出去的自体部分也可能难以识别。在这种情况下，治疗师可以先在投射的接收方身上对投射过来的部分进行工作，随着时间的推移，这会对投射方产生影响，因为投射到接收方身上的部分变得不再那么可怕，因此更容易被投射方逐渐收回和重新拥有。例如，在索尼娅和瑞克这对伴侣中，索尼娅表现为失控的、咄咄逼人的一方，尽管她试图说明她是被瑞克对愤怒的否认和退缩所激怒。我能感受到施加在我身上的压力推动我去认同这个场景，将索尼娅视为"恶魔"。这既是因为我认同了瑞克的体验，也是因为我亲眼看到了在治疗室里索尼娅的情绪有多么失控。但我也注意到，当他们陷入这种争论时，他们都感到害怕和不安。我没有被施加在我身上的压力推动着做出反应，而是尝试去理解和接受索尼娅的愤怒，这一点似乎非常重要，因为通过这种方式才可以实现让索尼娅意识层面的愤怒与瑞克潜意识的愤怒接触。

在这个时候，如果我解释索尼娅正在承载他们两人的攻击性，那么索尼娅可能会感到释然，而瑞克却感觉被完全地误解了。因此，尽管治疗师会帮助伴侣理解他们需要相互投射什么以及可能需要重新内射什么，但这种帮助并不总是通过解释什么被投射了或解释伴侣一方承载了"双倍剂量"来实现的。它也通过治疗师容纳这些投射来实现，从而随着时间的推移，伴侣会逐渐感到他们可以重新拥有那些之前投射出去的部分。只有到了这个阶段，有关什么被投射的解释才有意义。伴侣会清楚什么时候可以直接指出伴侣一方对另一方的投射。在这对伴侣的案例中，他们选择了一个恰当的时机让瑞克独自进入会谈，使他能够向治疗师敞开心扉，承认索尼娅并不是唯一感到愤怒的人。

作为容器运作的投射系统

临床案例：奥利维亚和杰克

　　奥利维亚和杰克是一对成功的中年夫妇，在同一家金融公司的高层工作。两年前，因为奥利维亚抓住了一份绝佳的工作机会，他们搬到了伦敦，几个月后杰克也取得了同样的成功。会谈开始时，奥利维亚说她想接着上周的会谈内容谈，杰克却说他"忘记了"他们谈过的内容。在上次会谈中，他们分享了他们在治疗中一直没有谈到的事情。两年前，当他们搬到伦敦时，他们把奥利维亚罹患精神分裂症的弟弟艾尔"丢弃"在了英格兰北部的家乡。在他们交往的最初几年里，他们一起帮助艾尔度过了各种危机，杰克也十分愿意同她一起帮助艾尔，这是他吸引奥利维亚的原因之一。不幸的是，在他们到达伦敦一个月后，艾尔自杀了。奥利维亚好不容易才讲出这件事，她对杰克竟然忘记谈过此事感到愤怒。杰克有些防御性地回应说，他以为奥利维亚会想谈谈大概过去一天以来让她心烦意乱的事。他解释说，他的妹妹一直与他们住在一起，杰克和妹妹谈到了艾尔。这让奥利维亚很不舒服，她对杰克和他妹妹"往事重提"十分恼怒。奥利维亚谈到，一段时间以来，她一直对他们很生气。但我有一种感觉，这是她巨大的悲伤和内疚的情感转移。当我对此做出解释时，奥利维亚以非常就事论事、不带情感的方式进行了回应，说他们需要继续他们的职业生涯，他们不可能知道艾尔会自杀。

　　杰克听着，但什么也没说，表现得很安静。当我做了观察性的反馈后，他问奥利维亚是否真的想知道他对此有何想法。奥利维亚说想知道，然后杰克告诉她，他认为他们做了一件非常糟糕的事情，他们没有恰当地思考这件事。奥利维亚被杰克的回应震惊了，然后她变得非常沮丧，开始抽泣起来。渐渐地，她能够接触到她心中"把艾尔丢弃"的糟糕感受。正如我们逐渐理解的那样，奥利维亚把她的坏感觉投射到杰克身上，因为他更能忍受这种做了"如此坏的"事情的感觉。投射到杰克那里的情绪并没有丢失。现在，在治疗的这个时点以及目前他们关系发展的这个阶段，她能够承认这也是她的感受。在这次会谈的后一段，我解释说，正因为杰克从他的妹妹身上或许也在我的身上感觉到有一个潜在的理解性人物形象，他也能比奥利维亚更能够忍受他内在的这些"坏情绪"。这帮助奥利维亚感觉到，她现在可以接触对艾尔的内疚，也开始修通它，并能够对失去艾尔进行哀伤。

对这对伴侣来说，其投射系统的防御性质是可渗透的，并且对改变保持开放。在大多数关系中，存在着防御与发展的张力——既希望将自体的某些部分存放在另一方那里，但也希望与这些部分保持密切联系，并保留重新内射的可能性。有时，防御性的投射系统可以支持像杰克和奥利维亚这样的伴侣。但在某段时期，杰克不得不代表他们双方来承载困难的、未加工的体验，直到他们可以面对并开始修通这些体验。

在更具创造性的伴侣关系中，虽然也不可避免地会通过投射认同进行交流，但会少很多，因为他们更能够通过语言进行交流。当然，他们试图交流的可能是另一方投射到他们身上的某些部分带来的体验。但是，能够谈论双倍剂量的体验，比如说，"愤怒的情绪"，而不是将愤怒见诸行动或试图把愤怒或其他情绪推回给对方，便有机会思考这些情绪体验。至少在某些时候，伴侣双方会感觉他们可以分享困难的情绪、未加工的情绪、差异以及爱与恨，并相信关系是可以处理这些问题的。随着经验的积累，对关系的信心也会增加；尽管投射认同是伴侣关系的一个方面，但也是可以在关系内被加工和容纳的。

注释

[1] 本章的一个版本之前曾发表在：Novakovic，A. & Reid，M.(Eds.)(2018). *Couple Stories: Applications of Psychoanalytic Ideas in Thinking about Couple Interaction.* London: Routledge.。

第7章

自恋与共有心理空间

在伴侣关系中，存在着我将之描述为"普通自恋（ordinary narcissism）"的问题。表现为难以忍受"他者"的他性，也很难在关系中为两个个体的不同自体创造空间，由此难以共有心理空间。伴侣既努力维系普通自恋，又要与另一方的分离与差异建立联系，这两者之间存在着平衡的张力。正如一些作者指出的（Morgan，1995；Ruszczynski，1995；Fisher，1999；Colman，2005/2014），我们大都在更普通的自恋状态和更与客体联系的状态之间摆动。例如，Fisher 写道，"我所界定的婚姻，是一种客体关系的状态，它能忍受同为一体与相互分离之间的摆动张力"（1999，p. 220）。在某些关系中，我们会看到伴侣一方或双方更为牢固或更具破坏性的自恋问题，Fisher 将此描述为：

> 在与客体的关系中，将无法忍受他者独立存在的现实。从这个意义上说，自恋实际上是一种对他者的渴望，但是这个他者要完美地与主体步调一致和对主体做出回应，所以根本不是真正意义上的他者。
>
> （Fisher，1999，pp. 1-2）

正如第 6 章所讨论的，自恋关系的特点之一是，侵入性地运用投射认同来否认对方的分离和不同。

成为自己以及与另一方的关系

在伴侣关系中，我们的自恋和想要与一位"他者"（分离且不同的另一个人）建立关系的愿望之间总是存在着某种张力。每个人都有一定程度的自恋，而有些人非常自恋。我们的自体中有着不想与别人建立和发展关系的部分。我们每个人对这个世界都有着自己的见解，而与另一个不同于我们的人在一起，会给我们的信念带来挑战。接受新的思想和不同的观点有时很困难，尤其在这些新思想和不同观点无法与我们已经思考、知道或理解的内容舒适共存的情况下。在每个人的心中，自己的观点可以与"现实"或是"真相"等同，而另一个人对某事物的不同见解和感受会令人厌恶和不安。

Colman 提示，伴随着我们寻求客体的驱力，也存在着一种"对抗关系（anti-relating）"的驱力。但是，他把对抗关系和"没有关系（non-relating）"做了区分——后者与"建立关系（relating）"同处于关系中，且同等重要。事实上，我们不可能一直积极主动地与他人建立关系，尽管有人可能会争辩说，当我们身处孤独的时候，我们已经从当前的关系转向了与内部客体的关系。对Colman 来说：

> 没有关系单纯是指对"空间"和独处的需要，它是所有关系固有、必要的方面。与他人建立的关系，只有在一定限度内才是可以忍受的——超出了这个限度，我们就会说这是"侵入"和"侵犯"，是对我们自主性的破坏。我们不仅需要接近他人，也需要与其分离，不仅需要依赖，也需要独立。这些需要中就包含了对没有关系的需要，后者在任何成功的关系中都应与建立关系的需要保持平衡。
>
> （Colman，2005/2014，p. 23）

但是，不能将与另一个人建立关系简单地视为，我们是否对另一个人的体验开放自己，或者我们是否保持自己的观点，而是我们能否同时做到这两点。Segal 谈道：

> 生本能包含对自己的爱，但这个爱并不反对与客体建立爱的关系。热爱生命意味着爱自己也爱赋予生命的客体。在自恋中，赋予生命的关系和健康的自爱受到同等的攻击。

> （Segal，1983，p. 275）

有些人在把另一个人作为"他者"进行交往的同时，很难保持自己的个体独特性。正如 Fisher 所提示的那样，当我们尝试这样做的时候，可能会面临一个不小的心理任务。他对此有如下描述：

> 能够保持对自己各种真实体验的觉知，同时也能容忍另一个人的真实感受，承认和接受他人的体验的意义而不失去自己的体验的意义，尤其当这些体验不仅不同而且相互冲突的时候，那么，所有这些能力都是重要的心理发展成就。

> （Fisher，1999，p. 56）

事实上，两个心灵走到一起而不抹灭任何一方，最终会让关系具有创造性。我会在后面对此进行讨论。

理解的缺失

在建立关系和倾听、理解他人方面常见的这些困难也是关系发展的必由之路。如果关系中的一切都那么和谐一致，那还是一种真实的关系吗？ Cohen 写道，"不要奢望可以完美地给予一切 / 裂隙就在那里，在一切事物中 / 那就是光进入的地方"（Cohen，1992）。

伴侣常常觉得他们应该相互理解。但在与伴侣密切工作的过程中，很快会发现，许多时候，伴侣在理解与被理解方面存在严重偏差。当这种情况发生时，伴侣会感觉他们的关系出了问题或者没有理解自己的配偶出了问题。Vorchheimer 认为，那种伴侣一方能完全理解另一方的想法是不现实的，它是"每对伴侣的自恋基础带来的结果"（Vorchheimer，2015，p. 12）。她谈到，伴侣难以让自己被对方理解也难以理解对方，这在他们的体验中并非一般性的问题，而是灾难性的问题。此外，如前所述，伴侣中的每一方往往都觉得自己真正理解了关系，认为自己看到的关系才是"真相"，但事实上，对方可能有不同的看法，而且也认为自己看到的是"真相"。伴侣中的每一方都坚信自己才是"正确的"，只是对方并不"明白问题所在"，就好像他们认为对方存在认知上的问题，而不是持有另一种可被思考的观点。

Vorchheimer 指出，在这种情况下，若伴侣一方发现对方持有与自己不同的观点，就可能感觉对方是在故意误解自己或者在撒谎。她谈到，"人们不会认为自己是误解的受害者，而是在交换谎言；他们认为所谓的误解其实是另一个隐藏的企图招致的结果，他们不认为误解是人际间在所难免的事情"（Vorchheimer，2015，p. 9）。在非常糟糕的关系中，会将对方表达不同的观点感受为针对自己的恶意行为。在恶意误解中，"个体自己的体验被抹掉了"；Britton 把恶意误解的焦虑根源与婴儿早期母亲容纳功能的缺失联系起来。当母亲无法提供容纳时，婴儿会将之体验为母亲对婴儿的攻击而不是母性功能的缺陷；对此，Britton 写到，婴儿"相信有一种力量存在，它破坏了理解，抹掉了意义"（Britton，2003b，p. 176）。

词汇、语言和意义

语言会造成理解和被理解上的困难，因为词本身可以有多种含义，也就是说它们通常具有多个含义以及近似含义（Vorchheimer，2015）。例如，"爱"可能意指"恋爱"，或者，也可能指对某些事物的"享受"体验。而且，当我们使用"恋爱"这个词进行表达时，我们各自对"恋爱"可能有着不同的界定，正如查理斯王子在被问及他和黛安娜是否相爱时给出的那句家喻户晓的回应："无论相爱意味着什么"。历史表明，这对伴侣对什么是相爱有着非常不同的理解，而且"相爱"一词也许并不能充分地描述他们既冲突又复杂的情绪状态。言语只能接近我们试图表达的部分，所以从这个意义上说，误解总是在所难免的。伴侣一方描述某一特定事物的用词在另一方那里会听出不同的含义；事实上，对另一方而言，这个用词就是在表达他或她听出的含义。在相对健康的关系中，伴侣双方会接受他们之间可能会产生误解。这样的伴侣甚至可能不会考虑误解这回事；他们一般情况下都能够达到相互理解，如果有什么让他们感到没有被理解或需要更准确的理解的话，他们就会努力达成更好的理解。他们有时通过争论来达成相互的理解，也可能在之后，当事情发生了一些变化使得问题变得更加明朗的时候，由此他们之间又增进了相互的理解。但是，在更紊乱的关系中，这种理解上的差异可能会变成一种迫害和严重冲突的根源，伴侣一方试图压制住对方，或者固执地坚持他们认为的才是真相。

我们通常做不到很好地倾听

另一个困难是，我们常常不能很好地倾听。理解需要倾听的能力，而我们并不总是善于倾听。即使我们非常关注并善于倾听，我们也可能只是听到了言语的内容，而不是其中蕴含的信息。有时候我们不想听到别人在说些什么，我们可能对他们说的话没有兴趣。这会抑制我们的好奇心。在更加紊乱的关系中，倾听可能带来被强行塞入了某些东西的感受，而事实上，这可能正是讲话者在做的事。在对关系紊乱的伴侣的治疗中，常会看到伴侣一方用手捂住耳朵，试图保护自己免受对方的言语刺激，因为这些言语被感受为真实的侵入和破坏。另一方面，正如我们所知，在治疗中或在人际关系中，被恰当倾听的体验可以是一种非常强烈的情绪感受。

我们也在潜意识地交流

还有一个让事情变得更加复杂的事实，那就是我们的潜意识总在起作用。通常，我们所交流的实际信息非语言文字所能及。这些信息也蕴含在我们谈话的方式、我们的情感状态和行为以及我们没有讲出的内容里。我们所交流的信息中有很大一部分是我们意识不到的，配偶也会以他或她并不知晓的方式做出反应。言语有时被用来投射情绪，但不是希望这些情绪被理解，而是希望排空某种情绪——如焦虑——进入另一方。在这种情况下，伴侣会发现他们处于紊乱的循环之中，焦虑在他们之间传递，不断升级，而无法在他们之间被容纳。

共情是复杂的

要真正理解另一个人，我们必须做好准备质疑我们已知的东西，并试图理解对方的体验——从他们的角度。但共情是复杂的。我们试图理解对方，或许真的想要理解对方，但仍可能会出现偏差。我们对他人的理解必然基于我们自己的经验，很难真正让自己做到感同身受。这里举一个典型的例子，伴侣中的一方，比如说，妻子在工作中承受了巨大的压力，回到家后来到了丈夫身边。她此时想要的只是有人能倾听她，共情她所经受的压力。但这并不是她的丈夫处理压力的方式。他（善意地）开始向妻子讲述该如何处理这类问题，诸如与老板交谈，多请别人分担，减少工作时间，等等。然而，妻子却感到被丈夫彻底误解了，事实上，她的压力更大了，因为现在她感觉自己又不得不应付丈夫对她的期望。妻子的反应也让丈夫感觉自己被完全误解了，因为在他心里，他已经理解了妻子，并向她提供了真实的帮助。身处关系中并不意味着与关系中的他人"同为一体"，没有分别，然而，这种同体无分别的原始观念却常常在某种程度上存在于关系中。

好奇和自恋

有几位作者将好奇与自恋进行了对比。例如，Colman 谈道：

> 好奇是自恋的反面。哪里有好奇寻求知晓，哪里就有侵入寻求占有，将对方那里未知的东西纳入自体的边界，以此消除与存在差异的现实接触所带来的痛苦。或者，自恋者可能声称已经知晓了对方，因为他实际看到和接收到的对方只是他自己的投射认同的映像。
>
> （Colman，2005/2014，p. 28）

这一观念也是 Fisher 工作的核心；他观察到非侵入性的好奇是亲密的伴侣关系中深厚而持久的爱的基础。在持久的关系中仍保留好奇是很有挑战性的。继 Fisher 之后，Stokoe 和我在一篇关于好奇的论文中有以下描述：

> 当一对伴侣逐渐相互了解（有时要花很多年的时间）之后，感觉上就仿佛他们相互了解了对方的内心世界——尽管他们不会真的了解。是多年积淀的对另一方的体验、共情、想象和爱才能带来这种仿佛的感觉。甚至在持久的亲密关系中，也有必要为对方留出空间，相互之间不要陷入对对方的思想和情感的主观臆断。怀有好奇有助于避免这种陷入。
>
> （Morgan & Stokoe，2014，p. 47）

Britton：共有心理空间——自恋黏附和自恋脱离

在讨论共有心理空间时，Britton 区分了两种自恋：自恋脱离和自恋黏附。在第一种情况下，分析师无法在病人的心理现实中找到位置；在第二种情况下，分析师无法在病人的心理现实之外找到位置（Britton，2003a，p. 171）。在伴侣关系中，自恋黏附者和脱离者可以走到一起，共同创造一种特别困难的动力性关系，因为自恋黏附者无法忍受脱离者的分离，而自恋脱离者则惧怕被拉入到自恋黏附者的心理现实中。Nyberg 描述了这种结合如何在伴侣之间创造了一种防御性的病态"契合"，"其特征为一种特定的力量失衡，其中脱离与黏附的两方分处两极、互相排斥，达到阻止亲密关系的防御目的"（Nyberg，2007，p. 146）。

Britton（2003a）认为，这两种病人的核心焦虑是心理交流，即把两种心理现实结合在一起进行交流，这让他们感到灾难般的恐惧，是一种与心理毁灭有关的恐惧。伴侣可能会通过达成潜意识的协议来处理此类问题：让伴侣一方的心理现实占据婚姻，而另一方的心理现实则与婚姻完全脱离，或从意识中分裂出去，或是秘密地保留。

自恋脱离和自恋黏附在一些伴侣关系中显而易见，除此之外，Britton 的论文揭示了另一困难的伴侣动力现象，即"对一致性的需要"。"当渴望理解并对误解心存恐惧时，会持续迫切地需要在分析中保持一致，并消除分歧"（Britton，1998b，p. 57）。

> 对一致性的需要与对理解的期望成反比。如果对理解的期望值比较高，便可以容忍意见的分歧；如果对理解的期望值非常高，对不同意见的容忍度也会非常高；而当对理解没有任何期望的时候，就需要绝对一致。
>
> （Britton，1998b，p. 57；emphasis in original）

下面将通过一对伴侣的临床材料对这些现象作示例说明。

临床案例：安东尼奥和卡米拉

这对伴侣都是律师，30 多岁，有两个小孩。他们感到双方的心理空间没有交集，无法把伴侣一方的思想、感受或经验与另一方分享和交流。这对伴侣达成了一种潜意识的协议，其中安东尼奥在婚姻中处于"精神休假"（Britton，2003a，p. 175）的状态，而卡米拉则占据了婚姻。但是，当他们前来寻求帮助的时候，这种只有一个心灵和一套感受的错觉正在瓦解。

丈夫安东尼奥是这对伴侣中更处于脱离状态的一方，他对心理治疗能否帮助他几乎没有任何期望；除了认为自己内心有些空虚之外，他觉得自己唯一的问题是无法减轻卡米拉的痛苦。

这对伴侣只能参加一年的心理治疗，那时安东尼奥在伦敦工作，而卡米拉休假在家照看孩子。之后，因安东尼奥的工作变动，他们回到了原籍国。治疗一开始，卡米拉便不停地抱怨，看上去苦恼万分。她以这样的方式占据了每次会谈，而安东尼奥好像很困惑的样子，并将自己置于一种被动的旁观者的位置。他会以一种理性的兴趣倾听我的反馈，并吸引我与他辩论，但我始终无法与他有情感接触。这对伴侣描述了他们之间令人担忧的激烈争吵，有时这样的争吵会让卡米拉无法忍受，她威胁要立即离开伦敦，带着孩子回家。在极少数情况下，当安东尼奥主动描述他们之间令人担忧的争吵时，他会用一种讽刺的幽默来表达。卡米拉抱怨安东尼奥不理解她，令她非常失望，而且他总是没有在她身旁陪伴。显然，安东尼奥感觉很难与处于这种心理状态的卡米拉保持接触，她的情绪和变化无常令他不安。他确实觉得很难理解她，但我心里也萦绕着一个问题：安东尼奥真的想要理解她吗？从卡米拉的角度来看，我认为她常会感到被恶意地误解，她感觉安东尼奥有意地拒绝理解她，有时，对她的客体的这种体验会让她崩溃。

另外，卡米拉总是强求安东尼奥理解她，但这几乎不可能。在治疗的早期阶段，卡米拉愤恨地抱怨安东尼奥不理解她，安东尼奥对此认同——他不知道怎样才能理解她。我经常被推动着去解释我认为她内心正在经受的体验。我正在成为她幻想中的一部分，也就是说，她可以完美地被我理解。但这对治疗没有任何帮助，因为她转而会攻击她的丈夫，说既然我能理解她，为什么他不能？分裂是如此严重以至于我觉得安东尼奥被看成了一个情感的低能儿，而我却不被允许成为我自己，只能与她保持完美的和谐一致。

从某种意义上说，安东尼奥似乎确实想给予卡米拉她所需要的，但不是通过真正接触她的情绪状态，而是通过找到一种让她平静下来的方法。对他来说，在正确的位置为妻子做"正确的事"很重要，因为他想成为"完美的丈夫"。但是，这显然是她完全无法忍受的。他也没有太指望自己可以得到帮助，他感觉他能做的就是更加努力地成为卡米拉需要他成为的样子。我确实在一段时间内意识到了他的焦虑，尤其是一种隐藏得很深的谋杀性愤怒，这种愤怒偶尔会爆发出来：例如，在某些路怒的情境中，他感到自己被其他驾驶员彻底击败，他愤怒地想要"碾碎他们"。但是，他很难触及这些事件对他的意义，他几乎总会分裂掉他的情绪，将之排出投射到我或他的妻子身上，我相信这导致了她的情绪紊乱，也让我感受到了非常不适的反移情体验。

我从一次会谈中挑选出了一段互动，这段互动可以发生在任何一次会谈。这对伴侣的关系中有几个主题会被卡米拉经常反复地谈及。如果安东尼奥主动谈些什么，他通常会以"卡米拉说我需要谈谈这事"来开头。卡米拉谈到的一个主题是关于安东尼奥的家庭，她把他的家庭视作他的延伸。多年来，她一直在尝试让他的家庭符合她认为的丈夫家庭该有的样子，但结果不尽如人意，事实上，她已经放弃了对他们的期望。然而，她仍希望安东尼奥的母亲（寡妇）来伦敦和他们一起生活，这样她可以帮忙照顾孩子；她相信这是她自己的母亲在这样的情况下会去做的事，所以她感觉这是自己对婆婆的一个非常合理的期望。

在一次会谈中，卡米拉说她那一周曾问安东尼奥，"你向你的妈妈谈过搬过来住的事了吗？"他说，"还没有"。卡米拉为此感到抓狂——他是什么意思，他上周说了吗，去年说了吗，他明天会说吗，他到底要怎样？！事实上，她已经让安东尼奥在星期五之前向他母亲讲这件事，但他没有。我说我认为问题在于，安东尼奥并没有同意卡米拉想让安东尼奥的母亲做的事，而且他们都知道这一点，但他们在行动上又表现得好似达成了一致。卡米拉希望安东尼奥同意她的观点，与他互动时就好像他已经同意了一样，然而，一旦安东尼奥表现出任何行为显示他并没有真的同意时，卡米拉就会感到很抓狂。另一方面，安东尼奥本人也深刻地影响着卡米拉紊乱的情绪，因为他从来不会把自己真实的想法告诉她。

我之所以识别出这种关系的动力特点，是因为我之前提到过的我自己的反移情体验，以及我所能观察到的他们之间的互动。安东尼奥回应了我说的话，他告诉我，如果他不同意卡米拉的意见，她就会大发雷霆。然后，安东尼奥说他在网上发现了一些关于如何"果敢自信（assertive）"的内容，他在想自己是否需要参加一门课程——"自信训练"。他对此感到很兴奋，但后来意识到，他其实不知道自己需要坚定地自信些什么，他不知道自己能否在头脑中整理清楚自己的想法。我告诉安东尼奥，我认为当他试图想清楚这个问题的时候，有些东西已经在他的脑海里浮现，但他把它们都放到了卡米拉那里，然后停止了自己的思考；然后，他感觉无法找到属于自己的心理空间。但是，也许他没有意识到的是，虽然卡米拉可能会对他的不同想法有激烈反应，但她也需要这些想法，因为她觉得如果没有这些想法，就没有什么可面对的，也没有人可以一起思考了。

虽然这个情境听起来像是没有什么改变的希望了，但事实上，还是取得了一些进展。给予安东尼奥的解释也间接地解释了卡米拉的问题。它开启了这样的可能性，即，如果安东尼奥表达不同的看法，不一定就会抹杀卡米拉的观点。我不认为她会觉得如果把各自的想法结合在一起将会创造出什么来，但至少可能有足够的空间让两人的想法共存。问题仍然存在着，安东尼奥内部的声音对他造成了实际的干扰，让他无法在自己的想法被摧毁之前把它们整理到一起。但是，在这对伴侣离开伦敦（和治疗）的时候，改变已经开始发生——一些光进入了他们的关系，并开辟了一点点的心理空间。安东尼奥与卡米拉的分歧越来越公开，尽管那时并没有多少实质内容；感觉上他更像是在尝试一些表达自己的方法。在那一刻，即使卡米拉不确定她是否想知道安东尼奥的感受或想法，更不用说参与其中了，但她似乎开始意识到（如果不是接受的话）他其实是有不同观点的。

我认为，随着我逐渐能够找到一种方法，在与卡米拉的关系中采取更分离的立场（安东尼奥也在尝试这样做）以及至少在有些时候会更接近安东尼奥，转变就开始发生了。在交流中，卡米拉逐渐能够听到我的确有不同的想法和自己的心灵（她在丈夫身上也在感受这些）。就像这次会谈的片段中呈现的那样，在坚持只有一种观点的过程中，同时也在促进发现不同观点的存在。与此同时，安东尼奥似乎觉得，在婚姻中他可能有了更多一点的心理空间，不过这也让他感觉到有很大的风险——他不确定自己是否想拥有这样的心理空间。在他们离开之前，她怀了第三个孩子，他们请求转介到其他治疗师那里，以便能够继续我们已经开始的工作，这让我很受鼓舞。

共有心理空间的其他问题

发展问题

一些伴侣在治疗中呈现的问题是，他们对伴侣究竟是什么很不确定，并为此感到焦虑。他们害怕双方在精神层面过于纠缠不清。虽然是作为一对伴侣出现，但他们尚未能够迈出在精神层面成为"伴侣"的这一步，因为这感觉太有威胁性了。有时，伴侣一方或双方会处于迈出这一步的边缘地带——从感觉自己是完全独立的青年人（即使成年人的年龄可能比青年人大得多），到建立一种有承诺的关系。他们可能非常担心会失去这种来之不易的"独立"，也很恐惧自己会被配偶吞没。这样的伴侣在一起的例子并不少见，不过，他们常会想方设法维护自己的独立感，比如通过独立的银行账户和朋友圈子等。有时，伴侣在心理上是一对母婴性质的伴侣，其中的一方是"婴儿"，占据了全部的心理空间，而另一方则被视为照顾者，但没有空间满足自己的需要，比如 Britton 所说的"精神度假"。或者，他们可能像两个兄弟姐妹，分享他们之间的东西，并争论怎样才是公平的，就像"树林中的婴儿"这一类型的伴侣那样，手牵手走着，把所有的敌对情绪都从他们的关系中分裂出去（Hewison，2014a）。

临床示例：亚当和安德里亚

　　亚当和安德里亚一起出入社交场合有几个月了，他们非常相爱。他们认为是时候住在一起了，而且安德里亚已经拥有了一套公寓，所以他们定好了让亚当搬过来一起住。亚当搬进来的时候，他做的第一件事就是在客厅里摆放了一个书架，然后将自己的书和安德里亚的书混放在一起。安德里亚立刻感到一种被侵入感，觉得亚当根本没有和她充分地协商此事，她的空间就这样被侵犯了，她感到将被这个男人接管没商量。与此同时，亚当感到被控制和支配——他觉得自己仿佛回到了母亲身边，他的母亲曾经不允许他把照片挂在卧室的墙上，以防弄坏壁纸。所以，他也觉得在这段关系中没有了属于他的空间。

（Colman，2005/2014，pp. 23-24；emphasis added）

Colman 评论道：

　　以前，这对伴侣感觉这里只有一个心灵，现在突然面对的事实是，还有另一个他者在这里；在这里，每个人都有属于自己的心理取向。也就是说，他们正在开始发现，他们不能简单地扩大自己的边界以覆盖"关系"；他们必须以某种方式围绕着包含两个独立个体的关系建立起新的边界。

（Colman，2005/2014，p. 24）

亲密的错觉

伴侣可能交替性地与对方隔绝，却又创造了一种关系的错觉。他们通过一种想象中的关系来处理在一起所引发的焦虑。基于这种想象的关系，他们会建立家庭和拥有住所，但始终缺乏情感上的亲密。一旦伴侣双方或其中一方试图增加关系的亲密性，就会对伴侣中任何一方分离的心理空间带来威胁感，关系的错觉也就随之破裂了。对于这类伴侣来说，孩子的成长和离家或者伴侣的退休或被解雇等事件往往是对关系的威胁，关系的错觉随之被打破，暴露出关系的贫乏和空洞。伴侣会看到对方与自己竟是如此不同，以至于他们很难相信有任何共同的兴趣可以让他们投入关系。当一方尝试发起某件事的时候，另一方通常不会以所希望的方式做出回应。

Vincent 从依恋的角度诠释了"伴侣贫乏空洞"的观点。

这些贫乏空洞的特点是伴侣之间的一种空虚感，这种空虚感源于愤怒的情绪，后者驱除了好的体验的存在空间。我认为，正是这种愤怒的互动有着痴迷型依恋（preoccupied attachment）的特征。或者，这种贫乏空洞可能是由于伴侣之间缺乏情感的参与造成的，我认为这种互动可以联系到疏离型（dismissing category）依恋。

（Vincent，2004，p. 134）

投射僵局

对有些人来说，如果将对方作为"他者"来交往，就会感到对自体构成巨大威胁。他们通过建立一种特殊的关系来避免这个问题，在这种关系中，伴侣感觉他们基本上达成了完全的一致，我们可以称之为合并或融合的关系，或者，正如我所描述的那样，是一种投射僵局（Morgan，1995）。他们可能潜意识地达成了一项协议，即伴侣双方拥有同一心理空间，保持一种未分化的、融合的关系。有些伴侣关系可以以这种方式维持一段时间，而且因为这种潜意识的关系符合双方的需要，所以也不会太难受。通过投射认同，伴侣双方会感觉他们相互居住在对方的内心里，他们都感觉自己了解对方的内心，或者被对方了解。关系中那些不可避免的张力和冲突都从幻想中清除掉了。通常，这种关系至少会让伴侣中的一方失去自体感，产生幽闭恐惧。当他们从僵局中退出时，会在另一方那里唤起广场恐惧，因为这个另一方感觉不到对方是谁了，不再有熟悉的对象可以依附。一般情况下，这种共生关系最终会被打破，因为它可能导致涉及自体丧失、吞没或解体的严重焦虑。

临床案例：斯坦和弗兰克

这对伴侣前来咨询是因为弗兰克和另一个男人有了一次短暂的性关系，这给他们共同理解的性关系的本质带来了问题。弗兰克对他的"一时放纵"感觉良好，认为这应该不会影响到他和斯坦的关系。对弗兰克来说，他承诺的是和斯坦的关系。斯坦对弗兰克的行为和当下的态度感到非常不满和愤怒，他觉得弗兰克已经攻击和破坏了他们的关系，这也许是不可挽回的。在咨询中，我尝试为他们的不同观点和体验保留空间，但发现他们对此并不接受。斯坦尤其坚持说，他所"感受"的都是"他们一致同意的"，他认为，弗兰克对此的异议正说明他在撒谎，为的是给自己的所作所为提供正当理由。我再次试图帮助斯坦倾听弗兰克的体验，不是简单地将之视为对他和他们的关系的攻击，而是弗兰克对关系可能有着不同于他的观点和理解。斯坦对我的话反应强烈，似乎认为我很疯狂地在搞破坏，甚至很不专业。在会谈中，虽然弗兰克的愤怒有所减轻，但仍无法体谅斯坦的痛苦。

虽然这对伴侣的主诉是性关系的边界问题，但我感觉真正的问题是他们的自恋关系。与他们同处于治疗室会发现，对他们每个人来说，他们各自的"感觉"等同于事物既定的事实真相。这意味着他们不能倾听对方或治疗师的话，好像另一种观点将会抹杀而不是丰富自己的体验。尽管这对伴侣因为他们的性关系这一特定的问题前来寻求帮助，不过，那些让他们面临分离和差异的任何其他问题也可能是他们参与心理治疗的原因。我很好奇的是，是否他们的自恋关系已经从更舒适和融合的状态转变成了更控制性的状态，由此推断，弗兰克在关系之外的性行为或许是摆脱控制的一种方式，甚至开启了他们之间的差异，对他们的关系而言，潜在地成了一种有健康意义的进展。

施受虐的心理动力

当伴侣一方或双方试图强行进入对方的心理空间时，这种关系便具有了强烈的施受虐性质。当只允许存在一套想法和感受时，伴侣之间任何的创造性空间都将坍塌。配偶的他性的存在会被体验为一种攻击，面对这种攻击，唯一的选择就是更强烈的反攻击或屈从。在这种情况下存在着非常强烈的焦虑，因为另一方的独立心灵并不会被体验为具有创造性，而是对自己的威胁。这是第6章所描述的侵入性投射认同的动力特点。正如 Colman 指出的：

> 处于一段"大小不足以容纳我们两个人"的关系中并不是开玩笑。除了常有的对空间的争论之外，这些伴侣谈及的典型主题还有被抢夺、被欺骗、被撕裂、被抹杀、被践踏、被打击、被取代、被支配、被控制、被吞噬、被侵入和被占领。
>
> （Colman，2005/2014，p. 29）

有时，在伴侣前来寻求治疗的时候，我们会看到他们的投射系统正在松解，伴侣一方正在撤回他们投射给对方的部分，并且不再认同投射过来的属于对方的部分。这可能导致施受虐动力现象的急剧增加。

临床案例：约翰和安娜

约翰和安娜是一对将近 30 多岁的年轻伴侣。当我第一次见到他们时，约翰明确告诉我，他的女朋友不懂关系，在他们相识前，她从来没有过任何实质性的关系，也不明白关系是怎么一回事。起初，我并不清楚安娜在多大程度上接受有关自己的这种观点，但感觉好像对她来说无所谓。那只是他的观点，因此，也不过是他在向安娜和我描述他对安娜的个人看法。不过很快，这其中的投射就显而易见了，因为尽管约翰确信自己是关系方面的专家，但事实上他在关系中很迷茫、困惑和不知所措。就他们的关系问题寻求帮助也是一次冒险的尝试，因为我被潜在地放在了专家的位置，这可能会对视自己为专家的约翰构成威胁。然而，随着治疗的继续，我越发清楚地看到，我根本不会被允许成为专家或是真的对关系有充分的了解。我试图理解他们之间发生的事，但每每向着这个方向迈进一步，都会遭遇到起初还很微妙但后来越来越有力的压制，让我噤声。根据他们对其伴侣关系早期阶段的描述，我发现在他们的关系之初就存在着安娜对投射的全盘接受，而现在这种情形正在松解。我想约翰正在向我寻求帮助，以巩固他们先前的潜意识安排，而安娜非常试探性地想在他们之间开辟更多的心理空间。

他们讲述的背景信息不太多，但还是有一些值得关注的内容。安娜是家中的独生女，她目睹了父母之间的许多争吵。约翰成长在北欧的一个家庭，他的家隶属于一小片农村社区，用他的话讲，那里"没有什么秘密可言"。他谈到，在他的家庭里，大家都会谈论别人的私密。然而，有一件事是隐藏的，那就是年少的他与村里的一位年长的男性有亲密的性关系。这一秘密关系最终并没有给他带来好处，他发现很难摆脱一些让人感受到虐待性的东西，因此"隐私"对他来说具有危险的含义，就像"开放"被体验为太过透明。我很清楚，对于这对伴侣来说，与对方的亲密关系会引发很多焦虑。对约翰来说，焦虑几近精神病水平，他感觉自己失去了控制，不知自己在哪里。我感觉安娜则以不同的方式让人担忧。她感到不确定和脆弱，尤其不能对她的心理状态做出自己的判断。

当约翰重申安娜在亲密关系上有问题，而且以前没有任何成功的关系时，她接受了这一点，并提及她曾与一位年长的已婚男子有过持续了一段时间的关系，在那段关系中她受到了虐待。约翰对关系的本质提出了非常明确的观点，特别强调在关系中应该"完全诚实"。他对此感受强烈。看起来，安娜的任何一种有关独立心理空间的想法都被他看作一种彻底的背叛。问题是，当安娜试图对约翰诚实，让他进入她的心理空间时，他会大发雷霆，告诉她这不是她的感受，或者这不是他们一致认可的，或者她是一个骗子。随着他们之间的交流继续推进，他变得越来越有施虐性。和我之间也存在着非常困难的动力性互动，近乎虐待。比如说，他认为我不该有不同的看法，如果有，我就是不理解他或者他会完全蔑视我的观点，或者认为，因为我是一个女人，所以无法理解他。

约翰试图控制每次会谈。他会在很多方面这样做，比如，进入治疗室四处走动，占据空间，把他的设备插入插座等等。相比之下，安娜更有礼貌、尊重和自控，尽管，若受到刺激，她可能会进入极其痛苦的状态，但很明显，那时她感到无法让自己平静下来。我不得不打断约翰以便找到一个空间，但他强烈抵制。我觉得我承受着对抗约翰的压力，但这样做的时候，我感到我和约翰只会陷入争斗之中，让安娜在一旁无助地目睹这一切。

在我的反移情中，就好像我也在非常基本的层面上为心理空间而战，以保持对咨询室的所有权、保持我的想法和表达它们的权利以及保持我能够帮助他们的信念。安娜尽可能地赞同约翰的观点，公平地承认她在约翰谈到的特定问题中所起的作用，但我越来越觉得这只是姑息，并怀疑她是否害怕约翰。我和他们探讨了这一点，他们向我保证从来没有任何身体暴力，并告诉我他们在治疗室里的表现要比在家里糟糕得多。

对于这样的伴侣，往往很难理解，为什么看似受虐的一方会忍受这种情况。是因为安娜需要将精神病水平的愤怒（也许是她在目睹父母争吵时的孩童视角）保留在约翰那里吗？是认同了受虐父母一方所处的位置吗？他们之间似乎有一项潜意识的协议，即约翰会占据所有的心理空间，而安娜被允许完全隐身。不过，有时受虐者是施受虐伴侣中更强大的一方。约翰完全依赖安娜适应他的剧本，她的任何举动，无论大小，都对约翰的稳定带来威胁。约翰对此无法容忍，因为这对他的扰动超出了他能承受的范围。正如他想用他的心理内容来填满治疗室和他们的关系，他也想填满安娜的内部空间。当安娜开始觉得这一切令她难以忍受的时候，约翰发现在他们的关系中越来越难以维持他的剧本。

治疗师必须认识到，对于这样的伴侣而言，伴侣关系是一种更为原始的情境，类似于母亲和婴儿之间的早期关系。正如克莱因所描述的，在这个早期阶段，会防御性地运用投射认同让自体中那些不想要的部分保留在另一方那里，并在另一方那里控制这些部分。在这种原始的心理状态下，如果对方没有认同这种投射或者对方试图将其投射回去，那么自体就会感受到巨大的威胁。被毁灭的恐惧会导致对客体更强有力的再投射。这正是约翰和安娜之间的动力关系，其中约翰把对关系的迷茫和困惑投射给了安娜。这与安娜内在接受投射的部分相应。但随着她的迷茫和困惑逐渐缓解（通过她自己的内部发展），安娜对投射的认同逐渐松动。这让约翰陷入了极度的恐慌，因为对他来说，重新接触自己投射出去的迷茫和困惑威胁到了他的存在。这对伴侣还展示了容纳者和被容纳在关系中的交互作用（见第 6 章），其中看起来好像约翰是容纳者，但事实上，是安娜能够接收投射而不被破坏的能力在一个更基本的水平上容纳了约翰。

这类伴侣可以被描述为边缘/自恋性的伴侣，与他们一起工作会很有难度。治疗师面临的一个问题是，对投射系统进行工作并试图帮助个体收回他们投射的那些更易引起扰动的部分，会增加他们的焦虑。治疗中的伴侣可能会非常激动，他们越来越情绪化，无法自控，甚至有时都不能坐在座位上或待在治疗室里。治疗师也会很焦虑，就像我在面对约翰和安娜时所感受到的那样，会担心治疗无法容纳他们，而且可能让事情变得更糟。在这种情况下，通常更有帮助的做法是把伴侣间的这些动力主要放在与治疗师的关系中进行工作；换句话说，就是要做以分析师为中心的解释（Steiner，1993a）。病人经常认为，治疗师独立的看法就是对病人的误解，甚至是恶意的误解，他们企图通过对治疗师进行强有力的侵入性投射来控制她。治疗师经常被体验为一个危险的客体，将把个体或伴侣难以忍受的部分强行推回。

治疗师需要依靠她的反移情来理解移情中正在发生着什么。但与移情的工作也并不是那么简单；治疗师可能被感受为如此无用的、被诋毁的或危险的客体，以至于伴侣双方或一方会选择终止治疗。但有些伴侣在这种情形下仍可以获得帮助，我认为治疗师需要记得，这种控制性防御背后的焦虑是非常原始的，这有助于治疗师继续前行，即使伴侣还不能对他们自己的关系有所理解，但治疗师仍可以帮助伴侣在与她的关系中感受被理解（Steiner，1993a）。

投射僵局可以表现为更为舒适的融合状态，但与这样的投射僵局工作也会挑战治疗师的反移情。治疗师可能被拉入僵局中，感觉自己与伴侣十分和谐，是相当优秀的治疗师。可能需要经过一段时间才能认识到，这其实是僵局的一部分，因为她只能与伴侣保持和谐，不允许有其他情况发生；换句话说，她是不被允许分离独立的。一旦治疗师可以进入一个独立的位置，她便可以对这种动力关系进行工作。治疗师被拉入僵局而呈现见诸行动并不完全是一件坏事，因为在陷入僵局的情况下，尽管治疗工作可能进展不大，但治疗师在摆脱僵局后，往往对身陷僵局之中的情形有很好的理解，包括那种陷入感和幽闭恐惧的性质。

相对于伴侣中这些紊乱得多的自恋性动力关系，有很多伴侣的问题不那么极端，在某种程度上可以允许对方在心理上分离独立和有所不同。此外，也有一种不太严重的自恋形式，其中伴侣双方可能会沉溺于自我，暂时对另一方不感兴趣。但是，正如之前谈到的，我们不可能一直处于客体关系中。有时，我们并没有与他人交往的需要，而只想与我们自己在一起。功能正常的伴侣可以允许这些状态暂时出现，保留成为个体和伴侣的空间，以及分离独立和在一起的空间。有些伴侣会因这些心理状态之间的摆动而深感不安。对于较为一般性的自恋问题，治疗师会通过她与伴侣建立关系以及做出解释的方式，来帮助伴侣在关系中发展出更多的心理空间。在一段关系中，需要有爱与恨的空间，需要有对另一方和自己怀有兴趣和好奇的空间，需要有建立关系和没有关系的空间，也需要有误解以及理解的空间。很显然，这些方面可能会完全失衡，伴随的是极端仇恨或只是考虑自己或有太多的误解，但有时也可能呈现完全相反的情形。伴侣会觉得，如果他们之间存在误解或相互之间有负面情绪，或者渴望从对方那里分离独立出来，那将是灾难性的。有些伴侣会幻想创造性的关系就是完美的和谐相处，也的确存在着许多流行的伴侣形象支持这种观点。然而，实际上，真正有创造性的伴侣关系与这种完美的想象迥然不同。

第 8 章

伴侣的心理发展、性行为、性别和性

在这一章中，我重温了与伴侣心理发展有关的主题，这一主题已在我的论文《关于能够成为一对伴侣：'创造性伴侣'在心理生活中的重要性》（On Being Able to Be a Couple: The Importance of a "Creative Couple" in Psychic Life，Morgan，2005）中进行了描述。在这里我要指出的是，能够成为一对伴侣不仅是心理发展的重要阶段，而且是在伴侣关系的内部心理发展的推进；尤其，它推进了内在创造性伴侣的结合。成为亲密的成人伴侣是包含性关系的，而性对伴侣的意义是任何伴侣治疗的内容。有时，伴侣前来寻求帮助是因为他们在性关系上存在困难，而有些时候，性方面的问题会在治疗过程中显现。我将探讨性方面存在的困难中一个最常见的领域，即性欲丧失。我也会谈及同性伴侣的一些问题。然而，性、性别和不同性取向的话题所涵盖的领域非常广泛，我很难在这里面面俱到。

从出生到成为一对伴侣及以后的心理发展

不言而喻，对于什么是亲密的成人伴侣关系或者伴侣对关系有何期望等问题，可能有着各式各样的理解。同时，我认为心理发展水平和心理状态可能会决定成人伴侣的亲密关系。其中之一就是成为一对伴侣的心理感觉，感觉它是一种有边界围绕的实体，如果关系运转良好，伴侣会感到被容纳其中。伴侣关系的边界有一定的灵活性，可以纳入其他人，比如很重要的就是孩子，当然也可以是孩子以外的其他人，并在恰当的时候将其他人排除在外。在关系的心理边界内，伴侣可以允许他们之间的分离与亲密。成人伴侣的亲密关系不同于其他关系，因为它通常包含性的关系，具有潜在的生育性。

读到这里，会很快发现伴侣关系是如何建立在文化基础之上，而我所描述的也主要是由文化决定的伴侣关系的概念。并非所有伴侣都愿意或者能够在他们的关系周围划定边界。在一些文化中，那些生活在大家庭里或与配偶分开居住的伴侣，在物理层面和心理层面围绕他们的关系建立起边界时，都将面临挑战。对许多人来说，成为一对伴侣就是要一夫一妻制，但有些伴侣的关系则是开放性的，有些伴侣——例如，一些男同性恋伴侣——谈到，关系开放与否就是他们关系中争论的一个问题。还有些伴侣认为，一夫一妻的关系是一种异性恋常态化的结构，并非他们对伴侣关系的看法。在一些文化中，多配偶是婚姻生活的一部分，而且在西方的一些文化中，也存在对多配偶关系的兴趣，以及希望不受制于社会规范对亲密关系的约束。规范上的以及文化上的差异也要求我们反思精神分析的发展理论，因为"原初客体"或"俄狄浦斯情境"的经验在某些文化中会有所不同，而发展起来的伴侣类型也可能不同。

在之前的论文中，我强调了个体的心理发展，在我看来，个体的心理发展是未来有能力成为伴侣的重要前提（Morgan，2005）。对许多人来说，在生理发育和环境反应的刺激下，心理发展的轨迹会自然地朝向成为亲密的和创造性的成人伴侣。但在伴侣治疗师所治疗的伴侣中，这些发展往往已经停滞，或是被抵制或被拒绝。他们或许处在稳定的伴侣关系中，也可能有了孩子，但他们更像是两个朋友、两个兄弟姐妹或是母婴式的伴侣。尽管对有些人来说，这可能是他们所选择拥有的关系，但也有些人会觉得他们无法成为他们想要成为的、有性关系的、亲密的成人伴侣。这或许是他们寻求帮助的根本原因。或者，他们寻求帮助的原因是对"成为一对伴侣"的恐惧，而这是由于成为伴侣的意义令他们恐惧，他们不能投入关系，但同样也不能彼此分离。这种情况下，一个有帮助的视角是，要理解他们成为一对伴侣所基于的心理发展和伴随的焦虑。个体和伴侣可能需要在被帮助的情况下才能意识到自己对性和成人伴侣关系的潜意识幻想或信念，以及这些幻想或信念以怎样的方式扭曲了他们的关系或阻止他们进入一段关系。

早期心理发展：第一对伴侣

"承诺的伴侣关系，因其强度、亲密和持久性，会使其中两人之间的互动可能比其他任何关系更有深度，除了早年婴儿期的关系"（Ruszczynski，1993a，p. 203）。

从生命开始就存在着一对"伴侣"，正如一些精神分析师们所描述的那样。例如，温尼科特写道，"不存在婴儿这回事，当然这里说的意思是，无论什么时候看到一个婴儿，必然会看到母亲的照料"（Winnicott，1958/1975，p. xxxvii）。另一些分析师则强调，除了在其他动物中也可见到的那些寻找客体的生物驱力之外，人类婴儿中还存在一种潜意识幻想，在幻想中有一个"他者"可供婴儿连接或依恋（Fairbaim，1946/1952：Bion，1962，1963；Money-Kyrle，1968，1971；Bowlby，1969）。这可以被认为是潜意识中的"已知"事物，等待着被体验，以便可以被识别。正如 Money-Kyrle 所说：

> 与生俱来的前概念，如果它存在的话，是我们可以使用但不能想象的东西。我认为它具有被遗忘的词汇的某些品质。我们会联想起很多用词，但我们会毫不犹豫地放弃它们，直到正确的词汇浮现，那一刻我们会立即知道它就是我们想要的词。我想比昂所说的"空念（empty thought）"也在表达这个意义。它也是一种虽然无法想象，但可以被描述为类似于空白

表格的东西，等待要填写的内容。

（Money-Kyrle，1968，p. 692）

的确，婴儿似乎有一种与生俱来的前概念，即存在一个客体，因此可以"耦合"或"连接"。虽然新生婴儿可能并不完全了解母亲是一个独立分离的客体，但存在一个客体的想法是非常重要的。这意味着，在婴儿的心中有一个"他者"的想法，婴儿内在的某些东西可以倾倒或投射进入这个他者，也可以从这个他者那里摄入一些东西，由此婴儿可以与这个他者连接起来。通过与他者的连接关系，婴儿可以处理自己内部的体验，并在心理上获得成长。这就成了如下观点的一个模板，即，一个人通过与他者的连接可以更好地理解自己和这个世界，这是一种发展，在后来形成了成为一对"创造性伴侣"的部分内涵。

跟随 Money-Kyrle 所说的观点，伴侣之间性连接的想法也可能源自与生俱来的知识（Money-Kyrle，1971）。在生命的开始阶段，婴儿寻求母亲的乳房，婴儿的口腔与母亲的乳头之间形成了至关重要的连接，这种连接既是真实存在的，也具有象征的意义。在以后的生命中，在推动创造一对性伴侣的驱力中，这种重要的连接会有象征性的发展，有时，会通过阴茎与阴道的连接得以现实的表达。因此，在发展的最早期阶段，成人性关系的模板已具雏形。Clulow和 Boerma 下面的描述耐人寻味：

毋庸置疑，爱情关系的早期阶段确实包含了让人联想到婴儿依恋的那些行为现象。视线接触、恋人之间的特殊目光以及排他的身体接触和身体刺激，这些方面在爱情关系中的重要性与母亲和婴儿之间的关系模式相呼应。探索和享受对方身体的过程标示了这种关系的特殊性、伴侣每一方给予对方接近的特权以及象征性的和身体上的亲密。希望协调一致，希望每一个动作和姿势都得到回应，沉浸在婴儿般的讲话中以及无法忍受任何分离，所有这些都表明了一种无与伦比的心理退行状态，它能提供大多数药

物难以比拟的"兴奋剂"和"镇静剂"效果（当然，有一种内啡肽和信息素激发的"兴奋"会让人坠入爱河）。事实上，母爱激活的脑区与浪漫爱情激活的脑区是相同的，并且两者共用成瘾激活的那些神经通路（Fonagy & Bateman，2006）。"恋爱"是一种陶醉的状态，欲望是成瘾的一种变体，在这种兴奋的状态下，人际关系的边界在恋人相互融合的压力下被冲垮了。坠入爱河，如果不是弗洛伊德认为的精神病态，也一定是接近一种边缘状态。

（Clulow & Boerma，2009，pp. 81–82）

然而，尽管母婴关系是亲密关系的模板，但因允许对母亲"阿尔法功能"的好奇而激发了思维的开端，所以又不同于成人的伴侣关系。其重要的不同点有以下几个方面：其一，婴儿完全依赖母亲，为了自己的福祉和现实生存而依赖母亲，正如温尼科特前面描述的那样。其二，婴儿的性与成人的性大不相同；婴儿的性是婴儿在将身体作为客体来探索时产生的无拘无束的快乐，而阴茎进入阴道内或任何与之相关的性的变体的情感意义尚不存在。其三，婴儿起初并不觉得与母亲完全分离，这种分离感只能逐步发展而成。在未来的生活中进入伴侣关系的时候，来自这一早期发展阶段的困难会以一种特殊的心理状态显现出来，伴侣中的一方会过度依赖另一方，这是"谁将成为婴儿"的挣扎（Lyons-Mattinson，1993，p. 108）。

有些成人伴侣发现他们很难让对方分离独立，有时甚至不允许物理空间上的分离，无法忍受对方可以来去自主，但更常见的是不允许心理上的分离，无法接受对方有不同的想法和感受。如果早期的发展阶段出了偏差，也会引起对伴侣关系的牢固的潜意识信念，正如我之前描述的那样（Morgan，2010）。可能会有一种信念，认为对方应该满足自己的所有需求，就像一个小婴儿完全依赖自己的母亲。如果没有得到满足，就感觉是对方的过错。潜意识地再现幻想中的早期母婴关系，可能满足了伴侣双方的需求，一方是直接得到满足，另一方则因为将自己的需求投射给了伴侣中的"婴儿"一方，所以间接地获得了满足。伴侣很难在任何时候都维持这样的潜意识安排，而一旦无法维持，就会带来失望、责怪和冲突。当伴侣一方不能满足或者选择不去满足另一方的需求时，后者会认为他们完全有理由对前者感到愤怒。

这种"母婴式伴侣"还存在其他形式，所带来的紊乱情绪也各不相同。伴侣双方可能感觉到容纳正在发生逆转，他们感到对方正在不断地向他们投射。于是，成为伴侣中的一员被感受为危险的事情，要构建防御以保护自体免受入侵。还有的母婴式伴侣，在其中的伴侣一方感觉对方难以穿透，无法与之有任何形式的交流（Fisher，1993；Morgan，2010）。这些信念都根植于潜意识幻想，这些潜意识幻想则源于早期与原初客体的关系，而后来的经历非但没有挑战这些潜意识幻想，反而强化了它们。

在功能上属于母婴式的伴侣很可能在真的有了孩子的时候陷入困境。孩子的需要被感受为对"成人婴儿"位置的篡夺，也被体验为对有限资源的攻击。如果伴侣处于舒适的母婴结合状态，那么真正的婴儿可能会被感受为对伴侣纽带的侵入。当伴侣一方（通常是母亲）与真正的婴儿发展为排他的关系时，伴侣的关系纽带就会断裂，而究竟谁才是婴儿的问题依然存在。

俄狄浦斯情境：另一对伴侣

早期的俄狄浦斯情境是心理发展中一个很有挑战性的部分，因为它要求放弃与原初客体的排他性关系，要面对并能忍受父母之间的特殊连接。这是引入抑郁位的关键性的心理发展。必须指出，我在这里所说的并不是弗洛伊德描述的与性有关的俄狄浦斯情境，尽管后者也是心理发展中的重要部分。弗洛伊德谈到的俄狄浦斯情境出现在更往后的阶段，大概在 3 岁至 5 岁之间，其中男孩和女孩都希望在异性恋和同性恋取向的俄狄浦斯情结中，在性的方面拥有他们所渴望的父母一方。

早期俄狄浦斯情境的促发因素是发现母亲不在场。婴儿对饥饿的最初解释是被"坏乳房"攻击，但是在某个时点，在婴儿已经发展出充分的资源来更清楚地了解到底发生了什么之后，婴儿会发现他对饥饿的最初解释是不真实的。婴儿会明白事实上并没有坏乳房，而是他所渴望的乳房不在这儿。在这个早期阶段，婴儿处于与原初客体的关系中，他会害怕自己对坏乳房的愤怒已经摧毁了原初客体。当母亲再次出现时，婴儿便能确信母亲并没有被摧毁，但是，他仍然面临一个问题，即，究竟是什么让母亲不在场了。他对关系的想法是非好即坏的——以克莱因学派的好乳房和坏乳房形象（Klein，1946）为代表，这使得婴儿只能考虑一种可能的解释：母亲一定在其他地方有好乳房的关系体验。这意味着，即使家里没有现实存在的父亲，孩子现在也会想象母亲处于和别人的关系中。

然而，伴随痛苦地失去了与原初客体的排他性二元关系的幻想，也开辟了一种不同性质的、蕴含不同可能性的空间。Britton（1989）将之描述为"三角空间"。

> 孩子怀着爱和恨的情绪觉知到父母之间的连接，如果他可以忍受这种觉知，就会在内心里形成第三种客体关系的原型，在其中他是观察者，而不是参与者。于是，第三方的位置形成，从这里可以观察客体关系。由此，我们也可以设想被观察的情形。这让我们具备了一种能力，让我们在与他人互动的过程中看到自己，在保留自己观点的同时考虑其他看法，在成为我们自己的同时反思自己。
>
> （Britton，1989，p. 87）

正是在这个阶段，婴儿的身份感会呈现出通常被称为"俄狄浦斯三角"的形式。婴儿开始感受自己被一对相爱的伴侣所爱。基于这种发展，孩子还可以尝试处在三角的不同位置——处在与父母一方的关系中，同时被另一方观察，或作为被排除在外的观察者见证父母的关系。

处于第三方位置的能力是我们成为自己和反思自己的关键性的心理发展，它开辟了心理空间，并发展了思维。这本质上也属于成为一对创造性的伴侣和具有"伴侣心态"的能力的内涵，我稍后会讨论这个问题。虽然孩子在主观上感觉自己是与母亲形成的伴侣关系中的一方，但现在从这对伴侣关系之外的位置，就会发展出作为实体的伴侣关系的观念。这对于能够将伴侣作为客体来内化是很重要的，而被内化的伴侣客体将是他自己实际的伴侣关系的一个基础。

随着意识到母亲是父母伴侣关系中的一员，孩子可能会进一步发现，这对伴侣本来就一直存在着。尽管在外部现实中，这对伴侣可能存在，也可能不存在，但孩子可能会更加意识到母亲内部的创造性伴侣。Birksted-Breen 认为，这是母亲的容纳能力的一部分，这一容纳能力：

> 已经结合了母性的陪伴功能与父性的观察和连接功能。为了容纳她的婴儿，母亲（和分析师）必须共情地接收投射（母体功能），并对此有观察的视角（父性功能）。
>
> （Birksted-Breen，1996，p. 652）

从这个意义上讲，容纳包含了双性的元素："乳房与陪伴功能有关，阴茎与给予结构的功能有关"（Birksted-Breen，1996，p. 653）。

Birksted-Breen 还说明了，作为连接的阴茎（penis-as-link）如何对心理产生重要的结构性影响。

> 心理空间和思考能力是由允许内部客体之间以及自体和他者之间分离与连接的结构所创造的，而并非融合或碎裂使然。作为连接的阴茎代表了父母关系的分离与连接，并形成了健康心理功能的支柱，这是一种双性的功能。
>
> （Birksted-Breen，1996，p. 655）

　　这种与内部和外部客体分离与连接的能力对心理健康以及发展创造性伴侣关系的能力至关重要。

　　伴侣关系一旦建立，便能为伴侣提供继续修通早期俄狄浦斯情境的机会，因为伴侣必须在关系中管理需要被纳入和排斥的其他"第三方们"。如果俄狄浦斯情境尚未达到充分的修通，那么伴侣将受到很多方面的挑战，比如，管理孩子、父母的角色以及另一方独立的兴趣和所专注的事物，比如工作。如果在这些方面存在困难，伴侣一方作为父母可能会转向孩子而将另一方排斥在外，或者在焦虑情绪的影响下，伴侣通过过度排斥孩子来维系他们的伴侣关系。在人生的不同阶段都会面临挑战；例如，Wrottesley 指出，"跟俄狄浦斯三角中孩子所处的位置相似，祖父母这对伴侣也必须站在有生育力的年轻伴侣的关系之外，在一旁观察他们自己所不能拥有的东西"（Wrottesley，2017，p. 193）。

青春期：与父母伴侣的分离

　　身体和大脑的生理变化以及新的激素的产生标志着青春期的到来。对许多青少年来说，这些变化让他们感到惊慌。身体的发展变化可能会很迅速，那些既强烈而又陌生的性的情感令他们感到混乱和恐惧。俄狄浦斯情境的三角结构有助于青少年处理他们既想要独立但有时又感到非常依赖的矛盾状态，也有助于他们拥有自己的身心，将自己排除在父母的伴侣关系之外，并发展他们自己的身份（Laufer，1975）。有一段时期，这种独立感会被理想化，而且为了完成分离，青少年会拒绝父母。Laufer 所描述的青春期的任务是拥有成人性的身体。青春期的抗争达到了一个可以描述为"青年人"的地步。基于婴儿看待成年人的视角，青春期一直在抗争的强烈欲望显然会产生一种错觉，即认为成为成年人的结果就是成为一个自主和独立的人。青年人或许也认为自己已经为偶尔的性行为做好了准备。这个阶段虽然看起来像是青春期的结束，但并未真正达到完全成熟的成年人的状态。接下来的发展很可能被生物学和心理学两方面的因素所激发，前者涉及形成稳定的父母关系，后者则由与心仪的人在一起的真实关系所促发*。

但是，在这个从生物学和心理学上都是全新的、紧迫的发展阶段，所希望的是伴侣双方都是从有独立身份和心理的成人位置而不是从想要返回到孩子/父母关系的位置来形成伴侣关系。如 Waddell 所说的，

> 青春期的主要任务之一是塑造自己的心灵，这一心灵根源于在家庭中或扩展到更大的范围如学校和社区环境中可见的认同来源和模式，然而，这一心灵又与这些认同来源和模式有着显著的不同。
>
> （Waddell，1998，p. 176）

心理内部结构是早期俄狄浦斯情境的发展成果，在发现自我的过程中，这种内部结构会帮助青少年在对内部客体的认同以及与内部客体的分离之间移动。在青春期后期，这种移动的尝试会令他们非常愉悦，这就是为什么有些人会抗拒进入伴侣关系成为其中一员（常常由与青年期有关的新的快乐所代表**），因为他们害怕失去自己独立的身份感和自己的心灵。

一旦伴侣关系建立，一项很有挑战性的发展任务就是要在关系里为伴侣中的每一位成员创造足够的心理空间，从而让他们可以保持各自独立的个体自体以及保持他们的伴侣自体。"在每对伴侣关系中都存在一个可以预见且必然发生的动力，即伴侣中每一位个体的需要和愿望与他们所渴望的伴侣关系对他们

---

* 这里的生物学因素与男性和女性的生殖功能有关，比如，男性的身体不仅可以做爱，他的精子还可以让女性受孕；而女性的身体可以做爱也可以孕育胎儿，由此他们在生物学上具备了成为父母伴侣的条件；这里的心理学因素是与心仪的人形成伴侣后，可以想象他们一起有孩子，成为孩子的父母。——译者注

** 与青春期不同，青年人更有独立感、与父母的分离以及自由的体验，建立恋爱关系，尝试性爱等等（当然，这些部分可能存在文化上的差异），这些都是作者在这里指出的青年期具有的新的快乐。——译者注

的要求之间的张力"（Ruszczynski，1993a，p. 99）。这不仅是一种张力，而且是一种既可以分离独立又可以与另一方连接的能力。

退行：发展阶段和心理状态

成为一对伴侣能激发源自任何更早期发展阶段的渴望和焦虑。循着伴侣心理发展的轨迹会带来一种决定论的感受，就仿佛我们都要经历某些重要的发展阶段，最后作为成熟的伴侣从另一头走出来。如果早期阶段没有修通好，成人的伴侣关系就可能成为早期阶段未解决的问题及其相伴随的焦虑和心态浮现的舞台，并因此有被修通的可能。事实上，没有人能彻底地或完美地修通早期心理发展阶段的所有问题，因此，必然会有一些尚未解决的问题被带入成人伴侣关系。事实上，健康的成人伴侣关系可以容纳一些退行，伴侣之间能相互帮助来修通那些潜意识中识别出的共有困难，或者他们也可能会再现早期的困境并陷入其中，需要获得帮助以走出困境。

克莱因的偏执型分裂位和抑郁位与发展的阶段是有联系的，偏执分裂位在生命最初几个月内，而出生后 6 个月左右开始进入抑郁位（Klein，1935，1940，1946）。Ogden 提出了"自闭–毗连位"，一个先于偏执分裂位的共生阶段（Ogden，1989）。然而，这些"位（positions）"也代表了一系列的防御、焦虑和心理状态。我们在不同"位"间的转换贯穿生命始终，而不是仅仅局限于生命早期。

Keogh 和 Enfield 探讨了前来寻求帮助的伴侣可能需要修通这三个阶段（stages）*的发展焦虑，即自闭–毗连、偏执分裂和抑郁。

---

* 此处作者似乎将"阶段"与克莱因提出的"位"等同使用。就此与作者沟通时，作者谈到虽然发展"阶段"与"位"有不同之处，但她想表达的是，发展"阶段"并不是从一个阶段移动到下一个阶段这样一种简单的线性发展。从这个意义上，她认为"阶段"一词也相当于克莱因在偏执分裂位和抑郁位中使用的"位"。——译者注

第一阶段，在这个阶段，自体和客体是在感官模式下被体验到的，自体倾向于与它的客体融合；第二阶段，在此阶段，自体中难以管理的部分被分裂并投射进入所依恋的客体；第三阶段，是一个自体的各个方面都被整合（最初是很痛苦的）的发展时期。它产生了一个相对自主的自体，这一自体能感受到他人与自体的分离，使得真正心理意义上的婚姻成为可能。

（Keogh & Enfield，2013，pp. 31-32）

虽然一些伴侣能够在这些阶段之间转换并朝向"真正心理意义上的婚姻"，但其他前来寻求帮助的伴侣可能是围绕某个阶段的焦虑和防御发挥功能，这个阶段通常是自闭 – 毗连或偏执分裂，有些时候则更处于抑郁位的关系。

伴侣的发展阶段以及相伴随的心理状态可能会影响治疗师与伴侣一起工作的方式。Keogh 和 Enfield（2013）认为，有时对于那些处于自闭 – 毗连位的、脆弱的伴侣来说，由治疗设置和治疗师的伴侣心态所提供的抱持要比解释更重要。而对于在偏执分裂模式下互动的伴侣，解释则主要集中在他们的分裂和投射。在抑郁位，则聚焦于投射的收回、内疚、幻灭，也包括聚焦于在关系中能承受另一方分离的潜在能力。在这种心态下，现在的关系中就有了两个人，也有了创造第三方的潜力，治疗师可以对这一发展提供支持。

Fisher 也关注到了缺少整合与更趋整合的心态之间的移动，不过，他的焦点集中在与独立他人建立关系的能力的转换，即自恋与客体关系之间的移动。

精神分析术语中的客体关系是一种能力，就这种能力而言，婚姻并非一劳永逸的成果。比昂对偏执分裂位和抑郁位之间的转换进行了描述，他将之标记为 Ps ⟷ D，那么，我们可以想象在自恋的和客体关系的心态之间有类似的摆动吗？

（Fisher，1999，p. 8）

　　事实上，一直处于抑郁位或客体关系的心态是不太可能的。一些作者不仅描述了更原始和更成熟的心态之间必然会发生的转换，而且描述了这种转换过程在发展方面的必要性。比昂（1970）以克莱因的理论为基础，认为一个人在思维和关系方面的改变需要破除以前的观点和理论，这种破除可能具有心理灾难的属性，即裂解为碎片（Grier，2005b）。我们可以认为这是进入了偏执分裂位（Klein，1946）。一套新的观点和理论的变革则是整合地进入了抑郁位（Klein，1935，1940）。因此，可以将创造性的努力视为小规模地在偏执分裂位和抑郁位之间来回转换的过程。能够忍受某种程度的裂解而不诉诸全能、原始的防御机制或返回到以前所在的位，对于创造性的思维和生活至关重要。在每个发展即将到来的时候，偏执分裂位和抑郁位之间都会出现波动。Britton 描述了从抑郁位移动到他命名的"后抑郁位"的过程，换句话说，是一个新的抑郁位。这需要从已经整合的理解所在的位，进入一个新的不确定和不连贯的位，即一个新的偏执分裂位，然后再移向一个新的、将会整合新的事实但目前还无法对其想象的位，一个新的抑郁位（Britton，1998）。正如这些作者所表明的，退行的行为和心理状态不应被视为简单的心理病理状态，也不应仅仅被视为生活转变、环境冲击或创伤导致的发展中断。事实上，这类状态在即将有新的学习和成长的时候是十分必要的，因为此时必然会出现朝向偏执分裂位的心理断裂。一旦新的学习已经建立起来，内部的重新整合便会发生，然后可以朝着一个新的抑郁位前进。

心理发展的创造性伴侣阶段

　　当我们思考从婴儿期到成人期的心理发展时，我们会发现，如果顺利的话，每个阶段都会实现重要的发展。从最早的婴儿期，我们就开始了学习和体验对客体的依赖、亲密、爱、好奇，以及与另一心灵的互动如何成了我们自身发展的支柱。随着早期俄狄浦斯期的发展，我们了解并逐渐接受了父母的关系，包括将我们排斥在外的性关系。但是，这也为我们提供了三角空间，并让我们意识到那位容纳我们的母亲也是与父亲有内在连接的母亲。这会帮助我们理解连接状态下的分离，并为我们提供了日后尝试发展伴侣关系的舞台，既作为伴侣关系中的一部分，又在伴侣关系中保持分离和独立。在青春期，我们挣扎于强烈的依赖感和独立感，一方面与重要的客体（包括父母的诸多方面）认同，但另一方面也需要与他们分离从而可以有我们自己的心灵。我们拥有自己独立的、性的身体，这个身体不再与父母有任何关系（Laufer，1981）。之后，对于我们大多数人来说，我们会在某个时候选择建立属于自己的、成人的、性的伴侣关系，不过，Waddell 指出，"对有些人来说，发展这种能力可能需要很多年，或者可能要经历多次不同的尝试"（Waddell，1998，p. 176）。

心理发展不会因为伴侣关系的建立而停止。塔维斯托克关系中心的早期临床治疗师们发现了伴侣关系的疗愈潜力，在伴侣关系中，过去与当前的冲突和焦虑能够重新得以修通和容纳。伴侣关系本身可以作为象征性的第三方被伴侣双方内化；而内化的伴侣关系是伴侣双方在内部世界里可以面向的内部客体，有着容纳他们的功能（Colman，1993；Morgan，2005）。

但是，伴侣关系不仅对伴侣有疗愈和容纳的功能，而且对他们来说也是具有创造性的。由此，在创造性的伴侣发展中，俄狄浦斯三角被重设，让伴侣关系处于三角上的第三方位置，成为一个象征性的第三方，伴侣双方都在内部世界中自己所处的位置面向这个第三方位置上的伴侣关系，从而可以观察在关系中的自己。从对自我和关系的主观体验转换到更客观的反思过程中，伴侣可以一起思考他们正在创造什么，也可以在这样的思考中展现创造性。

逐渐地，伴侣会把他们的关系体验为一个实体、一种资源，体验为他们已经携手创造并继续共同创造的东西，其作为整体的存在大于部分相加的总和。当有难以管理的事情时，伴侣会通过认同他们内在的创造性伴侣，从而在保持各自分离独立的同时能够一起尝试和思考。这能够支持伴侣放弃以前的确定性，接受未知，并且意识到，尽管他们一起创造性地处理困难，但结果还不能立即显现也尚未可知，但终有可能显现。

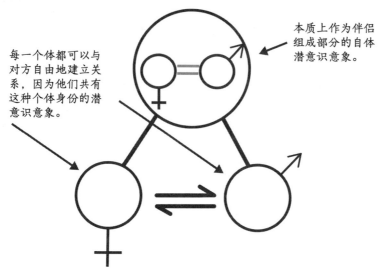

本质上作为伴侣组成部分的自体潜意识意象。

每一个体都可以与对方自由地建立关系，因为他们共有这种个体身份的潜意识意象。

图 8.1　创造性伴侣发展阶段

连接理论的一项贡献是，它论述了创造出"新"的东西是伴侣关系中心阶段的一个成果（Jaitin，2016；Kaes，2016；Kleiman，2016；Nicolo，2016；Scharff，2016）。另一方的"存在"是对主体的"干扰"，也是对其以前持有的概念的"干扰"。这可能导致关系中的不稳定，但也会通向发展。Berenstein 谈到，这种干扰的概念是，

　　关于给作为不同主体的他者提供空间。是关于伴侣双方产生新的和不同的东西的能力，而不是复制伴侣双方自孩童期所承载的部分和他们已经带入伴侣关系的部分。

（Berenstein，2012，p. 576）

由此，从这一角度出发的观点与伴侣的创造性关系相呼应。连接理论家们并不认为这是一项发展成就，而是在各种关系的主体之间的连接中持续发生

的事情。他们认为任何特定连接所创造的东西未必都是积极的。在创造性的伴侣中，我所描述的是一种发展成就和伴侣的创造能力，但这也要看关系中两人"之间"创造了什么，这一点与连接理论的描述雷同。

> 这种创造的产物并非相连接的主体内在部分的单纯外化，而是一种全新的创造。由此，连接以及任何连接，都不是所涉及心理器官（包括意识的和无意识的）的内容经代数叠加而产生的结果，也不是信息从一个参与者转移到另一个参与者的结果。连接的特性是，伴侣双方之间所发生的新的、预期之外的事情在他们相遇之前是不存在的，而且超出了他们之间可以容纳的范围。
>
> （Moreno，2014，p. 4，cited in Kleiman，2016，p. 177）

创造性的伴侣并没有被看作一个一劳永逸的发展阶段，不会因为一旦达到了这个阶段的发展成果，伴侣便总是能够在一起共同创造。事实上，它涉及的是能够忍受未知、允许打破以前持有的观点，并在与另一个人的交流中形成新的观点。它所基于的信念是这种裂解会带来进一步的整合，并导向全新的、前所未知的、创造性的发展。

这种发展的视角有助于治疗师思考在咨询室里她所面对的伴侣类型。这犹如另一种透镜，通过它可以透视伴侣建立关系的方式，以及在通向成长为创造性成人亲密伴侣的道路上有哪些方面出现了发展停滞。有时发展会让人恐惧。成为伴侣中的一员可能会引起对失去独立性的焦虑，或者引起更原始的、被吞没的恐惧，恐惧失去自体感或失去自己的内心。伴侣的早期体验可能存在严重的缺陷，这会导致他们给关系施加压力，迫使其以原始的方式运作，比如极度依赖和缺少分离。尽管伴侣可能感觉他们已经在关系中找到了自己需要的东西，而且这种退行的机会感觉上也充满魔力，但这很难为继。关系中未发展的、退行属性会摧毁它，除非伴侣找到了改变和发展的路径。

过渡期是生活中的普遍现象，它是一种转变，标志着生命中那些不为所见的持续成长。这些过渡期利用我们储备的创造力，让我们能够在某个时候接受所面对的东西，并重新塑造自己。我们保持着这种创造性的发展潜力，以改变我们一生的生活方式（Scarf，1987；Viorst，1986）。

（Scharff，2014，p. 215）

一些伴侣带着发展方面的各类困难来做伴侣治疗，他们往往对改变心存恐惧，表现出对治疗的种种阻抗。在这种情况下，治疗师若要提供帮助，就需要理解这些焦虑和防御，并能够觉察在什么时候退行不再是促进成长，而是变成了回避成为成人伴侣的一种退缩状态。

伴侣的性关系的意义

人类的性既回应也表达了如下需要：对魔力的需要、对跨越个体边界的需要，以及对赋予个体的感官满足和庞大肉体以意义的需要，这种意义既清晰又神秘，既与另一个人联系在一起，永远地缺失着并不断地寻觅着"那个"客体，又（同时或间断性地）沉迷于自己。

（Stein，1998，p. 266）

性关系是界定成人亲密伴侣关系的一个重要方面，然而，在伴侣关系的发展中，性在意识层面和潜意识层面对每对伴侣的意义是复杂的，同时也是不断变化的。性也是一种驱力，是人性的一部分并寻求表达，从这个意义上说，它不同于伴侣所体验的其他问题。我们可能认为伴侣关系越好，他们的性关系也越好，但事实并非如此简单。在短暂的关系中，在一段动荡而没有任何承诺的关系中，或是有恨和冲突的关系中，性反而有可能是最刺激的。然而，当性发生在婚姻之外，比如婚外情中的性，就可能导致整个婚姻关系的根基崩塌的感觉。话虽如此，对有些关系开放的伴侣*，尽管在伴侣关系之外的性兴奋很难面对，但伴侣可能觉得这维系了有承诺的伴侣之间的亲密。许多伴侣在他们的性关系出现问题的时候，就会感觉伴侣的关系受到了威胁。除此之外，还有些方面仍未可知，或者像 Stein 描述的那样，具有"神秘性"。Grier 认为，

> 没有人在任何时候都能处理好性方面的问题。我们可能永远无法做到，我们也不可能实现最终的解决，不过，永远不能彻底解决这一窘境恰使我们成为人而活着，而不是神一样的存在或是像个死人。意识到这些既可能让人感到痛苦，也可能带来一些慰藉。

（Grier，2009，p. 46）

性欲的丧失还是不同的性欲？

一些学者探讨了性欲的丧失与伴侣动力的关系，并将其与分离问题、爱与恨的整合以及依恋模式的影响联系在一起（Abse，2009；Clulow & Boerma，2009；Shmueli & Rix，2009；Sehgal，2012；Caruso，2014）。对伴侣而言，往往会忽然意识到性欲丧失的体验，他们注意到他们之间的性明显减少甚至消失了；他们谁也不曾发起性的邀请，而以前那些性的冲动和兴奋也都不见了。这通常发生在伴侣经历了抚养孩子的最初几年，终于觉得有一些时间、空间和精力回归性生活的时候，却发现双方都失去了兴趣。这可能让伴侣感到焦虑、不安甚至恐慌。有位妻子曾伤心地说，"我不想在 40 多岁的时候性生活就这样结束了"；在生了一对双胞胎 3 年以后，伴侣中的一方曾说，"以前，我们的性

---

* 作者此处提到的关系开放的伴侣，是指虽然这是有承诺的伴侣关系，但双方也同意可以有伴侣关系之外的性关系。有学者提到这种伴侣关系在异性伴侣中不多见，更多见于男性同性恋伴侣。——译者注

生活非常棒，我想回到那种'非常棒'的状态，但我们现在只是在惹恼对方"；另一对伴侣说道，"我们之间还有性，但只是为了确信我们还行"。随着年龄的增长，伴侣经常谈到他们的性关系在衰退，或者至少是性关系中的兴奋度在衰退，因为他们之间的性生活越来越少，也越来越缺乏刺激。但有些时候，这是由于伴侣不能面对必然会发生的改变。Balfour 反思了年老和 Thomas Hardy 的一首诗，谈道：

> 正如 Hardy 所言，是那些"流逝的部分 / 持久的部分"带来了悲伤：一方面是身体和心灵持续的生命存在，对性欲的觉知，而与此同时，另一方面又伴随着对身体改变的觉知，比如失去了年轻时的身体魅力和活力。一种解决办法就是希望性欲消失掉，用 Hardy 的话说，就是"把心缩小"，从感受性的欲望或性的投入和性的亲密中退缩。
>
> （Balfour，2009，p. 232）

对伴侣双方来说，拥有积极活跃的性关系常常会被感受为对他们的性感、男性的阳刚或是女性的阴柔的验证，并可作为巩固他们关系的一个标志。这其中也有一种重要的关系动力；当伴侣一方似乎不想要性的时候，那么伴侣的另一方就很难再对他或她有性的渴望，也很难处于"想要"的状态。伴侣一方封闭了自己的性欲，会导致对方迅速效仿从而避免进入令人不快的、不满意的性兴奋状态。但是，保持这种不平衡可能会在关系中制造一种令人不安的动力，一方想要并期待性，而另一方则不想，有时另一方只是在贡献他们的身体，因为他们觉得如果拒绝的话会给他们的关系带来冲突或威胁。

性欲缺失的体验是所有治疗师包括性治疗师都感到难以治疗的问题，尤其是当伴侣关系在其他方面看起来还不错，并且不存在生理方面的困难的时候。Abse 在讲述倾听伴侣的时候描述了：

似乎让我和病人都感到困惑的性接触。病人讲述了失败的性生活、性唤起的消失，以及在通常会有性欲唤起的性接触中感受到的空虚乏味。

（Abse，2009，p. 109）

要重点说明的是，性欲丧失是一种正常而且通常会出现的体验。也会有例外的情况，而思考其中的原因将很有意义。如果性欲不能总是一如既往的强烈，对许多伴侣来说，这并不意味着不会再有享受的、满足的性爱。重要的是，要将性欲和做爱区分开来。有一对伴侣感觉失去了性欲，但他们发现，当他们"真的让自己"做爱时，其实是很享受的。这对伴侣谈到，要使做爱达到享受的水平，"要翻过一堵墙，而事实证明那其实是一堵很矮的墙"。

对性欲低下更流行的看法是，在伴侣关系中，伴侣所认为的性欲低下实际上是伴侣双方的不同性欲。当伴侣无法协调双方在性欲方面的差异时，会倾向于用功能障碍来给这些差异贴上标签（性欲低下或高涨），他们会假设伴侣一方性欲正常，而另一方则是异常。性欲低下的诊断中包括完全没有手淫和性幻想（fantasy）的状态持续 6 个月以上，但实际上这种情况是相当罕见的（Blair，个人交流）。

我想重点谈谈与性欲丧失有关的性行为和性的两个特殊方面——其神秘性以及与性兴奋相伴随的攻击性和跨越边界。

性的神秘性

Stein（2008）和 Target（2007）一致认为，由于婴儿的性不能像其他感觉那样被母亲准确地镜映，所以我们的性仍然保留了一些不可知的、神秘的部分，我们会在以后的生活中通过另一个人发现它们。

不一致的镜映会扰乱自体的连贯性，产生一种与性心理相关的压力感和矛盾感。被性唤起的婴儿会将母亲的反应解释为映射自己体验的一面镜子，并将这些被镜映的性体验认同为自己的体验，但如果婴儿的体验没有得到相应的镜映（以一种忠实于婴儿自己的情感和体验的方式），那么婴儿就不会将这些体验感受为属于自己的体验，而是一种异己的部分。于是，这种自体内在不协调的感觉与性的感觉联系在一起，即使自体在其他方面有很好的整合感。这些性唤起的体验永远无法真正被感受为自己所拥有的体验。个体总会在一种压力的推动下，通过投射和内射来与某个人分享性唤起的体验……性的神秘维度创造了一种邀请，通常是呼唤另一个人对其神秘性给予诠释。

（Target，2007，p. 523）

即便另一个人对诠释的邀请做出了回应，我们也未必能如此简单地发现我们自己的性或是确定怎样有效地表达性。搞清楚我们在性方面喜欢什么，可能喜欢什么以及不喜欢什么，并对此与另一个人进行磨合也十分不易，甚至当我们设法做到了，仍可能出现问题。正如 Blair 指出的那样：

完美的性交非常罕见……阴茎有时会在最需要坚挺的时候疲软下来，射精有时会迅疾发生，有时则来得太迟，人们会由于各种原因体验到性交的不适和疼痛，这些都是正常的。

（Blair，2018，p. 42）

在能够容忍性交的尝试、错误和不完美的伴侣中，有很多确实达到了圆满的性关系，在亲密的关系中他们诠释了自己的性的内涵。然而，问题是，当我们开始发现、了解和拥有自己的性的时候，随着时间的推移，接下来会发生什么呢？Fonagy 给出了一个结论：

通过前意识的认同，对配偶的体验会部分地被重新内化，逐渐地（经历多年），熟悉感取代了神秘感……其积极的方面是形成了更趋整合的、更协调的自体感和牢固的依恋关系，这些都根植于被自己的配偶准确映射所带来的体验。不利方面……这不利方面是显而易见的。在成人性心理生活的正常发展过程中，因为整合的增加以及在与配偶关系中对强烈体验的驱动需求减少，力比多也明显降低。

（Fonagy，2008，p. 25）

有关性的这一理论解释了我们在生物学上对配偶和做爱的迫切需要，而一旦生育了孩子，这种需求就会减少。尽管如此，我确实很好奇我们的性是否曾被另一个人完全地映射以及被我们完整地了解。如果我们继续对性的不可知和不断变化的方面保持开放的态度，我们的性魅力将继续存在。但这需要伴侣能够忍受性的短暂性，曾经"极好的"性可能现在不会带来极好的体验，而且性欲和身体也都在变化。性关系必须随着时间的推移而不断被重新发现和调整，包括丧失和改变。性对有些人来说是一个如此脆弱的领域，以至于他们要通过在关系之外寻求性兴奋和性的验证来处理这个问题。一个有意思的现象是，当发现有出轨发生后，有些伴侣之间的性关系反而在一段时间里变得更加刺激，但是什么在支撑这种兴奋仍有待重新发现。

性行为、攻击和跨越边界

性欲，特别是性兴奋，可以与攻击和跨越边界联系在一起。插入本身就涉及攻击性，有些强力而非轻柔地进入另一个人的身体，这可能导致阴茎疲软，而对女性来说，允许她的身体被另一个人进入也与攻击性有关。性有复杂的一面，表现在攻击不仅仅是一种性的动作，它也活跃在我们的幻想中。许多性幻想都会涉及攻击（Freud，1919；Kahr，2007）。Stoller 认为，在没有特殊生理因素（如两性中雄激素水平突然升高）的情况下，且抛开直接刺激性敏感部位而产生的明显作用不谈，是敌意——公开地或隐秘地伤害另一个人的愿望——产生和增强了性兴奋。敌意的缺乏会导致性冷淡和性乏味。

（Stoller，1979，p.6）

这也许是一个非同寻常的表述，但它说明了一个事实，即性交不仅仅是一种身体动作，而且是一种复杂的心理行为。在 Stoller 看来，敌意是性兴奋的组成部分，它试图消除我们早年遭受的那些给我们的男性阳刚与女性阴柔带来威胁的创伤和挫折。Kernberg 认为，当跨越边界关乎战胜俄狄浦斯伴侣时，在成为伴侣的这个发展阶段，个体是性伴侣中的一方，而不再是被排斥的第三方，而且对性欲客体的攻击也会带来乐趣。

情欲包括感觉客体既是给予的又是拒绝的，而性的侵入或吞入客体都是对对方边界的侵犯。从这个意义上说，跨越边界也涉及对客体的攻击，这种攻击令人兴奋，它带来了快乐的满足，而且与在痛苦中体验快乐的能力相呼应，并将这种能力投射到另一客体身上。另外，攻击也会因为在爱的关系中被容纳而产生愉悦。

（Kernberg，1995，p.24）

当我们思考攻击和性行为的时候，重要的是，要注意我们所描述的是在爱的背景中的攻击。Hewison 在描述伴侣之间爱与攻击的平衡时谈道：

攻击的缺失会遏制性的满足或者令其不可能发生。当攻击用来服务于爱、用来与人进行有意义的交流以及通过故意（和狂热地）突破与性交有关的个人空间和身体表面的边界来建立连接的时候，关系就有可能通过相互之间情欲的满足而加深。当攻击居于主导位置的时候，性欲满足就会被限制，成为例行公事一般；伴侣之间的连接只会局限于动作和角色，边界（情感的和身体的）也变成了被使用的客体或是被客体使用，爱随之消逝。

（Hewison，2009，p. 166）

关于这个话题，我经常想到 Grier 的一个临床案例。通过借鉴比昂有关容纳者和被容纳者之间情感连接的概念，包括 L（love，爱）、H（hate，恨）和 K（a desire to know the other，渴望了解对方）（Bion，1967a）的连接，Grier 描述了与一对伴侣的治疗工作，发现他们在关系中把对 H 的觉知都否认和分裂出去了。在与这对伴侣的工作中，围绕这个方面做出的解释非常有效：

他们感到震惊和释然，因为治疗并没有招致灾难性的后果，而是让他们相爱相知的能力获得了解放，使得他们在婚姻中自然地恢复了性关系。对恨的觉知参与其中，这让他们更加渴望理性的和情感的交流，以及身体上性的交合。

（Grier，2009，p. 53）

Glasser 提出的"核心情结"引起了很多作者的关注，这一概念描述了亲密关系中原始的幽闭 – 广场恐怖特征（Glasser，1979）。婴儿对母亲的强烈渴望以及想要与她融合的愿望引发了对被吞噬进而被毁灭的焦虑。为了保全自己，婴儿将他的攻击指向了母亲，以便让自己全身而退。但这导致了被抛弃的焦虑，并再次渴望亲密。虽然 Glasser 谈论的是早期发展的问题，但显然在人的一生中这些焦虑都以某种形式存在着，不可避免地会在成人伴侣关系中被重新唤起，而成人伴侣关系是个体自母婴关系以来进入的第一个可能有这种亲密特性的排他性关系。我们看到这些动力现象在伴侣关系中会以多种形式呈现，通过这些形式，伴侣双方既在寻求亲密的关系，也在切断亲密的关系。伴侣有时会这样描述他们的做爱过程，他们会设法以可控的方式发生性关系，同时又避免亲密，或者我们可以说是避免与亲密有关的创伤体验，也许其源头是一位可怕的、吞噬的母性客体。那些接连有婚外情的人，往往通过被渴望来寻求肯定，然而，一旦对方请求进一步的亲密或承诺，他们就会以很残酷的方式结束这段关系。

这些观点指向一个事实，即在人类发展中，亲密是一种复杂而又冲突的体验。我们对亲密怀有深切的渴望和深刻的焦虑。我们看到，这种挣扎在成人伴侣中仍在继续，从这个意义上说，亲密就如同性行为一样，从未得到解决。我们充满激情地又富有攻击地想要得到它，有时就是想进入另一个人，但在实现的那一刻，又恐惧迷失在对方的内部或者被吞噬性的客体吞没，就像在第 6 章里描述的被进入的另一方会感到被侵入性地接管了一样，除非双方也可以分离开来。这些都属于人类的心理和身体的特性，会表现在伴侣的性关系中，而兴奋至少部分源于性行为通过跨越身体和心理边界所涉及的冒险性。

在两性关系中，心理分离是双方的基本需要，也是良好性关系的先决条件。对大多数人来说，性兴奋仿佛就是在分离与融合之间产生的。例如，Kernberg 指出，性爱有两个关键特征，"一方面是稳定的自体边界，并且能持续意识到个体的分离是永恒的；另一方面，则是超越另一方边界的感觉，即与所爱的人合二为一的感觉"（1995，p. 43）。Hertzmann 研究了女同性恋伴侣的体验，并强调了在与另一位女性的性结合中会有怎样强烈的情感和性的体验。一位女性与另一位女性的性体验可以被感受为如同"回家"的感觉，因为"通过退行，对内部俄狄浦斯期母亲的强烈情感被重新接触和体验，并最终得以象征表达"（2018，p. 33）。她认为，这能让俄狄浦斯期母亲可以被占有的潜意识信念复苏。然而，这种原初占有幻想的复苏，夹带着潜意识的重复丧失，通常被认为会导致欲望的增强。Hertzmann 指出，对于一些伴侣来说，情况可能相反，增强的是丧失感而不是欲望，由此导致了性欲的丧失。伴侣双方在伴侣关系的交互投射系统中，处理对潜意识中俄狄浦斯期母亲的、早期原始的丧失感，这样的投射系统可能会使得一些伴侣在性爱之后难以面对与分离有关的情绪体验（Hertzmann，2018）。这种情感也可能在其他类型的伴侣中被唤起，在性爱之后，他们常会谈及与分离有关的失落与伤感。

具体的性问题

尽管本书篇幅有限，不可能将伴侣的性问题面面俱到，但了解不同的情形对伴侣治疗师还是很重要的。治疗师必须根据伴侣的关系来思考他们呈现的性方面的问题有何意义：也许，性方面的问题是伴侣中每一个体的心理的表达方式；或者是具象化地将伴侣关系中的困难见诸行动；或是以其自身为焦点的性无知或性阻抑；甚或是需要被辨别的躯体疾病，诸如此类。男性和女性都有些常见的性障碍和性欲丧失（或者在关系中有不同的性欲）。男性常见勃起功能障碍、早泄、射精延迟、性交疼痛或强迫性的性行为。对于女性来说，有时无法达到性高潮，也可能存在阴道痉挛、性交疼痛和强迫性的性行为等方面的问题。任何形式的创伤都可能给伴侣的性关系带来影响，尤其是性虐待的经历。

性治疗师可能通过多种方式接近这些困难，但从事精神分析工作的治疗师则对这些症状有不同的思考角度，他们将这些症状视为伴侣双方和伴侣关系的潜意识内部世界的表达。有时，不管伴侣性关系的具体特性是否存在问题，都可以揭示出伴侣关系中的某些重要方面。因而，伴侣性关系的具体特性像梦一样蕴含着浓缩的意义。如果伴侣的性关系存在问题，那么通过理解在性关系中被表达的部分或者被限制表达的部分，就能帮助理解关系中其他与性无关的动力现象。这种理解反过来又会让性关系得到解放，因为这样的性关系一直被它蕴含的动力所限制。

Blair 举了以下例子：

在早泄中，我们可能会看到围绕关系的共有问题被过快地中断了，导致伴侣中的个体都感觉有些东西在他们的内部世界中丢失了，或者被破坏或被亵渎了；在阴道痉挛中，我们可以看到与客体相关的侵入和被侵入的共有恐惧，这些关系似乎在过度侵入的关系与被中断的情绪状态之间迅速转换；在勃起功能障碍中，我们可以看到对施虐的共有恐惧，这是与占主导的残酷客体有关的施虐，对这种客体的恐惧导致了力比多的抑制。在伴侣治疗中，伴侣最初呈现的问题会发展、变化、改善和加重，以大致相同的方式，这些性功能障碍之间也在相互关联、转变和转移着。这些功能障碍之间的联系（阴道痉挛的女性可能与勃起功能障碍男性相偶联）及其在治疗中的发展变化（勃起功能障碍转变为早泄）说明，所有性方面的问题之间存在着一条共同的主线。

（Blair，2018，pp. 37–38）

与伴侣谈论性

性是伴侣治疗会涉及的一个领域，即使伴侣不谈性，治疗师在治疗很早期引入性的话题也是很有帮助的。治疗师以一种寻常的方式谈到性，常会令伴侣感到释然。或许性是伴侣之间难以启齿的话题。伴侣的性关系是有关"伴侣是谁"这一整体画面的组成部分，可以帮助我们理解伴侣关系的其他方面。

谈论性会导致某些移情和反移情动力现象。治疗师可能感到自己有侵入性，走进了伴侣关系的私密领域，特别是谈及令人尴尬的内容时，比如，也许是伴侣十分享受的特殊的性行为，或是那些他们感到有问题的、羞耻的领域；也许是伴侣中的女方达不到性高潮或男方阴茎不能持续勃起；也许是伴侣之间没有性生活或者频率很低，使得他们感到在性方面很贫乏。有时，俄狄浦斯期的动力会在治疗师心中唤起，或是侵入感，或是被伴侣排斥的感觉，就好像在涉及伴侣性生活的话题时，伴侣关上了卧室的门，将治疗师拒之门外。治疗师的性别也会给伴侣带来影响；例如，面对女性治疗师要谈男方的阳痿问题。伴侣也可能很难抑制自己对治疗师的性以及性体验的好奇。如果这种好奇在治疗中被表达和讨论，那么伴侣对治疗师的意识幻想，或许会导向进一步理解他们作为一对性（或无性的）伴侣被观察和被深入理解的感受。

某些伴侣可能存在非常不同的、更有"变态"倾向的问题。他们的确想要谈论性关系的细节，但这不仅仅是为了让治疗师理解它，而且在他们的内心也想让治疗师参与到他们的性生活中，因为他们试图让治疗师兴奋起来。随着时间的推移，治疗师会慢慢发现这一动力现象，虽然这有助于揭示伴侣关系中需要被理解的某个方面，但真正分析起来可能会有难度，需要治疗师找到第三方位置，来解释治疗室里正在呈现的动力现象。

差异和不同的性

如果是同性伴侣关系，或者伴侣一方或双方是双性恋或变性者，那会有何异同呢？有些伴侣将自己描述为以异性恋为主，但也有同性恋的倾向。性身份和性取向可能有很大的流动性。事实上，如前所述，与先天的双性特质接触，是成为创造性伴侣的一部分——认同我们的关系中以及我们自己的内部关系中的男性和女性部分。如今，对局限于与生物学的性、性别或性别身份有关的两性身份有着越来越多的质疑，特别是在年轻人中。突破这种局限并意识到性身份的其他可能性，能让他们有机会在确立自己的性身份和性取向之前充分地探索他们的性，但对有些人来说，这会让他们感到混乱和焦虑。

伴侣治疗师试图与伴侣探讨伴侣性关系的性质以及他们体验到的任何困难。这并非一种常规的探索，但如果认为伴侣在性方面无论做什么都是好的，只要他们能享受他们的性生活并且不会伤害到自己或其他人，那或许过于简单化了。例如，如前所述，攻击在伴侣的性关系中是有贡献的（Kernberg，1995），但也可能以伤害性的方式在性关系中过度表达。有一位非常不快乐的妻子描述了这种分裂出来的恨，她说她感到自己的丈夫"只想以伤害她的方式做爱"。

伴侣治疗师也会受到自己的性别和性取向的影响，无论他们对其他人的性别和性了解多少，他们自己的性别和性取向都将是一个限制性因素，就如同文化差异所带来的局限一样。在一种文化中的男性和女性建立亲密关系的方式，可能会让另一种文化中的人感到截然不同，难以相容。与同性伴侣的工作会让我们注意到许多不同类型的伴侣关系，当然，在异性关系中也是如此。我们需要注意，不要让我们心中某种版本的伴侣关系对我们产生不当的影响。两位男性或是两位女性或是一男一女建立的关系会有所不同。异性恋本位的假设会将同性伴侣关系简化为没有意义的刻板模式；例如，"相信女同性恋者基本都是融合的关系（不能忍受差异），而男同性恋者则是多形变态*（polymorphously perverse）（不能忍受亲密）"（McCann，2014，p. 86）。这些假设不仅存在成见上的问题，而且会让人难以理解与自己如此不同的伴侣关系。McCann 谈到，"与多配偶的关系截然不同的、一夫一妻的、长期的、情感上的亲密伴侣关系，或者对总是需要把性吸引力和性激情联系在一起表示怀疑的关系结构"（2014，p. 86），只是看待关系的一种方式。在看待关系的过程中，我们需要知道我们确实都有自己"心中的伴侣"（Ludlam，2007），我在本章的开头对此已有所描述。这种认识不仅可以防止我们潜意识地将自己的观点强加于伴侣，而且也可能会帮助我们保持开放的心态，允许我们的观点被另一种对关系的看法挑战。

我们的性别也会给我们带来局限。女性不可能真正了解有阴茎是什么感觉，就像男性不可能知道有阴道、子宫或怀孕是什么感觉一样。我们不可能成为一切。与伴侣工作，治疗师应避免只接触那些熟悉的部分，而是要积极探索伴侣双方成为男性或女性的体验，这一点非常重要。对一对伴侣来说，治疗师的性别重要吗？例如，一对女同性恋伴侣是否会感觉与女性治疗师一起工作更

---

* 多形变态是弗洛伊德提出的一个精神分析概念，指的是从身体的任何部位获得性满足的能力，这些满足方式通常超出了社会规范对性行为的要求。原文此处是举例说明异性恋本位的假设认为男同性恋者在性关系中只是在追求局部身体刺激的性满足，而非与另一个完整的人的亲密关系。——译者注

自在，或者对于异性伴侣来说，治疗师的性别是否会带来失衡？治疗室里经常存在性别上的失衡或差异，必须对此保持关注，因为有时会发现，与治疗师同性别的伴侣一方感觉治疗师更能理解他或她，更能与他或她一致，而异性的另一方则感觉被自己的配偶和治疗师联合对付。

文化规范和发展经历不可避免地影响我们怎样感受作为伴侣的自己。Hertzmann 和其他一些作者（Downey & Friedman，1995；Frost & Meyer，2009；Hertzmann，2011）认为，许多男性和女性同性恋伴侣在内化的对同性恋的恐惧中痛苦挣扎，他们感觉自己做得不对或不合常规，这严重干扰了他们成为有功能的创造性伴侣。"内化的对同性恋的恐惧作为一种潜意识的内射部分发挥功能，它充当了超我攻击行为的寄主，可能导致对自我和其他人的同性恋抱有严惩的态度"（Hertzmann，2011，p. 350）。这就强化了下面的观点，即伴侣治疗师必须清醒地认识到自己内在的要符合规范标准的冲动。然而，无论伴侣有怎样的性取向，都会存在一个问题，即什么是可以管理的和创造性的，而什么对伴侣来说是无法管理的（至少对伴侣一方而言）和破坏性的。

一对伴侣的易性动力

临床示例：大卫和谢丽尔

大卫已经开始易装了，先是偷偷摸摸的，现在直接当着妻子谢丽尔的面，毫不遮掩。这对大卫来说很重要，易装带给他的感受让他难以放弃。谢丽尔说，她对此感到震惊也很难接受，但她爱大卫。他们在一起很久了，经历了许多艰难时光，包括终止妊娠及之后的悔恨，以及后来的不孕不育问题。谢丽尔觉得她可以对大卫的这些变化保持开放的态度，曾有一段时间，大卫的易装成了他们性关系的一部分。她认为易装是大卫想要表达的、他内在的女性部分。但是大卫的易装、拔眉毛和性激素带来的身体变化已经达到了她再也不能容忍的地步。在治疗中，我们理解了当谢丽尔感到自己在性关系方面要去配合另一个女性的时候，他们的关系开始失衡。她正在失去那种成为一位女性而与男性建立关系的感觉，尽管这位男性是女性化的男性。他们之间的动力发生了变化，从更像一种游戏的状态（尽管我认为这其中是含有攻击性的）转变为一种对谢丽尔更为控制的状态。当谢丽尔被要求不仅要改变她自己的性，而且还要面对失去她的男性配偶时，她开始抵制大卫对她的控制。这对他们双方来说都很痛苦。他们都感到失去了自己曾经拥有的关系，并且无法回到从前。

对伴侣的性关系进行工作

对伴侣的性关系进行的分析性工作包含很多方面。其中最基本的一个方面是，要理解对伴侣而言，伴侣的性关系以及他们如何发展和管理性关系都是独一无二的。伴侣关系的某些方面可能很有破坏性，甚至是虐待性的，治疗师需要帮助伴侣面对和思考这些问题。为了促进这种探索，治疗师要自然地谈论性，并能够反思、理解和管理一些潜在的、困难的移情和反移情动力现象。

我认为治疗师最重要的任务之一是帮助伴侣管理爱与恨。伴侣治疗的一个风险是，作为伴侣治疗师，我们更倾向于缓和伴侣关系以及寻求伴侣的和睦相处而不是帮助他们解决分歧以及管理爱与恨，管理以爱为基调的关系背景中存在的恨，或者说以爱的冲动为主导的关系中的恨。作为人，我们在"爱"与"恨"的主题下有着丰富的情感。如果伴侣能够鲜活地保持这些情感，并将其容纳在以爱为主导的关系中，那么他们就会充满活力，当然也包括他们的性。

伴侣可能会有一些具体的性方面的问题需要得到帮助——或是医疗性的干预或是性心理治疗师的干预。如果有诸如儿童期性虐待或强奸这样的性创伤，就需要给予特别的关注和修通：例如，参加个体心理治疗或精神分析。

我认为伴侣会在如下理解中获益，即，性欲的丧失并非罕见，而是非常普遍的现象，而且未必就是灾难性的。当伴侣接触到他们关系中其他美好而又鲜活的部分时，他们便有可能利用这些鲜活的情感来让他们的性关系重新恢复活力。

有时，性方面的问题可以阐明关系中的潜意识动力，而理解这些动力可以给伴侣带来帮助。有时我们反其道而行之，通过思考关系中的动力，进而揭示出存在的性问题。

除了"L"和"H"以及它们之间的摆动，"K"在性方面也很重要。伴侣心态可以促进对自己的认同，同时也对另一方心存好奇并与之认同，因此，这种伴侣心态一直被认为可以促进良好的性爱。我认为 Blair 很好地抓住了这一点，并在下面的评论中与伴侣心态做了联系："在性爱过程中，个体潜意识地、自动化地同时居于三个空间：她自己的空间、她配偶的空间以及观察两个身体相遇的观察者的空间。正是从这三个视角产生的认同带来了性的唤起"（2018，p. 41），并且：

> 在性方面，有必要对配偶的欲望保持开放和好奇，以便能够理解这些欲望；为了了解在性爱中什么有效而什么没有效果，我们需要与配偶一起尝试。这种玩耍的能力需要在伴侣相配中有一定的灵活性，Morgan（2001）将之与伴侣心态做了联系；为了实现生殖器的认同，我们需要在性方面对配偶保持好奇，而若能好奇，我们就需要能够容忍差异。无论是同性恋关系还是异性恋关系，都与差异存在关联，因为没有两个人在关系中会渴望相同的东西，不管他们的生殖器"匹配"与否。
>
> （Blair，2018，p. 40）

治疗师的态度是要探究伴侣就伴侣关系所"表述的达成目标"，要查明这一目标是不是伴侣中每一方成熟愿望的真正表达（这不同于盲目地服从外部强加的要求），然后探询这一目标是不是针对关系、亲密或差异和分离的共有防御，最后，要去理解它是不是创造性的表达。

第 9 章

解释 [1]

伴侣解释的场（field）是很复杂的，但也有潜在的创造性。我用"场"这个词来提醒，在伴侣分析的设置里，有一系列不同但又彼此关联的关系和潜意识的动力需要被理解和解释。在这一章中，我首先根据我的看法将一些有关解释性质的重要评论作一概述。接下来，我将描述我所认为的真正意义上的"伴侣解释"，然后会讨论伴侣分析工作中一系列其他类型的解释和干预。解释的过程并非完美，在本章末尾，我会提示在解释中很容易出现的一些问题。

解释的性质

解释是治疗师与伴侣交流的一种特定形式，它向伴侣展示了治疗师对他们建立关系的方式以及伴侣关系中发生的事情有怎样的理解。解释涉及伴侣关系的诸多方面：例如，他们的投射系统、移情关系、共有幻想、冲突、焦虑、防御和信念。解释尤其关注在特定的伴侣关系中伴侣共同创造了什么。

通过解释，可以尝试将伴侣关系中潜意识的或者部分潜意识的内容引入意识层面。解释不是最终的陈述，而是伴侣与治疗师之间正在进展中的理解。治疗师以不同的方式将伴侣心理生活的内容和其中的动力用语言描述出来，以便可以对这些部分进行思考。这是伴侣逐渐"了解"其关系（那些不为他们所知的方面）的一种方式。伴随着思考，便有可能带来理解（而不是见诸行动）、修通以及看待关系的不同视角。

解释只能在分析设置的背景中进行。治疗师负责设置，并为伴侣提供分析空间，在这个分析空间里，治疗师可以尝试接近伴侣的内部世界，思考和分析伴侣的关系。治疗设置也能支持治疗师对伴侣的潜意识保持一种接纳的心态，密切关注他们在治疗中的呈现、你来我往的交谈、讲话中夹带的情感语气、那些没有说出来的话或是没有被理解的部分，以及伴侣相互之间和伴侣对治疗师施加了何种压力。蕴含连续性和边界性的伴侣分析空间也有助于促进伴侣对治疗师的接受，尽管这或许很困难，有时甚至不太可能发生。

给予解释是分析过程的一部分。解释，或 Poland 称为的"解释态度"，会让伴侣感受到治疗师正尝试理解他们，即使大部分时间治疗师并没有做正式的解释。Poland 认为，"分析师抱着分析性好奇的态度始终朝向理解和领悟，是塑造精神分析情境的基本要素，它让那些非解释性的、非领悟导向的活动和正式陈述的解释都具有了精神分析的价值"（Poland，2002，p. 817；emphasis in original）。

在做出解释之前，一些不同来源的现象会在治疗师的心中汇集。例如，反移情、对伴侣的观察、一个小小的见诸行动，或伴侣带入的一个充满象征意义的意象。解释有赖于忍受未知的能力并允许某些方面在心里汇集。正如比昂所观察到的：

> 在病人呈现的临床素材中，会像万花筒里生成图案那样浮现出一种结构，它似乎不仅属于正在展开的治疗情境，而且也将先前断裂的现象连接起来，同时，这种连接又不是有意设计出来的。
>
> （Bion，1967b，p. 127）

　　继比昂之后，Britton 和 Steiner 将这一过程描述为"选定的事实的浮现"，他们认为这是"将迥然不同的事实创造性地整合成有意义的图景"（1994，p. 1070；emphasis in original）。这一过程在伴侣解释中十分复杂，正如 Pickering 所描述的"联合选定的事实（conjoint selected fact）"那样。"暂且假定有两个选定的事实而不是一系列选定的事实，那么会存在另一个选定的事实，它的作用是同化吸收那两个选定的事实。'联合'一词是指由两个独立的选定的事实相结合而创造的第三个事物"（Pickering，2011，pp. 59-60）。

　　选定的事实在分析师心中的浮现取决于，分析师能否保持弗洛伊德（1912b）所说的"均匀悬浮注意"及比昂（1970）强调的"负性能力（negative capability）"。如果不具备这种负性能力，头脑中装满了事实、想法、情感却没有将它们恰当联系起来的感性，就会导致另一种现象的发生，Britton 和 Steiner 称其为"超价观点"。他们认为超价观点会"被分析师用来产生一种将不同的、混乱的体验整合在一起的感觉……（并且）被迫与分析师需要的假设或理论相符合以达到防御的目的"（1994，p. 1070）。这是伴侣分析或个体分析工作中都会面临的一个困难。因此，在做了解释之后，很重要的是要看看这个解释是如何着陆的，伴侣对解释有怎样的反应，但也要关注治疗师对做出这样的解释有何感受。由此可以保持解释过程的完整性，有助于治疗师对解释的效果进行评估。Britton 和 Steiner 清楚地说明了这一点：

　　　　解释工作的一个重要部分是发生在给予解释之后。给予解释后，倾听病人并关注他对解释的内容做何反应是非常重要的。事实上，我们认为解释的表达与对解释的评估是如此紧密地联系在一起以至于无法将两者剥离，一位经验丰富的分析师会不断观察他所说的话带来了什么效果，就像小提琴家在演奏中将耳朵贴近他的乐器，以确保他弹奏的音准正确。

　　　　　　　　　　　　　　　　　　　　　　　（Britton & Steiner，1994，p. 1070）

但是，我们如何做到这一点呢？治疗师可以考虑以下问题：例如，解释是否带来了情感冲击，能否被理解和思考，可否带来释然，导向进一步的联想？解释是否会引起不适？尽管这可能代表了对解释的反应，因而是好的征兆，但如果太难接受，也可能会被病人拒绝。如果伴侣对解释欣然接受，那也未必说明解释就是正确的，因为伴侣可能只是在表现顺从。有时伴侣或伴侣一方会拒绝解释，却又不断提供证据，证明解释是正确的。伴侣或伴侣一方也可能没有做好准备接受解释。这些反应有助于治疗师对伴侣有更多了解，并基于此在后面的会谈中或者可能在几周以后做出另一解释，或者，这些反应可能有助于治疗师决定暂时放弃这种解释，也或者让治疗师意识到她对某些现象存有误解，需要重新思考。

我们知道，并非所有的解释都是正确的，或者有时只是部分正确，但是，如果伴侣处于反思的心理状态，那么即使错误的解释也会带来帮助——伴侣可能会说，不，不是那样的，而是这样的。这可以开启更大的探索空间，直到治疗师或伴侣和治疗师共同做出更准确的解释。由此，解释促进了治疗师和伴侣之间动态持续的关系。温尼科特曾经谈到，解释显示了治疗师的理解所能到达的边界，划定了治疗师所理解的范围但也标记了她尚未理解的部分（Winnicott，1969，p. 711）。

确定从哪里做解释

在考虑给予伴侣的解释时，伴随着"忙于"应对会谈中的各种呈现，治疗师就解释应该聚焦于何处的问题，面临着近乎眼花缭乱的选择。相比于个体分析，在伴侣治疗中可能更容易感受到有诸多情形的发生。因此，保持一种等待选定的事实浮现的心态可能很困难，有时甚至不太可能做到，因为伴侣会推动治疗师以各种方式进行干预。有些伴侣很容易处于空洞或卡顿的情绪状态，治疗师也会觉得无话可说。但是，即使不能做什么解释，治疗师通常也会意识和潜意识地加工这些素材。在之后的会谈中，伴侣可能会使用某个特定的词或语句，描述一个特定的事件，呈现出对某个问题的回避或者反复就某个特定问题进行争论，此时，那些尚未联系在一起的素材就可能会联系在一起形成理解。

有时，可能很自然地会认为，伴侣治疗师的解释应该只是指向伴侣的关系，这通常被称为"伴侣解释"。事实上，我认为"只"做这样的伴侣解释在临床上是一个虚拟的神话。若是僵化地坚持这种伴侣解释，就会使伴侣治疗变得笨拙和受限。如果治疗师感觉自己必须不断地将伴侣双方的素材联系在一起，或是必须在每一个解释中都要想方设法把伴侣双方都包括进来，那么治疗师就会陷入不必要的、失去了创造性的境地。如果治疗师对保持"伴侣心态"感到安全，她会知道伴侣解释是工作的方向，但是，在这样的解释成为有意义的解释之前，她还有很多要去理解的，而且要等待很多伴侣心理现象的发生。

话虽如此，在伴侣治疗中，我们的解释都倾向于伴侣的关系以及他们再现了来自过去的什么和他们在当下又新创造了什么。我们尝试着阐明伴侣活跃着的内部世界。除非我们的解释达到了这个层面，否则，我们就不能说解释已经完成了。但是，在通往理解关系的道路上，我们也会思考和利用其他一些方面来作为解释的基础，例如，伴侣每一方单独与治疗师建立关系的方式，或伴侣双方一起与治疗师建立关系的方式，治疗师的反移情和治疗室里的情绪氛围，伴侣每一方的内部世界及其对另一方的看法和体验。

在这个过程中，治疗师需要保持一定的灵活性，既包括她如何灵活确定解释的方向，也包括从她的内部灵活地监测情绪的氛围和反移情，观察伴侣之间以及伴侣与治疗师之间如何建立关系，倾听客观材料和象征材料，等等。通常治疗师会把感觉上最鲜活的素材作为起始点，例如，一个误解、一次重复、一次缺席、一次在场、反移情，等等，而将伴侣关系作为组织素材的参考框架。

什么是伴侣解释？

尽管有这样的说法，即，伴侣治疗中所有的解释都是"伴侣解释"，但我认为"伴侣解释"有着专属的界定。这种解释是从"第三方位置"对关系做出的解释，因此它提供的视角不是关于谁在对谁做什么，而是他们在潜意识地一起创造什么。如果有效的话，至少在那一刻，这种解释应该带来一种与批评、责备不同的心理状态，并为伴侣提供一种不同的看待事物的方式。伴侣解释旨在帮助伴侣找到一个位置，即第三方位置，从中他们可以看到他们彼此之间正在创造或再现什么。如果伴侣能够接受在治疗过程中做出的这些解释，他们就会对彼此之间的关系产生兴趣，也会对他们共同积极地和消极地创造了什么产生兴趣，而不再总是把视线聚焦于另一位被认为有过错的配偶身上。这与他们关系中的那些活跃着的体验形成了鲜明的反差，在那些关系体验中，他们可能会指责对方或感到被对方指责。他们常预期这种模式也会发生在与治疗师的关系中，认为治疗师将支持他们的观点或配偶的观点。当治疗师处于第三方的位置，并提供一种有关伴侣在关系中共同创造了什么的思考方式时，伴侣就会感到释然。

伴侣解释可以带来释然，但也可能让伴侣感到难以接受。解释需要伴侣在思考问题上发生转变，即，从认为自己的配偶应该对他们的困境承担责任，转变到认为他们双方都负有责任，双方都主动参与了共同创造其困境的过程。这种思考问题上的转变可能会遭到强烈的阻抗，伴侣中的每一方或许都需要指责对方。如果阻抗过大，治疗师可能会决定暂时不做这种解释。但她也可能会发现，这种解释仍然值得给予，因为尽管在内容上不被接受，但它引入了治疗师的不同心态、不同视角和潜在的更大的心理空间。

下面我会描述治疗中一些不同类型的解释，出于说明的目的，会提供几对伴侣案例，但都很简单直接，不会聚焦于更详细的临床材料和某次具体会谈中的解释。

伴侣解释

临床示例：安和比尔

妻子安正在谈论性以及她觉得自己想要性的那些暗示是怎样被丈夫比尔忽视的。比尔对此进行了自我辩解，他列举了最近的几个场景，在这些场景中他已经向妻子直接表达了性爱的欲求，妻子却置之不理。妻子惊呆了，说她不记得有过任何一次这样的场景。在他们的对话中，充斥着指责和反驳，拒绝和伤害。治疗师反馈了这些现象，也帮助他们思考如何能够更开放地、更直接地表达他们对性的愿望。然而，这些抱怨在接下来的几次会谈中不断地重复出现，治疗师开始意识到她被推到了调解者的位置。这样的治疗会谈感觉上毫无效果可言。在某个时刻，她能够处于第三方位置并保持伴侣心态，由此可以思考在"关系"中发生了什么。在这一案例中，这对伴侣潜意识地在创造一种让他们确信"不会有性爱"的动力现象。这构成了伴侣解释的基础，现在治疗师可能也感觉到了，在"无性爱防御"背后隐藏着怎样的焦虑。如果伴侣可以认识到无性爱现象是他们共同创造的产物，那么这种焦虑也可能成为解释的一部分，或者成为未来的解释的一部分。

伴侣解释的重要性在于，它引入了一种来自治疗师的不同心态，也为伴侣提供了改变的可能，由此创造了更大的心理空间。伴侣解释引入的是一种伴侣心态，并且随着时间的推移，这种心态会被伴侣内射进入他们的关系中。因此，伴侣解释不只涉及解释的内容，而且包括提供伴侣心态本身。比昂（1959，1962）在他的容纳理论中提出，母亲通过她的"阿尔法功能"来加工"贝塔元素"，并逐渐将这些未被消化代谢的元素转化为可供思考的"阿尔法元素"。随着时间的推移，母亲的这一能力即她的"阿尔法功能"也会被内射。这有助于婴儿发展处理自己的"贝塔元素"的能力。伴侣内射治疗师的"伴侣心态"的过程与此类似，因为这个过程给伴侣提供了思考关系的能力，而不是通过投射进入配偶或与配偶一起见诸行动来处理心理痛苦或冲突。

现在我将描述伴侣分析领域中一些其他类型的解释，并展示这些解释是如何涉及治疗师、伴侣中的个体以及伴侣关系的。

涉及三人的解释

在伴侣治疗中，不存在仅给予伴侣一方的解释，因为解释都是在另一方在场的时候给予的，这是伴侣治疗与个体治疗的一个基本区别。如果在某次会谈中，另一方暂时不在场，那么治疗师就要谨慎，避免给予那些当双方都在场时不能再做出的解释。

当解释或许暂时聚焦于伴侣中的一方时，治疗师仍会把这一解释放在伴侣的关系中进行思考，即使治疗师还不能形成伴侣解释，或者在此刻选择不做伴侣解释。如果伴侣对治疗师的这种做法足够熟悉，他们就可以对治疗师的伴侣心态建立起信任，并能容忍暂时聚焦于伴侣中的一方。如果对伴侣心态的体验不够充分，那么这种聚焦于一方的解释可能会被体验为治疗师与另一方"联合对付"被解释的一方，此时就需要治疗师的干预来重建以伴侣为焦点的治疗情境。然而，伴侣治疗中三人在场的事实虽然具有挑战性，但它也使得伴侣治疗有着与个体治疗和个体分析不同的、更为独特的创造性。后面，我会对此做进一步的阐述。

伴侣治疗中对移情的工作

如第 5 章所述，在伴侣治疗中，可以考虑的移情关系不止一种。有伴侣之间的移情关系，还有伴侣中的每一位个体与治疗师之间的移情关系，以及他们作为一对伴侣与治疗师之间的移情关系。治疗师如何解释伴侣之间的移情呢？为什么理解和解释伴侣对治疗师的移情也很重要？有时会感到很难做移情解释，这种感觉在伴侣治疗中可能更加明显，尤其当伴侣感觉治疗室里的这位治疗师与他们毫不相干或很侵入的时候。尽管如此，我认为还是有很多因素说明了为什么在伴侣治疗中也必须穿越移情的全景。

首先，伴侣之间的移情和伴侣与治疗师之间的移情是不可分割的。为了准确理解伴侣之间的移情关系，帮助他们朝着更客观看待对方的方向转变，治疗师就需要体验到伴侣对她的移情。治疗师可以通过自己的体验甚至是见诸行动来理解那些在伴侣关系中也可能会发生的动力现象。不过在这个位置上，治疗师是从她的内在、从她自己的情绪体验中理解，而不是从观察伴侣的位置上理解，后一位置是更外在的位置，尽管也常会在情绪上被影响。

其次，通过解释伴侣与治疗师之间的移情，会创造一种三角空间，使得心理空间进一步扩展。治疗师成了治疗室中的第三方参与者。在分析性的伴侣治疗中，治疗师允许伴侣对她进行投射，并允许伴侣以投射导致的、扭曲的方式来感受她。由此，伴侣的投射就有可能被具有容纳功能的心灵所容纳，而不是被反应性地回应。这与伴侣一方感到被另一方的投射所迫害并通过反投射进行报复的情况是非常不同的。另外，当伴侣一方和治疗师之间发生类似的动力现象时，伴侣中的另一方就能在另一关系（即自己的配偶与治疗师的关系）中观察这个动力现象，这潜在地开启了更大的思考空间。

治疗室里有三人在场会带来其他可能性——有时治疗师可以解释对她的移情，并将之与伴侣关系中的动力现象联系起来。这种三角动力关系中，伴侣中的一方暂时地成为其配偶与治疗师之两人关系的观察者，从而增加了他或她的心理空间，因为他或她能够处于第三方的位置来观察他或她自己的关系中的动力。Balfour 基于他对缺乏心理空间的一对伴侣的观察，对这类现象有过如下描述。

（这对伴侣）开始能够看到，这不再只是两个人（伴侣）以线性的方式见诸行动，而是一种三方维度的事件。在治疗室内的这一"三角结构"中，伴侣中的每一方都曾目睹另一方在与我的关系中呈现了这种客体关系的某个方面……或许在某个时刻，会对他们通常一起"陷入"的某种动力现象提供一个视角。

（Balfour，2016，p. 69）

伴侣治疗的三角设置中对移情的不同应用

i）处于第三方位置对关系进行观察的配偶

临床示例：卡莉和詹姆斯

詹姆斯是一位很有前途的学者，但自我意识却微乎其微。他曾在念本科的时候崩溃过，虽然他在学业上取得了成功，但他在关系问题上一直很挣扎。在他和卡莉的关系中，卡莉一直很自恋地与他互动。卡莉告诉他他的想法和感受是什么，而当他试图表达不同的想法时，卡莉就会说詹姆斯在撒谎。这对伴侣二十几岁，仅相处了一年，没有结婚。起初，他们都非常喜欢对方。那时詹姆斯和卡莉在度假，他们在伊维萨岛参加了一个年龄限制在 30 岁以下的俱乐部，詹姆斯很羞怯地在那里追求卡莉。但自那以后，他们的关系变得极具虐待性。只有当他们感受不到彼此的差异时，这对伴侣才能平静地在一起。卡莉不能容忍我对她有任何不同的看法。只有当詹姆斯能看到卡莉是如何不断用言辞否定我的时候，包括否定我所做出的有关我的不同观点令她多么焦虑的解释，他才能在第三方的位置上观察自己的关系。这对伴侣的治疗只持续了几个月，然后他们就分手了。我觉得我无法帮助他们在心理上更加分离独立。然而，几个星期后，詹姆斯独自来看我并且告诉我，卡莉试图禁止他离开他们的公寓，他们发生了争吵，之后，他离开了卡莉。詹姆斯觉得，只有在伴侣治疗的会谈里，他才能"看清"自己的关系，并意识到这个关系对他是多么具有破坏性。他描述道，当我和卡莉在治疗室里互动时，他便能从第三方位置看到与卡莉关系中的自己。在此之前，他只是"陷入"了与卡莉的关系，分不清什么是他的，什么是卡莉的，也无法掌控自己的心灵。在这次会谈后，我非常关切卡莉的状况。我联系了她，询问她是否愿意约一次会谈。她接受了，但临近会谈的那一刻又取消了，之后没有再约。

ii) 利用伴侣中的一方与治疗师之间的移情和反移情来理解伴侣之间的动力现象

临床示例：唐娜和约翰尼

在治疗进行了六周的一次会谈中，唐娜一开始就对治疗师表达愤怒，因为她觉得治疗师在上次会谈中几乎把全部注意都放在了约翰尼身上。她甚至认为，治疗师可能把约翰尼的问题也归咎于她。治疗师防御性地回应说，她并没有把约翰尼的问题归咎于唐娜，并承认上周对约翰尼的关注确实多一些。然而，随着会谈的继续进行，治疗师注意到，每次她试图与唐娜的苦恼接触时，都会遭到拒绝。当约翰尼再次谈起令他担心的事情时，唐娜会强行插话改变话题。治疗师觉得唐娜对她很愤怒也很失望，也感到不断被唐娜拒绝。

通过观察这对伴侣，治疗师注意到唐娜无法忍受关注再次集中到约翰尼身上，就好像那会让上周会谈中令唐娜非常痛苦的经历重演。在这段会谈中，治疗师主要聚焦于她和唐娜的互动、唐娜对引起治疗师注意的渴望以及治疗师对她的关注是怎样被拒绝的。然后，治疗师开始思考这些现象与伴侣的联系。她和唐娜之间的互动是否揭示了这对伴侣关系中的动力？这对伴侣前来治疗的主诉是，唐娜希望结束他们的关系，因为她再也无法忍受"像母亲一样照顾"约翰尼，但治疗师从自己的体验中看到这其中更微妙的部分——唐娜想被照顾，但又对此感到害怕；

难道她不允许约翰尼给予她关注，就像她不允许治疗师这样做一样？她是否把自己的需要投射进入了约翰尼，这让她感到自己的需要被安放在了一个更安全的地方，然后像母亲一样照顾放在约翰尼那里的、自己投射的部分，但接下来，唐娜也因约翰尼的需要得到了满足而感到愤恨——就像在上次会谈中发生的那样，同时也担心在本次会谈的某个时刻会再次发生？是否约翰尼感觉自己想要接近唐娜的尝试被拒绝了，就像治疗师感受到的那样？

当然，这只是一个局部画面，主要是关于唐娜的，而且在这个阶段也只是形成了部分的假设，我以此为例主要是为了说明，治疗师如何在治疗室里通过围绕伴侣之外的其他关系的工作，来帮助理解前来求助的伴侣之间的关系。

iii）将对治疗师的移情和伴侣之间的移情结合在一起的解释

临床示例：威尔和塔玛

在一对刚开始接受治疗的伴侣中，威尔与我互动时仿佛我是一位审判他的法官。他不确定能否参加长期的治疗，我感觉他希望我责备他的矛盾情绪，并让他"继续做下去"。他还对其女友所谓的"治疗语言"很恼怒（她从事与治疗密切相关的职业，并且参加个体治疗有一段时间了）。塔玛似乎更放松一些，对我说的大部分内容表示同意。我有一个强烈的反移情反应，我感觉自己成了一位对威尔进行评判的人，而更令我不舒服的是，他们双方错误地将我视为仿佛在与塔玛结盟，仿佛我与塔玛是两位治疗师在分析威尔。因此，我向威尔解释说，他觉得我在评判他对于关系的不确定感，但我对这对伴侣也做了解释，解释了他们都觉得我和塔玛联合起来评判威尔。

在此示例中，伴侣中的一方对治疗师和对其配偶的移情，以及伴侣对治疗师的移情都包含在解释中。这听起来很复杂，在某些方面的确如此，但我认为这就是分析性伴侣治疗中会发生的事情——在治疗室里，我们经常在这些移情之间辨明方向，并汇集不同的体验。

在后面的解释中，我探讨了塔玛要与我结盟的需要，以及她为何感觉自己有这样做的需要，并解释了这是她控制我的方式，因为她也担心我是一个潜在的批评者或评判者。几次会谈之后，在有关关系中的动力的伴侣解释中，这些想法汇聚到了一起。在这种关系中，每个人都害怕被对方评判。同时，解释也涉及了他们以怎样的方式刺激对方在这样的评判和被评判的动力关系中扮演某个角色。一旦这对伴侣有时间进一步思考对他们有确切意义的这一解释，那么随着时间的推移，他们便能将之与早期的经验结合起来，于是我可以帮助他们思考在他们的伴侣内部世界中的非常严苛的客体。

这些例子也说明，无论最初将解释定位在哪里，解释都会逐步构建成形，更趋向于"伴侣"的解释并且更加完整。这里有一点需要提醒。在这种治疗方法中，治疗师在治疗中有很大的空间游走于不同关系之间，逐步构建起对伴侣的理解；但在允许自己拥有这种灵活性的过程中也可能出现偏差，例如没有充分地公平对待伴侣双方，或者治疗师可能会"陷入"与伴侣中某一方的关系。如果治疗师要在治疗室里不同的关系和动力之间自由移动，那么就需要以"伴侣心态"为锚。换句话说，如果伴侣治疗师的内心有牢固的"伴侣心态"，那么她就不需要将所有的谈话内容都具象地指向伴侣。这种分析立场意味着治疗师需要意识到，在实际发生的治疗过程中，其实每一现象都是间接指向伴侣的，而治疗师的任务就是在治疗室里正在发生的所有关系中——包括治疗师与伴侣的关系——处于第三方的位置。

依据治疗师对伴侣的反移情做解释

正如 Brenman Pick 所指出的，反移情对于治疗师来说可能很难处理和修通。为了让解释具有情绪体验的深度，分析师需要与患者投射进入她的体验保持情绪上的接触，并在给予解释的时候能传递出这种情绪上的接触。"那些认为分析师不为这些体验所影响的论点，不但是错误的，而且会让病人感觉分析师在情绪体验层面忽视了他的困境、痛苦和行为"（Pick，1985，p. 166）。无论是加工处理反移情，还是充分利用反移情来理解伴侣关系的潜意识方面，都是需要时间的。Joseph（1985）将移情作为整体情境进行了阐述，她认为这一整体情境包含了治疗师的反移情，以及在病人与分析师之间持续进行中的动力和微妙的见诸行动。基于这一视角，我们会发现，伴侣的动力可以在治疗室里任何的关系中表达，而反移情作为治疗师对伴侣的意识和潜意识的反应就成了能与这种表达相应的关键。

临床示例：蒂姆和罗达

在一对伴侣的治疗中，治疗师几个星期以来都在体验着艰难的反移情。这对伴侣经常迟到或失约，治疗师感到十分沮丧。即使对这一现象有了一些理解，在下次会谈前也会消失殆尽，伴侣照样迟到或失约，看不到任何连续的进展。过了一段时间，治疗师在头脑中将这些现象与伴侣之间的困难联系了起来，这是她之前不曾意识到的。现在她突然联想到，虽然这对伴侣表面上说着他们想在一起，但事实上，他们都非常害怕进入承诺的关系。他们并没有在治疗室中谈论这一焦虑，反而在用另外的方式向治疗师传递信息。由此，治疗师就更加能够意识到，伴侣与她建立关系的模式似乎透露着，他们对建立接触的焦虑和对建立关系的后果的恐惧。治疗师在这方面做出的解释对伴侣很有意义，并帮助伴侣思考他们的焦虑，不只是有关对关系做出承诺的焦虑，而是与另一个人建立恰当连接的焦虑，这正是在伴侣治疗中呈现出的问题所象征表达的部分。

临床示例：露易丝和沃尔特

另一对伴侣来咨询之前，妻子给治疗师打了好几个电话。这对伴侣曾尝试过几次伴侣治疗，但都以失败告终，所以妻子想确定他是不是他们想要找的治疗师。经过短暂的理想化阶段后，治疗师感觉不断受到露易丝的攻击。露易丝以不同的方式告诉治疗师他错了、他不理解他们、他让事情变得更糟糕。沃尔特在大多数会谈里都处于背景中，很难接触到他，也很难推测他在想些什么。很多时候，治疗师希望沃尔特可以采取第三方位置来面向他和露易丝之间正在发生的互动，但沃尔特只是向后一坐，一言不发。在这个阶段，很难对这对伴侣有所理解。治疗师很害怕见到他们。尽管露易丝威胁说要找一位新的治疗师，但他们还是继续参加治疗。经过很多次的讨论和咨询工作之后，治疗师意识到，他必须保持"错误的治疗师"形象，依据 Racker 的概念，这可以理解为一种互补性的认同。治疗师在每次见这对伴侣之前所体验到的恐惧是露易丝的恐惧，可能在更隐藏的层面也是沃尔特的恐惧，这是一致性的认同（Racker，1968）。很显然，露易丝非常渴望被容纳，但她没有信心会拥有一位仁慈的容纳客体，因此，治疗师的容纳让她感到十分危险，她很害怕治疗师会加重她的焦虑或治疗师会对她进行投射。与这对伴侣工作，首先要理解有关对或错的治疗师的问题，因为这一强有力的动力现象甚至会威胁到是否还可能有下次会谈。治疗师需要花很多时间去思考如何与这样脆弱的伴侣一起工作。只有当妻子对治疗师有一定程度的信任时，沃尔特才能更多地参与进来。他被露易丝推动成了一个中立的、无能的并且没有威胁的客体，而由于他自身的复杂原因，他也做好了准备成为这样的客体。也许，当知道露易丝有一位精神病的母亲，而沃尔特有一位他极力想要躲避的、从身体和情绪上虐待他的父亲的时候，我们并不感到惊讶。

在治疗开始阶段解释伴侣的移情

如第 3 章所述，伴侣治疗的开始不可避免地会激发焦虑，在生命早期与有帮助的客体和迫害性的客体相处的体验，会对这些焦虑的性质产生影响。在治疗的早期阶段，对治疗师的移情往往强烈而又原始。伴侣常常因不知道伴侣治疗是什么以及伴侣治疗师代表了什么而感到焦虑。伴侣可能会将治疗师体验为父母或超我形象，对伴侣说他们已经失败了或者会谴责他们。在实际的治疗中，伴侣双方可能希望治疗师谴责他们的配偶，让之屈从于自己。治疗师可能被感受为施加权力和影响力的人，可以让伴侣在一起或让他们分手。伴侣常担心治疗师会偏袒一方，不能保持伴侣心态。治疗师也可能被体验为非常理想化的人物，对伴侣关系有着非凡的或神奇的见解，或掌握着有关伴侣的"知识"。伴侣也可能担心他们会压垮治疗师，令其丧失容纳能力。在这一早期阶段，治疗师需要向伴侣解释他们对治疗师的移情——伴侣感觉她是什么样的人以及她代表了什么，这有助于促进伴侣参与治疗。

有时，治疗会谈中可能出现一种特殊的氛围，在其中，伴侣中的一方有更多的发言，试图让自己来替双方描述问题，却以有时明显、有时相当隐晦的方式将伴侣的问题呈现为另一方的过错，这提示伴侣双方（在其不同的位置上）认为治疗师很可能偏袒一方，或者不能与他们保持均衡的关系。这可能在转介的时候就已初见端倪，比如，最初是伴侣中的一方与治疗师联系，或者，是伴侣一方的分析师把他们转介过来。是否能够做出这些移情解释取决于治疗师在反移情中的观察和体验。比如，治疗师是否感到来自伴侣一方或双方的压力，推动她与某个特殊的观点保持一致，而几乎没有空间对此加以思考？治疗师是否觉得在治疗室里没有说话的空间，在心里没有思考的空间？治疗中是否有责备的氛围？在伴侣开始参与治疗的阶段，通常会有对治疗师的种种感受和焦虑，此时治疗师做到以下两点会很有帮助：一是，对这些移情做出解释；二是，容纳伴侣的呈现，这会在治疗早期就帮助伴侣体会到，这些呈现本身就是治疗师和伴侣之间可以交流的内容。

到此为止，我主要探讨了伴侣与治疗师之间的移情和反移情。下面是伴侣关系中的一个移情示例。

在伴侣关系中的移情

临床示例：吉米和戴尔

吉米在实习时遇见了戴尔，戴尔是他的部门主管。他们都抱怨说，每当他们试图一起思考和讨论一些重要的事情时，他们的沟通很快就会中断。吉米正在考虑彻底改变当前的事业，并辞去现在的工作。在一次治疗会谈中，就在他们的交流再次中断之前，戴尔说，他认为每次和吉米谈话时，吉米的回应都会让他感觉好像他在阻止吉米改变自己的事业似的。我说我觉得戴尔说得没错，吉米在与戴尔的关系互动中，确实好像把戴尔视为权威或父母一样，而为了建立自己的身份感，吉米不得不反抗他。吉米同意这一解释，但又反驳说，那是因为戴尔就是一个权威。的确，戴尔有时候会表现出愤怒，或者在行为上有些权威的姿态，也许这在他们关系的初期更明显，但是戴尔现在感受到的无力、不安以及对吉米完全没有影响力是很难让人视而不见的。接下来，我把解释推进了一步，对这对伴侣说，虽然看起来戴尔在他们的关系中有权威性，当然这是从吉米的角度来看的，但事实上，他们似乎共同体验着一种无力感，双方都很容易将对方视为控制者。这一次，吉米暂时能够从伴侣关系的移情中走出来，并对这一新的视角进行思考。

解释投射系统

当伴侣中的一方在强烈表达什么的时候，治疗师会思考其谈话内容是如何与另一方联系起来的，不过，这些联系通常并不明显或者不那么直接。或许，伴侣一方正在代表伴侣双方表达些什么。伴侣中的成员利用伴侣关系将自体中不想要的部分投射进入另一方的这种方式，使另一方承载了"双倍剂量"的这些部分。这可能是出于防御或发展的原因，但会造成伴侣非常两极化的体验；比如，伴侣一方承载着所有依赖的感觉，而另一方则承载着所有对自主和独立的需要。尽管我们也许会想象，投射可能给承载双倍剂量的伴侣一方带来沉重负担，但他们也可能不愿意返还这些投射过来的部分，因为投射在潜意识中是为保护关系服务的，意识层面的容纳者，在潜意识层面则被容纳着。

临床示例：哈利和贝拉

哈利想单独和贝拉外出旅行，不带上他们年幼的孩子。贝拉很不情愿，无法忍受与孩子的任何分离，不管时间有多久。治疗师告诉他们，这实际是他们每个人内心里的冲突，两人都非常依恋孩子，并不愿意在孩子这么小的时候离开他们，但他们也都渴望作为成人在一起的时光，可以忘掉孩子，尤其希望重新享受他们过去美好的、令人兴奋的性关系。他们通过各自代表冲突的一面来处理他们内在的冲突，由此，内在的冲突现在变成了他们之间的冲突。在听到这一解释后，这对伴侣很不情愿地承认了他们双方都有的、对这次旅行的矛盾情感，并一起思考怎样可以把这次旅行安排得更为妥当——他们最终决定缩短行程。

在哈利和贝拉的示例中，有用的干预是帮助他们看到，他们是如何通过投射冲突的一个方面进入另一方来处理他们每个人内心里的冲突的。他们互相投射进入对方的部分很接近意识水平，所以他们很容易重新内射各自不想要的情感部分。然而，通常情况下，投射系统会更有力度、否认得更强烈、也更难以被意识到。

临床示例：凯斯和克里斯汀

凯斯和克里斯汀已经接受了一年的心理治疗。虽然治疗师知道她们有强大的投射系统，但要改变它仍面临很大的困难。凯斯感觉克里斯汀令她非常失望，但凡涉及安排事务、履行约定以及保持房屋的整洁，她都会感觉克里斯汀非常混乱。5年来，她们始终不确定是否可以建立起稳定的伴侣关系，只是在最近她们才住到一起，想看看能否尝试一下。虽然这些困难在克里斯汀搬来之前就已经存在了，但凯斯觉得，如果她们住在同一个地方，她便能更多地控制克里斯汀的混乱，她希望有了她的影响，克里斯汀就会安顿下来，过上更有序的生活。结果却事与愿违，凯斯感觉克里斯汀简直要让她发疯了。尽管有时只是轻度地被激惹，但也有些时候，她真的感觉自己要疯掉了。

治疗师知道克里斯汀有些缺乏条理，甚至很混乱，但治疗师也意识到了凯斯内在的紊乱。在治疗会谈中，治疗师反反复复地观察到凯斯将自己害怕的部分投射进入克里斯汀，而克里斯汀很轻易地就接受了这些投射。克里斯汀试着通过承认自己的过错来安抚凯斯，虽然她（克里斯汀）也会有少许反抗，但通常最终会许诺做得更好。就好像克里斯汀意识到了凯斯的不安，为了这段关系，她潜意识地做好了接受投射的准备，这是"意识的容纳者"（凯斯）也是"潜意识的被容纳者"的一个例子。

在这种情况下，虽然治疗师尝试帮助凯斯看到，她正在把自己非常害怕的、混乱的部分投射进入克里斯汀，但是这些尝试都会遭到凯斯的反驳，而且，她感觉自己被治疗师误解了，并觉得治疗师企图把一些令人不安的东西强行塞给她。在围绕投射系统开展工作以及解释投射系统的时候，不可忽略的是这一过程还有其防御性的一面；我们分裂并投射出导致我们冲突的自体的某些部分，但也包括那些我们无法管理的部分，这些部分有压垮我们甚至摧毁我们的风险。因此，要让伴侣双方能够收回他们投射的部分，仅仅向他们展示他们相互投射了什么是远远不够的。我认为要解决这个问题另有他径。

如果我们认识到，我们在一对伴侣中所看到的是其投射系统的一种呈现，是伴侣一方承载了双倍剂量的某些心理内容，那么我们首先要从关系的这个部分着手开展工作。我们知道，前来寻求帮助的伴侣往往呈现的是自己分裂掉并置于另一方的部分。从某种意义上说，这就是为什么他们需要一起参加伴侣治疗。通过处理在关系中自体否认掉的、往往很可怕的部分，便有望让它不再那么可怕。伴侣中的投射方会看到，治疗师并没有那么害怕这个部分，也没有评判它，而是有理解它的兴趣。这是伴侣治疗的三角关系性质发挥疗效的一种方式。随着治疗的进展，伴侣中的投射方对自己投射出去的部分的恐惧可能会逐渐减少。过了一段时间，凯斯的确能开始谈论她自己内部的混乱，她们也越发能感觉到她们共有的一些混乱和碎裂的部分。然而，在某些应激的情况下，她们的关系又会回到克里斯汀承载混乱部分的默认设置，但随着时间的推移，这对伴侣会再次意识到这种动力现象，即使她们并不是每次都能阻止它的发生。

解释意识幻想、潜意识幻想和信念

伴侣对什么是关系或关系应该是什么样子会有各种看法。这是伴侣治疗中的一个重要领域，因为这些假设、意识幻想和潜意识信念会以某种方式驱动关系的演变。除非它们能够被恰当地带入意识并进行思考，否则它们可能导致一种没完没了的冲突感，这种冲突可以表现为，伴侣一方在心里认为的理所当然的事情，在其配偶的心中，却被感受为不合情理或不公平。这些想法可以介于开放性的假设与深层的潜意识信念之间。意识层面的假设通常需要被更开放地表达并进行思考。也许伴侣每一方会认为，这些假设是他们双方共有的，但表达了它们之后才发现事实并非如此。下面，我会列举一些这样的例子，比如，伴侣认为他们应该总是能够理解对方（Vorchheimer，2015）、喜欢对方的一切、相互之间一直有性吸引力、从来不会相互憎恨、从不争执、永远步调一致。如果进行理性思考，那么伴侣可能会否认他们有这样的意识幻想，但事实上，他们受控于这些意识幻想的程度通常远远超出了他们的想象。有时，一些幻想更像弗洛伊德用到的术语白日梦，这些白日梦远离现实检验，到后来处于被压抑的状态（1911）。伴侣常常幻想着自己的配偶有或者应该有特别的外貌、独特性、举止行为，或者像他们期待的那样与他们建立关系、充满着快乐、善于交际、体贴入微、从不强求自己，等等，如果配偶与这些幻想中的样子不相符，他们就会感到失望甚至牢骚满腹。

伴侣对关系的一些假设也可能以深层潜意识信念的形式存在，例如，坚信关系本质上是威胁性或破坏性的，或者是融合性的，等等。潜意识信念处于关系的背景中并对关系有着强大的影响力，通常，治疗师会通过难以加工的反移情或见诸行动来接近它们。但是这些信念给解释带来了特殊的问题。Britton 有如下描述，

> 当信念依附于幻想或观念的时候，最初它会被当作事实来对待。意识到它是一种信念是后来发生的过程，这取决于能否从这个信念系统之外观察信念。

（Britton，1998c，p. 9）

这意味着，当一对伴侣受控于潜意识信念的时候，就会有一种难以挑战的确定性氛围。他们在与信念的关系中不能采取第三方位置，而且可能会抵制治疗师的第三方位置。治疗师可能会这样解释，"你们的交谈中好像透露着一种信念，认为你们在任何时候都应该满足对方的需求"，而伴侣可能会义愤填膺地回应（好像觉得治疗师疯了似的），"难道这不是伴侣应有的样子吗？！"在这一情境中，治疗师提供了不同的观点，但伴侣并没有感觉这拓展了他们思考问题的心理空间，反而觉得治疗师在挑战或威胁他心中的既定事实。治疗师

会感觉难以思考，也很难找到合适的方式来表述解释。治疗师体验到难以处理的反移情，并可能会有见诸行动的冲动。治疗师可能会以坚持或肯定的态度做出回应，就像"超价观点"所表现的那样。在某种程度上，只要治疗师意识到这一点，也会有所裨益，因为这会提示治疗师所处的治疗情形，会帮助治疗师动态观察她的解释，去查看她是否在传递着一个又一个的超价观点。

对象征和梦的解释

分析性倾听与日常的倾听不同。Zinner 谈到过，伴侣治疗师会"被表面的内容带走，尽管他们很努力地想要避免这种情况，但还是会发现，自己在偏袒一方，无法在当下与伴侣保持有意义的接触，感到绝望，或者不断寻求某种干预方法来达到建设性的目的"。Zinner 建议，"应当评估伴侣争执的表面内容背后所隐藏的寓意。而且，这些争执应当被视为，对伴侣一方或双方某些潜在的、往往是潜意识的情绪张力，做出的一种刻板、模式化的反应"（1988，p. 1）。因此，我们倾听临床素材的一种方式就是，要尝试听到潜意识的象征意义。如果我们能理解伴侣为之争吵的那件事情其实不仅仅是那件事本身，而且还有它所代表的意义，我们有时就能在反复发生的、充满误解的交流中带入一缕希望之光。伴侣会发现，他们为之争吵的那件表面上的事不再是他们想象中那件事。

临床示例：萨迪和保罗

面对年幼子女诸多需求的伴侣常会感到没有被配偶很好地照顾。萨迪和保罗有三个年幼的孩子，萨迪在一次治疗会谈中表达了对保罗的极度失望，因为周末的时候，保罗很少在她还躺在床上时递给她一杯早茶。他比萨迪起得早，忙着让孩子们起床，并开始准备早餐。她能听到保罗在厨房里干活，能听到烧开水的声音和陶瓷器皿的叮当作响，但是当他再次出现在卧室的时候，却没有茶！她在说这些的时候，身体瘫软下去，以此表达她对保罗有多么的失望。保罗一边听，一边表示他认为萨迪的期望不合情理。毕竟，是他在忙碌家里的事，让她可以继续在床上躺着！有一会儿我是赞同保罗的，难道不是萨迪太不合情理了吗？但后来我开始运用"第三只耳朵"以不同的方式倾听，发现问题不仅仅是渴望喝到茶水，而是茶水对萨迪来说代表了什么。很明显，茶代表了她不曾拥有的、持续又可靠的母亲的照料，而现在，她被要求在大部分时间里为孩子们提供这样的照料，这让她更强烈地感受到自己心中对母爱的渴求。而且，听到保罗在厨房里忙碌的声音是十分诱人的，这让萨迪不断产生希望，又一次次地希望破灭。就这件事而言，萨迪的情绪似乎有些偏激，但我意识到这就是她在与情感忽视的母亲的关系中体验到的照料的品质；母亲曾经充满诱惑地承诺会好好照顾她，却总是过于频繁地不能兑现承诺。

临床示例：查理和埃里卡

这对伴侣紧急约见了我，因为他们最近有过争吵，过程中查理推搡了埃里卡。他们在一起的时间不长，但都觉得这是他们想要承诺的关系。埃里卡说，尽管发生了这种事，她认为她还是爱查理的。在最初的几次会谈中，我们尝试弄清楚他们的冲突是如何升级为身体暴力的。在接下来的一次会谈中，他们告诉我，他们争吵的原因是查理答应会修理好出故障的烟雾报警器，但他没有这样做，结果半夜里烟雾报警器响了，把他们都吵醒了。查理没有处理好烟雾报警器这件事暴露了他们之间存在着某种张力，我们对此开始有了认识。这种张力是有关谁在照顾谁，特别是埃里卡希望查理能照顾她更多一些，可这超出了查理能够做到的范围。对烟雾报警器的象征意义所进行的思考给予了很好的启示——在他们各自的内部以及关系的内部响起了警报。由此，他们可以接触到他们对于关系的恐惧，这些恐惧他们以前并未完全意识到，现在他们发现他们之间并不存在任何实质性的关系。

伴侣在治疗中谈起的梦，也是象征性的素材。尽管是伴侣一方报告的梦，但我们可以把它作为一种"社交梦（social dreaming）"的版本加以思考，这种梦的来源和意义都不只局限于梦者。而且，决定将梦带入伴侣分析的空间也提示，梦者已经在把梦与伴侣的关系建立起联系。

一位女性病人谈到了下面的梦：

> 她在跳舞。背景很朦胧，但她能看见邀请她跳舞的男士衣着灰色西装。他们在房间里移动舞步，突然她的舞伴把她引到一个角落里，他紧压着她的身体。她能感觉到他勃起的阴茎。
>
> （Giovacchini，1982，cited by Roth，2001，p. 533；emphasis added）

这实际上是 Priscilla Roth 在论文《绘制风景图》（Mapping the Landscape）中描述的一个梦境片段，用来描述不同层次的移情解释（Roth，2001，p. 533）。值得思考的是，如果伴侣中的一方带入这样一个梦，那么在伴侣治疗会谈中将如何讨论它呢？首先，我认为伴侣双方可能都会对这个梦展开联想。或许这种一方施压而另一方感到被压迫的客体关系，是伴侣双方在其内在的或外在的原生家庭中都知晓的客体关系（比如，也许他们中的一方或双方有着压迫性的、纠缠的或在性上有不适当接触的母亲或父亲）。

这也可能是他们感受彼此的某种方式，一种压迫和被压迫的客体关系或许是伴侣对关系性质的一种潜意识信念。但也可能是他们在性关系上的一种交流，一种对性的渴望或对性的恐惧的交流。

如果在与治疗师的关系维度中考虑梦境，那么这个梦可能提示伴侣感觉治疗师与梦中的男性相似，或者，如果他们联合起来对治疗师施加压力的话，那么他们也可能把治疗师体验为梦中的女性。此外，这也可能是在治疗会谈的当下，伴侣一方对另一方的感受，或者伴侣双方彼此之间的感受，这就很像 Hobson（2016）谈论的"自体代表事件"，因为他们正在谈论的梦中情形，同时也正在会谈中的此时此刻发生着。换句话说，之所以在会谈的那一刻这个梦会浮现出来，是因为一种无法经由言语表达的动力正在治疗空间里发生着。

除了真正的梦，我们还可以像 Fisher 谈到的那样，将伴侣描述的事件当作梦来对待，治疗师不把这些事件视为单纯对事实的描述，而是将之作为共有的潜意识幻想和"交流情感体验的尝试"来倾听（1999，p. 152）。与伴侣一起工作，治疗会谈中最具动力性的时刻可能在治疗空间中随处发生。治疗师需要判断，这一动力在任何特定的时刻位于何处。伴侣在治疗中的各种描述，无论是梦境，还是一些日常生活中发生的事，如果都能从象征层面加以思考，就可能对关系中某些问题的意义产生更深刻的理解，这些问题可能正在关系中的此时此刻发生着。

其他类型的干预

联系历史

在治疗过程中，会做很多与伴侣历史有关的联系——包括个人史以及伴侣的关系史。通常在评估会谈中会收集一些历史信息。与历史的联系可以为伴侣提供一种连续感，并有助于整合他们当前的体验。有时，治疗师会感觉她需要了解更多的历史信息，以便能更好地理解某些现象。

尽管如此，我个人认为，只要了解历史信息的重要方面就可以了，在大多数情况下，要避免在治疗开始时把很多时间花在历史信息的细节内容上，除非伴侣主动地讲述细节内容。在第 2 章和第 3 章已经谈到过，前来寻求帮助的伴侣往往正处于危机之中，他们需要被帮助来理解他们的关系中正在发生着什么。如果治疗师询问太多有关背景的问题，他们可能会感到没有被治疗师听到，也没有被治疗师容纳。有些时候，治疗师这样做是因为对未知和等待心存焦虑。这也可能导致过早地将伴侣当前的困难与他们的过去联系起来。

当伴侣自己联系过去与现在的时候，这种整合的发生通常会更有意义。例如，当凯斯（之前谈到的凯斯和克里斯汀的例子）最终感到足够安全并能承认她内在的混乱时，她自己将之联系到了生命早期与"发疯的妈妈"在一起的体验。在那一刻，这一联系真正让凯斯和克里斯汀深切体会和理解了这种来自过去的鲜活体验。我对她的母亲了解不多，但如果我以前主动请她谈谈关于母亲的话题，我想她可能会觉得被我迫害或指责。此外，在凯斯谈论她母亲之前，我已经和他们一起参与了这种疯狂和混乱的体验在治疗空间里的外化。借由移情和反移情，我很好地理解了这一体验对她来说是什么样子，而在早些时候的治疗中，我不可能以同样的方式从她对童年事件的描述中获得这样的理解。这说明，如果只是描述过去的经历而在当下没有相应的情绪体验，那么这种描述的价值十分有限。在第 5 章中，我谈到了动态的内部世界，这一内部世界不但由过去和现在的环境带给我们的体验所创造，而且非常关键地，它也由我们对环境的反应所创造。"发疯的妈妈"对不同的病人有着不同的意义。因此，如果没有和这对伴侣在一起的现场体验，我们只能猜测它的意义，或者更糟糕的情况是，我们会带入自己的联想。

"翻译"

伴侣治疗师可能发觉自己做了很多我称之为"翻译"的工作，即将伴侣一方所说的、所感受和体验到的翻译给另一方。大多数前来寻求帮助的伴侣都存在沟通方面的问题，若能帮助他们更好地、更准确地相互理解，将很有裨益。然而，伴侣治疗师又不可陷入这种翻译工作，以至于对伴侣一起创造的现象有所失察。可能存在的情形有：伴侣双方也许会误听对方、不想相互倾听——或者至少是不想听到那些特殊的、难以入耳的事——或者伴侣交流中存在一些暗示的话语，但不能放到桌面上公开谈论。治疗师需要留意推动她承担翻译角色的那些压力，以便可以思考伴侣让她发挥这项功能的意义何在。然后，她可以重新回到第三方位置以及伴侣心态。从这个位置上，治疗师可以做解释而不是翻译；例如，解释伴侣之间有一些不能讨论的特殊问题，或者解释伴侣一方如果听到与自己的观点不相符的内容，就故意误解或扭曲另一方在讲的话，或者简单地解释伴侣之间存在倾听的问题。

Fisher 把倾听伴侣对事件的不同描述背后隐藏的情绪意义，比作倾听音乐。他告诫说：

> 有时，作为治疗师，我们太热衷于将我们从病人那里听到的内容翻译成我们更熟悉的、更可控的语言，而没有给自己时间去倾听我们正在听到的音乐。

> （Fisher，1999，p. 153）

分析性倾听与准确回应

Meltzer 在讨论分析性倾听时说，"倾听不像听录音机。倾听实际上是在倾听语言，倾听音乐，倾听那些因具有象征寓意而触动人心的言辞的特殊运用"（Meltzer，1995，p. 133）。如前所述，分析性倾听要求我们听到伴侣谈话中的隐含内容。尽管我们试图这样做，但伴侣会施加巨大的压力推动我们对表面内容进行工作。有时，他们会拉着我们来确认伴侣一方或另一方实际说过的话，他们会问，"我说过这样的话吗？"我建议在倾听的时候，心中提出这样的问题，"伴侣每一方在讲话的时候，他或她正在进行怎样的潜意识叙述？"虽然我们可能经常认为伴侣双方的交谈方式有点"疯狂"，但也许依据潜意识信念这一概念，我们可以想，"之所以疯狂，是因为他们彼此互动时，好像认为关系就是这个样子的"。

前来寻求帮助的伴侣常常发现他们难以相互倾听，而且，当他们倾听的时候，往往不能做到准确倾听，因此，伴侣分析治疗中的倾听就很重要了。治疗师在倾听时会留意谈话的内容和方式，也会留意那些没有讲出来的内容和沉默的表达。在与一对伴侣的工作中，治疗师会好奇伴侣中讲话方的配偶都听到了些什么以及没有听到什么。事实上，理解另一个人或者听进他们真正表达的内容并不总是一件容易的事情，尤其当那些表达会让听者感到痛苦，或者会威胁他们既有的对关系的观点和信念的时候，更是如此。尽管如此，我在第 7 章谈到过，许多伴侣都坚定地认为他们应该理解自己的配偶，也应该被他们的配偶理解（Vorchheimer，2015）。

询问与准确回应 *

有时，为了能对当下探讨内容的情绪内涵有更多的理解，治疗师会询问伴侣一些问题，但这种询问并不是要收集更多的事实或细节，除非有非常明显的信息缺失了。倘若治疗师的询问只是为了收集信息，就可能带来一种风险，即，治疗师只是在收集一些并非伴侣自己带入治疗空间的素材，而不是与伴侣自己带入的素材保持接触。当伴侣中的一方讲话的时候，治疗师也可能通过询问来了解另一方以怎样的方式在听这些内容，但通常治疗师会将这类询问与自己的观察相结合；例如，"我注意到当'X'讲话时，你'Y'似乎没在听？"。

---

* "reflecting back"在此处的含义是，治疗师通过语言尽可能准确地回应伴侣向治疗师传递的信息，从而让伴侣感受到治疗师在倾听他们，而且听到了他们真正要传递的信息。此处译为"准确回应"。与之在同一标题中的分析性倾听或询问都是与准确回应密切相关的部分。——译者注

对伴侣的观察

与大多数的个人分析工作不同，在伴侣分析治疗中，伴侣都是坐着的*。伴侣的外表和肢体语言，伴侣就座的位置，是否会转向对方或是不看对方，他们的手和眼睛（也许含着泪水）有何细微的呈现，是否另一方可以注意到这些呈现等等，所有这些都是伴侣治疗师的信息来源。婴儿观察是许多精神分析训练项目的一部分，它为观察婴儿生命极早期的发展和关系提供了机会，也为保持安静反思的分析态度（Rustin，1991）和密切观察的能力提供了训练。有时伴侣之间在互动，治疗师则处于观察者的位置，有时伴侣一方与治疗师互动，而另一方保持沉默。治疗师对沉默一方保持同样的兴趣。Alperovitz 描述过这样一个例子，在给一对伴侣的治疗中，她观察到杰克的配偶佩吉在哭泣，这个现象并不陌生，她开始好奇佩吉在表达什么。

> 我看到的情形是这样的：我注意到，当佩吉开始哭的时候，她举起两个拳头，将每根食指的指关节深深地伸进鼻梁两侧的眼角里，然后粗暴地揉搓着。与此同时，她的讲话变成了烦躁的呜咽，就像一个无法从睡眠过渡到醒觉或从醒觉过渡到睡眠的婴儿——而且，得不到任何人的帮助。当她变得更加焦躁时，她从盒子里拿出一张纸巾，然后把它折叠起来——先是对折一下，然后再对折一下。她抬起手来将对折好的纸巾刚好放在左眼下眼睑的下面——然后又把折叠的 Kleenex 吸水纸巾移到右眼下眼睑——好像要在眼泪从眼睛里流出来之前就把它擦掉。
>
> （Alperovitz，2005，pp. 11-12）

---

* 此处作者强调伴侣分析治疗中，伴侣都是坐着的，主要是相对于个体躺椅式高频精神分析而言的，在个体精神分析中，病人躺在躺椅上，分析师一般坐在病人头部位置的侧后方或后方。——译者注

Alperovitz 将上面的观察视为佩吉与她（治疗师）和杰克的一种交流。她对佩吉试图阻止眼泪落到脸颊上的行为做了反馈。杰克和佩吉立刻对此展开了联想，这通向了对他们各自的以及共有的内部世界的领悟，尤其是"相互之间未表达出来的共有纽带和相似僵局——对亲密和依赖的深切渴望，又同等强烈地害怕它会真的发生"（Alperovitz，2005，p. 13）。

可能导致解释出现偏差的情形

解释与未加工的反移情

有时治疗师会出于焦虑做出解释，通常这是因为治疗师接收了来自病人的投射，这些投射让治疗师感到不适，她想做些什么来处理情绪。在这种情况下，解释更像一种排空，因为那些投射部分还没有被治疗师理解或与其他元素建立连接。有时可以从治疗师的解释行为中看出在压力影响下的情绪，比如，治疗师的解释内容过多，或解释得太快，或解释得过于复杂以至于伴侣难以听懂。不知道或不理解以及无助感是不容易面对和处理的，它们会导致治疗师基于以前的知识或经验做出解释，这样的解释也许并不能充分接近伴侣当下的体验，或者，如 Britton 和 Steiner 所描述的，是一种超价观点。

顺从

有些伴侣在心里是把治疗师当作专家来看待的，认为治疗师对于他们的关系究竟如何、现实是什么样子以及在关系中谁对谁错等有最终的发言权。有了这种尚待修通的移情，他们可能很难接受不正确的或不完美的解释，尽管这其实是解释的常态。我们希望治疗师看到伴侣的顺从反应，或许它表现为伴侣过于轻易地同意了治疗师的解释却又对这一解释没有任何联想。伴侣和治疗师之间的这种互动情境会导向另一种解释，它涉及伴侣的顺从以及他们需要治疗师成为全知的"专家"形象。

不准确的伴侣解释

治疗师有时会觉得他们必须从伴侣投射系统的角度看待一切，并过度解释伴侣中的动力，这在那些经验不足、"伴侣心态"欠缺的治疗师身上更容易发生。例如，伴侣一方感到被抛弃或愤怒，或嫉妒或抑郁，而另一方显然并非如此。伴侣一方的这些情绪体验可能是伴侣投射系统的一部分，即，伴侣双方都有这种情绪体验，并且他们有一潜意识的协议，仅由一方承载这种难以面对的体验，所谓"双倍剂量"。然而，情况并非总是如此。这种理解可能只是一个"超价观点"，阻碍了对真实的临床情形的识别。如果真的是这样，可能会让伴侣一方或双方感到被深深地误解，而如果这种情况发生得过于频繁，就可能使得伴侣对这样的治疗过程感到非常愤怒。

解释时机

时机恰当的伴侣解释通常会给伴侣带来释然，并使他们从指责性的互动，转变为对他们作为伴侣一起创造了什么有更多的反思——一种暂时性的伴侣心态。然而，有时伴侣并不能进入这种心态，他们想指责对方并坚持认为对方有过错。伴侣解释会让他们感觉没有被理解到。同样，解释投射系统也会让他们感到没有什么帮助，因为他们需要排空那些不想要的或者令他们恐惧的自体部分。伴侣还没有准备好重新内射那些被分裂出去并感受为异己的部分，这样的分裂或许是防御性关系结构的一部分。当考虑解释的时机时，我们会考虑做出解释之前的所有准备工作。以解释投射为例，一部分的准备工作是要理解导致投射的焦虑。投射需要被治疗师理解，也需要被治疗师感受到并在反移情（主要是潜意识地）中修通。这对伴侣和治疗师来说都需要时间。在临床讨论中有时会提出这样一个问题——如果解释对伴侣一方是准确的，但对另一方不是，该如何？我在前面谈到了解释是一个过程，这个观点与此处的问题很有关系。如果我们发现，解释只对伴侣一方有帮助，而对另一方没有，那么这个事实可以成为下一个解释的组成部分："'X'，我认为你感觉我提出的另一种看法是很有帮助的，但'Y'，我认为这一新的看法让你感觉既没有被听到也没有被理解到"；或者，解释也可以更指向伴侣共有的部分，"我认为，你们双方对于能否以这种不同的方式来思考你们之间正在发生的事情是很感兴趣的，但又很难保持在这个方向上，因为将对方视为过错方是你们更熟悉的方式，对你们有更强的吸引力"。

解释是一个并不完美且又十分复杂的过程。我们尝试着去理解我们的病人，并以他们能够接受的方式向其传递这种理解。有时，可能经过很长一段时间他们也不会接受解释，于是我们不得不寻找其他方式来与他们保持接触。有时我们会有正确的解释，有时不会；这在许多治疗中是可以忍受的，但不是所有治疗中都会如此。在伴侣治疗中存在着过程，但这不像在个体治疗中那样只是在两人之间发展关系的过程；更确切地说，它是一种三角动力过程，在治疗室的不同时空中许多"伴侣"交替成为着参与者和观察者，由此推动着理解的产生，帮助伴侣发展伴侣的心态。

注释

[1] 本章以前发表过的版本：Morgan，M.（2018）Complex and creative: the field of couple interpretation. *fort da*，24（1），6–21.。

第 10 章

结束和伴侣治疗的目标

希望伴侣已经发展到某个阶段，在这个阶段他们能够在伴侣关系的动力中允许对方有情感上的自由，这或者可以让对方的爱持续存在，就像是对这种允许回馈的礼物，也或者允许对方离开去发展新的关系。这在某些时候是显而易见的——只是某些时候，但不总是这样。

（Fisher，1999，p. 283）

结束是伴侣治疗的一个特殊议题。与其他形式的治疗一样，伴侣治疗有治疗目标和治疗结束的问题。从一开始，伴侣双方的心中就常常萦绕着下列问题：关系能否维持下去，伴侣双方能否、应该或希望在一起。这可能会让伴侣中的任何一方担心对方会离开而自己被单独留下来。对伴侣治疗可能导致关系结束的恐惧会让参与治疗的过程更加复杂。当然，尽管许多伴侣不会分手，但有些时候，关系的结束是伴侣治疗的结果。也有些时候，就像上面 Fisher 所谈到的，伴侣一方会在情感上"放手"，让另一方从我们需要他们成为的样子，我们给他们灌输的东西，以及我们用以约束他们的各种限制中解放出来，这也许会带来另一方的分离独立，但也同样可能会导向更大的心理空间和更具创造性的关系。在这一章，我将对治疗的结束和伴侣关系的结束这两个主题进行探讨。

加入治疗、治疗的开始和过早的结束——为什么有些伴侣在开始投入治疗之前就离开了

在初始咨询和治疗开始的阶段，关系的未来以及对持续治疗的想法会错综复杂地交织在一起。许多伴侣前来寻求帮助是因为他们想找到一种方法，可以让关系正常发展，更好地相互理解，重新找到他们在关系中失去的但目前又渴望拥有的部分，或者找到度过关系危机的途径。伴侣心中常有一个问题：这段关系是否应该结束。但是，即使有结束关系的愿望，能轻易做出决定的情况也不多见；否则，我们可以想象，他们早就分手了，不会考虑寻求伴侣治疗。要结束一段有承诺的伴侣关系会牵扯很多复杂的问题。或许他们已经有了孩子，或许这一伴侣关系已持续多年。甚至在刚建立不久的关系中，伴侣也可能会对他们的未来抱有很大的希望。伴侣中的成员可能把进入伴侣治疗的决定视为一种象征性的行为，象征他们既承认关系中存在困难，也对关系有投入和承诺。而有些伴侣则感觉，进入治疗是关系结束的开始，治疗的过程迟早会结束他们的关系。有些情况下，伴侣中的一方可能会感觉自己被操控着进入了治疗，对整个事情持有高度怀疑的态度。这些焦虑会在伴侣双方的矛盾心态中表现出来，不过，在他们的投射系统中，每一方会分别承载矛盾情感的一极。

第5章讨论过，在伴侣治疗的开始阶段，对治疗师的移情可能复杂多样，这使得治疗师难以确定工作方向和发挥容纳功能。一方面，治疗师可能被视为一位不切实际的、理想化的"专家"形象，伴侣可以把他们的关系托付于她，在伴侣关系即将破裂的时候她也能承托得住。另一方面，伴侣又会害怕和担心治疗师全然进入他们的关系，因为他们对暴露自己和失去控制很焦虑。伴侣常常对治疗师有隐藏的敌意，因为他们并非真的想让治疗师进入他们的关系，而是关系的现实状况需要治疗师的进入。被理想化的治疗师很快会让伴侣感到失望，而且伴侣也开始意识到伴侣治疗中会有怎样的情绪卷入以及面临的实际问

题，包括治疗的疗程，所有这些都可能导致伴侣从治疗中过早脱落。尽管这可能是因为伴侣认识到伴侣治疗并不适合他们或现在不适合他们，但也有些伴侣过早脱落是因为他们内心里的各种焦虑并没有在治疗的初始阶段被抱持。在实际临床工作中，在治疗初期抱持这些焦虑对治疗师来说往往也不是很容易。

当伴侣一方或双方说想要结束关系的时候

很多时候，在伴侣治疗的过程中，伴侣一方或双方会说想要结束伴侣关系。这常常发生在治疗过程白热化的时刻，比如正在表达挫败或绝望的体验，或者企图强烈地影响、威胁或胁迫另一方。事实上，许多伴侣就是以这种方式进入治疗的；有一位丈夫说道，"我是被枪顶着头来到这里的"。因此，当治疗过程中伴侣一方或双方说要结束关系的时候，治疗师切勿武断地认为伴侣真的想结束他们的关系，相反，治疗师要帮助伴侣思考他们在表达什么。伴侣也许在强烈地表达另外的情绪。"我对你很愤怒，我无法忍受和你待在一个房间里"，或者"我对我们的关系感到绝望，我们最好到此为止吧"。在上面这两种情绪的表达中，结束关系的愿望真正想要表达的其实是难以控制的愤怒或绝望，而这些正是伴侣想要被理解的部分。

分手的愿望可能也是需要有更多的、心理上的分离，以及需要在关系中创造更多的心理空间，以便伴侣双方既可以相互拥有也可以彼此独立。这些需要的表达可能发生在伴侣一方说想结束关系而另一方不想结束的时候。在他们的投射系统中，一方坚持要有更多的分离，而另一方则坚持需要更多的厮守和亲密，但实际上，这两者之间的平衡正是他们双方都在艰难协调的部分。另外，表达分手的愿望也可能是对治疗师的移情交流。事实上，当一对伴侣表达要结束关系的愿望时，治疗师在那一刻往往并不清楚他们指的是要结束治疗关系还是伴侣关系。

虽然重要的是，不要把伴侣表达分手的愿望当作事实陈述，但同样，我们也必须谨慎防止与伴侣共谋否认伴侣一方或双方在真实地表达要结束关系的愿望。有时，伴侣中的一方已经做了离开的决定，却无法忍受这样做带来的内疚或焦虑，所以他们想把配偶留在治疗师这里。在这种情况下，可能存在着正在发生的外遇关系，这也许已公开承认或者还处于隐瞒状态。对有外遇的一方来说，这一外遇关系可能是"真实存在的"关系，它对治疗室里的伴侣关系有着持续破坏性的影响。即使没有另一真实存在的外遇关系，也可能在意识幻想中有"他者"的存在，这个"他者"可以是一位不同的配偶、一种不同的生活，也可以是另一种存在的方式，包括一人独处。休"情感假"（Britton，2003a，p. 175）的伴侣一方，可能会有意识或潜意识地拆解在修复关系方面取得的任何进展。而希望保持关系的另一方，则会对关系和治疗师施加一种不同的压力，任何提示结束关系的迹象都被体验为亵渎。治疗师可能会感觉被压力驱使着要去支持不想被留下来的一方或想离开关系的另一方。如第 5 章曾讨论过的，有些治疗师由于自身未解决的一些问题，会觉得应该让伴侣在一起，他们觉得伴侣若是分手了便是治疗的失败。这是伴侣治疗中的一个复杂问题，既涉及要理解什么样的分离是被需要的，也涉及治疗师要避免被牵拉着为了伴侣一方或双方而有某些见诸行动。

我在以前发表的一篇论文（Morgan，2016）里描述了与一对特殊伴侣有关的这类僵局。

一对伴侣还在治疗的早期阶段时，妻子就非常明确地表示，她打算离开这段关系，然后与和她有婚外情的另一位男性建立家庭。但她对此非常地焦虑，感到无法有任何实质的行动。她的丈夫完全不能接受婚姻关系的结束，她也无法以任何他能接受的方式提出这种可能性。尽管他们每周都来参加治疗，却对此闭口不谈。作为治疗师，我觉得自己处在一个困难的位置。如果我主动提起她曾经表达过但现在又说不出口的要离开的愿望，那我是在支持她要结束婚姻的打算吗？如果我不这样做，那我是在支持他维持现状的意愿吗？此外，我也必须考虑到，他们在谈论结束的问题上存在的困难，是否也是他们两人潜意识地希望继续这段关系的一种表达。

（Morgan，2016，p. 46；emphasis added）

当伴侣一方离开时

对许多伴侣来说，结束关系并不是双方共同做出的决定。在伴侣治疗中，如果一方决定离开，要么会带来伴侣治疗的结束，要么使治疗的焦点从对伴侣亲密关系的理解很快转变为帮助他们处理分离。但是，决定离开关系的伴侣一方可能会很快离开，因为另一方也许不能接受分手的决定，致使与之一起参加的治疗会谈过于艰难，无法继续。伴侣治疗密切合作的环境可能已无法满足伴侣双方的需求。

临床示例：比尔和珍妮特

比尔和珍妮特前来治疗是因为比尔和一位年轻的同事卡拉有染。他说这件事已经结束了，但珍妮特仍然非常痛苦。她希望比尔摆脱这位同事，如果不能做到，就辞掉他的工作。治疗进行得很艰难，因为珍妮特想知道比尔与卡拉关系的每一个细节，但比尔想让这事过去，不再谈论它。他觉得他们就这事已经谈论得太多了。治疗师感觉，对比尔来说，放弃与卡拉的关系并不容易，他私底下对这一丧失感到悲伤。但他不能开放地向珍妮特表达这些部分，反而变得越来越退缩。这也让珍妮特更加痛苦，因为她很不确定比尔到底在想些什么。几个月后，比尔宣布他仍然爱着卡拉，他想结束与珍妮特的关系。他无法忍受继续参加治疗会谈。他说，"我无法成为珍妮特希望我成为的人，我也无法成为我自己"。比尔在离开前又继续参加了几次治疗会谈。珍妮特无法接受他的决定，对治疗师也有些未处理的情绪，她觉得治疗师本应该让他们在一起的。

当这种情况发生时，治疗师和留下来的伴侣一方变成了一对"被抛弃的伴侣"，他们面对着困难的局面，不清楚现在该如何继续。在个体治疗中，失去重要关系的时候也正是最需要治疗师的时候。但在伴侣治疗中，对于在这个阶段该如何继续有着不同的观点。最常见的情况是，治疗师和留下来的伴侣一方共同商定有限次数的治疗会谈，由此通向伴侣治疗的结束。其中也包括考虑和转介为个体治疗。有时，与伴侣治疗师一起留下来的伴侣一方希望继续与这位伴侣治疗师进行个体治疗。他们提出的理由包括，这位伴侣治疗师很了解他们，他们还没有决定要结束治疗，他们觉得还在与这位治疗师的治疗过程中，以及他们不希望与其他治疗师重新开始治疗等。而且，在上面的例子中，也包括珍妮特与治疗师之间还有很多问题需要修通。

这是一个需要思考的复杂问题。有些伴侣治疗师可能既做个体治疗，也做伴侣治疗，所以觉得他们可以改变设置框架，然后与留下来的伴侣一方继续进行个体治疗。我不认为这真的可行，因为设置框架已经确定为伴侣治疗，治疗师也已经与其配偶工作过了。那位离开的配偶会在治疗师的心中存在着，治疗师对那位配偶的体验和了解会影响到她在个体治疗中的思考、理解和解释。因此，在大多数情况下，治疗师会与留下来的伴侣一方做些结束伴侣治疗方面的工作，如有必要，会做个体治疗的转介。也许在某些情况下，治疗师经仔细考虑后会决定与伴侣一方继续治疗工作，但是，我认为在这样的案例中保留着如下两个事实：其一，这一治疗遗留了伴侣治疗的形式，伴侣治疗是它的历史，是它当初开展起来的方式，并将永远是它不可分割的部分。其二，如果决定以这样的方式继续治疗，那么未来任何形式的伴侣治疗将不再可能，比如，这对伴侣重新恢复了关系并想继续伴侣治疗，或者伴侣的某一方开始了一段新的伴侣关系并希望就这段新的关系进行伴侣治疗。虽然我认为在伴侣治疗中，管理伴侣某一方的偶然缺席是有可能的，然而，一旦缺席时间持续太久，就无法遵循伴侣治疗的设置进行管理了。在这种情况下，如果未来重启伴侣治疗的话，治疗师是不可能保持伴侣心态的。

治疗师会告诉伴侣分手吗？

与一些伴侣所认为的相反，伴侣治疗师不会对伴侣关系是合是散做评论。有时伴侣会给治疗师施加压力，要治疗师对此发表看法，而事实上，这并不是治疗师可以确定的事情。然而，伴侣治疗的一个困难之处是目睹伴侣的破坏行为，以及这些破坏行为对他们本人、他们的关系和家庭生活特别是年幼的孩子所造成的影响。破坏性有多种形式，有时对治疗师来说会有一个转折点，她可能会发现她一直在支持一段极具破坏性的关系——甚至在无意间因为治疗所提供的黏性而让这样的关系得以持续。伴侣治疗的一个重要方面是，当伴侣的破坏性出现的时候，治疗师会给他们指出来，由此伴侣能够更清楚地意识到破坏性及其造成的伤害。伴侣可能已经失去了对其行为的破坏性的判断能力，或者非常不愿意面对它，但是随着对它背后动力的认识和理解，也许伴侣能够有所改变。毋庸置疑，如果担心伴侣成员或其子女或其他家庭成员在身体、情感或性方面的安全性，就必须处理这些问题，即使这可能意味着治疗的终结。

当关系已经结束

一些伴侣在关系已经结束的时候来寻求帮助，他们并不渴望给关系带来生机。这些伴侣想要尝试一下伴侣治疗，是因为他们想让自己或其他人知道他们已经努力过了，而实际上他们并不想在一起了。他们也许不能面对关系结束的事实，他们需要帮助才能放手。当伴侣极力否认这一点时，治疗师会体验到被卡住、无用和劳而无获的反移情。这种反移情往往与伴侣的阻抗密切相关，因此治疗师要能承受得住这些体验并理解它们。但这也可能与伴侣在意识或潜意识层面不能合作有关。当治疗师开始理解这是她所要面对的，或者换句话说，这是伴侣带来的问题的时候，她会发现很难知道这与什么有关。伴侣就这个问题向治疗师进行着潜意识的交流。他们参加治疗就好像在寻求帮助以改善他们的关系似的。如果向伴侣解释，事实可能不像他们所表现的那样，伴侣就可能感觉到这是对他们的一种攻击，不过，如果解释的时机恰当，就可以带来极大的释然，即使伴侣一方或双方仍在抓着他们的关系不放手。在治疗师的帮助下，他们可以放下因始终抓着实际上已不存在的关系而带来的痛苦体验。

也有些伴侣公开承认他们的关系到此为止了，并希望可以得到帮助，以便以最好的方式结束这段关系。这可能需要一些时间，因为伴侣想理解他们之间发生了什么，从而让自己心里明明白白。他们想要被帮助以哀伤他们曾经拥有的、融洽的关系。通常，会有许多在一起的美好时光，但随着伴侣间不断变化的需求，他们的关系停滞不前了。有些伴侣有需要处理的创伤性事件，这会开放他们关系中一直存在的隐匿问题，现在已不能对其视而不见。如果伴侣可以面对它，那么在这个阶段就可以做一些重要的工作，来促进他们理解并逐渐接受关系的结束。

不想要的结束

有时，治疗不得不结束，尽管没有人想这样。治疗师可能因为健康、年龄和退休等原因不得不结束治疗，或者因为治疗师要搬到很远的地方，也或者伴侣因为各种原因不能来了。当然，有时治疗已经失败，不得不结束。通常，在治疗师要结束治疗时，会安排一些时间来就此进行工作，包括是否可能将伴侣转介给自己的同事。在这个时候，治疗师也需要考虑，如何向伴侣说明她生活中发生的事情，既要考虑伴侣有了解一些信息的需要，但也不要因提供了过多有关治疗师个人境况的信息而给伴侣带来负担。治疗师需要在两者之间找到平衡点。当然，如果治疗师出现了健康问题，那么伴侣可能对此已有问及，并在治疗中已有探讨。最困难的情况是当治疗已经失败的时候。在塔维斯托克关系中心和其他临床服务中心，被分配给治疗师的伴侣可能会想面见不同的治疗师。他们可能会觉得治疗出了问题，或者他们不喜欢眼前的治疗师，同时不能或许也不想思考这可能意味着什么。我记得有一次在协同治疗中，那位妻子说她不喜欢我的协同治疗师看她的方式。我们尝试对此进行讨论，但妻子的偏执焦虑很强烈，似乎在我们四人在场的治疗室里不可能容纳她的焦虑。我们决定暂时进行平行的单次会谈，我的协同治疗师面见那位丈夫，而我面见他的妻子。最终，我们又可以回到四人在场的治疗会谈。这是协同治疗的优势之一，在一位治疗师提供的伴侣治疗中不可能有这样的安排。在临床服务设置中，如果不可能在当前的治疗师与伴侣的关系中处理这类情境，可以考虑由当初为他们做初始评估的治疗师或者另一位同事面见这对伴侣的可能性，由此帮助他们去理解所面临的困难。

什么时候是结束的恰当时机？伴侣治疗的目标

伴侣治疗的目标不是规定性的。治疗目标不是帮助他们在一起，也不是要帮助他们成为一对特殊类型的伴侣。伴侣可能会为自己设定治疗目标；比如，增加亲密度或有更满意的性生活、恢复对彼此的信任、有更好的沟通和更多的理解或减少破坏性的争论。一些作者已经描述了某些指标，用以判断伴侣是否做好了结束治疗的准备。例如，Fisher谈道：

理想情况下，当一对伴侣可以一起思考他们的情感体验，而不是试图通过侵入性投射或情感抛弃来控制对方的时候，我们就可以认为他们也准备好结束治疗了。

（Fisher，1999，p. 283）

Cachia 和 Savege Scharff（2014，p. 324）给出了一个更广泛的标准大纲，我总结为：

- 有关心对方的能力；
- 从挫折中恢复的能力；
- 对"潜意识障碍"的一些内部修通；
- 自恋的减弱；
- 处理分离的能力；
- 投射的收回并在自体内部重新整合；
- 更好的情感管理以及对配偶的情感体验有敏感性；
- 自体的容纳功能和关系中的容纳功能增强；
- 更具创造性的伴侣功能；
- 更具创造性的内部伴侣的建立——或许利用了其他内部的伴侣以及内化的与治疗师的关系；
- 忍受和哀伤丧失的能力。

然而，这些作者总结道，"当我们看到治疗的分析功能已经安置在伴侣那里的时候，我们便很确信结束的时机已经到来"（Cachia & Savege Scharff，2014，p. 325）。

Colman 认为，关系中的伴侣之间不可避免地会相互投射，而且，"通过与他人的外部关系，其内部世界与他人的内部世界之间也一定处于连续的交互作用中"（1993a，p. 96）。他对有功能的关系做了如下描述：

有充分的阿尔法功能来加工投射，从而使之可以为内射所用。这并非指伴侣一方或另一有这样的运作，而是伴侣双方一起以他们之间存在的关系为单位来行使功能。

（Colman，1993a，p. 96）

因此，伴侣治疗的目标是"提升婚姻作为心理容器发挥功能的能力"（Colman，1993a，p. 70）。这些观点虽然不尽相同，但都强调了伴侣心态的发展是伴侣治疗的目标。对 Fisher 来说，治疗目标是伴侣双方能够"思考他们的情感体验"，而不是以投射或退缩等其他方式处理情感体验。对于 Cachia 和 Savege Scharff 来说，治疗目标是"治疗的分析功能已经安置"在伴侣那里；而对于 Colman 来说，伴侣关系需要作为一个"心理容器"以更好地发挥功能，在这个容器中，相互的投射可以被加工。所有这些作者都触及了伴侣内在心态改变的重要意义；无论伴侣在其他方面能有怎样的发展，这一点都是至关重要的。

将伴侣心态的内射作为伴侣治疗的目标

我会把伴侣治疗的目标做如下描述。伴侣心态在前来寻求帮助的伴侣中是缺失的，但伴侣心态作为伴侣治疗师的一种功能会由伴侣治疗师为伴侣提供，并且这一功能会在治疗过程中逐渐被伴侣内化。伴侣心态成了伴侣关系中的第三方位置，而寻求帮助的大多数伴侣恰恰缺失了这样一个位置，有些是暂时性的缺失，有些可能是没有充分地发展出这个位置，甚至根本没有发展过。伴侣潜意识地在治疗师的身上寻找第三方位置，而治疗师在与伴侣的关系中也要能够采取第三方位置。这就是伴侣治疗师所做的，她从第三方位置向伴侣描述他们的关系。伴侣关系本身为伴侣中的两个成员象征性地代表了伴侣心态。换句话说，当他们在心里面对关系的时候，他们可以从与配偶关系中他们自己的想法和情绪的主观位置，转向一个更客观的位置，在这个位置上能够观察他们的关系以及他们共同创造了什么。不可避免地，伴侣之间仍然存在着困难、失望和挑战，但基于伴侣心态，他们可以在伴侣关系的背景下观察它们。在第8章描述过一些伴侣会有进一步的发展，我称之为创造性的伴侣心态，此时伴侣不仅具有伴侣心态下对伴侣关系的视角，而且他们一起思考的能力也增强了，这是伴侣中的任何一个单一个体无法做到的。伴侣中的这一能力也是一种个体的发展，因为在关系中成为一对创造性伴侣的体验变成了一种内在能力，一种个体"内部的创造性伴侣"。

在进行得非常顺利的伴侣治疗中，在伴侣双方和治疗师内心的某个角落都存在一种治疗行将结束的真实感觉。伴侣经常在休假前后考虑与结束有关的问题。在漫长的暑假到来前，他们会暂时从分析性的动力进程中停下来，开始思考治疗进展到了哪里。治疗师可能会做同样的事情，但不止如此。治疗师会留意伴侣心态的发展。伴侣双方能否思考他们之间发生了什么，以及他们如何共同促成了这样的发生？以往，伴侣会来到治疗会谈中讲述他们的争论，或是在会谈中继续或重现争论，期待治疗师能够思考和帮助他们理解他们之间的争论，而现在，他们自己就已经完成了思考和理解。他们不仅讲述发生在他们之间的争论，而且也会谈及他们对争论的反思。换句话说，伴侣发展出了一种能力，他们能够思考他们之间发生了什么以及他们可能一起创造了什么，不再像以往那样认为是他们中某一方的过错。

治疗师会留意伴侣的这些发展，当这种能力得到证明时，就必须承认这一点。最终，这种能力感觉上或多或少变得牢靠了。我用"或多或少"这样的描述，是因为在现实中，运用伴侣心态的能力常会时有时无，来来去去。但尽管如此，它仍然会安置在伴侣的心中。一旦它被伴侣内化，治疗师会感觉伴侣不再像以前那样需要她了，她也能够开始想象退出他们的关系。运用伴侣心态的这种能力是伴侣发展的标志，表明伴侣双方正朝着结束治疗的方向进展。这也许不会在短期内完成，可能需要一年的时间或更久，但只要伴侣能保持这样的进展，就能看到治疗结束的那一天。Steiner（1996）指出，面对失去分析师这一现实，病人要经历哀伤的过程，这是病人内化分析师容纳功能的一个重要步骤。内化而来的这种容纳能力等同于个体治疗在分析结束后会持续存在的自我分析功能；在伴侣治疗中，则是伴侣的分析功能。

伴侣心态内射过程中的问题

在之前的论文（Morgan，2016）中，我对比了两对伴侣。其中一对伴侣自然而然地进入了治疗的结束阶段，治疗的结束过程是富有思考和理解的。而另一对伴侣从未提出过结束治疗的问题，甚至治疗师也极少提及，治疗师感觉她与这对伴侣的工作永远不会结束。这两个临床情境的比较，既说明了能成功结束治疗的伴侣的心理发展，也说明了是什么可能在阻碍伴侣和治疗师感觉到他们可以结束治疗。

感觉上"永远不会结束治疗"的一对伴侣，我称呼他们是拉尔夫和苏西，我对他们有如下描述：

> 只要治疗继续进行，我就能接触和理解到他们每个人，但他们却从来没能接触和理解过对方。由此，在关系中可能存在第三方位置也就是伴侣心态的唯一方式就是，我来处在那个位置上。

（Morgan，2016，p. 56）

我很喜欢和这对伴侣一起工作，我们的治疗工作持续了几年。也许很大程度上是因为他们能够利用我的伴侣心态；由此，我可以帮到他们，他们也觉得被我理解。有些时候，在我的帮助下，这对伴侣可以理解他们之间发生了什么。然而，我无法感觉到他们自己在内化伴侣心态。如果伴侣心态不能被伴侣内化，也就很难看到治疗该怎样结束。但治疗最终还是结束了，虽然不是以令人满意的方式。在雇主的要求下，丈夫被调往另一国家工作。因为通知要求赴职的时间很急，所以我们的治疗工作结束得也很仓促。我不清楚我们在一起的工作究竟有多少已被这对伴侣内化，尤其是内化了多少伴侣心态。

我在心里也就此提出了一些问题，即，不能与这对伴侣真正讨论结束的事实是否主要是受到反移情的驱动，而且这阻碍了伴侣心态的内化。在那篇论文中，我谈道：

> 当结束治疗的问题从未被考虑过，或在某种意义上感觉永远无法结束治疗的时候，我们不得不怀疑，是否伴侣和治疗师一起陷入了对某种幻想的见诸行动之中，在幻想中，治疗会永远进行下去。
>
> （Morgan，2016，p. 57）

但到底发生了什么，为何会如此呢？治疗师作为一个具象的实体已经成了这对伴侣关系的一部分。在治疗师在场的伴侣治疗会谈中，就有伴侣心态，但一出了这个治疗情境伴侣心态就消失了。伴侣感觉伴侣心态在治疗师那里，但在伴侣中这种能力并未得到发展。

我发现有两种观点在某种程度上可以说明上述现象。第一种观点源自Steiner（1996）的论文，他强调了重新内射过程中需要经历的哀伤；另一种观点来自 Bleger 的著作，由 Bleger 和 Churcher（1967/2013）翻译，并由Churcher（2005）和 Churcher 和 Bleger（1967/2013）进行了详尽的阐述，这些文献揭示了设置的深层意义，即什么被容纳在那里以及什么可以存放在那里。

自体被投射部分的重新获取（Steiner，1996）

Steiner 提出，"自体被投射部分的重新获取"过程包含两个阶段（1996，p. 1076）：

> 在第一阶段，病人会内化容纳其自体部分的客体，这些自体部分仍然与客体密切结合着，病人通过全能占有客体的幻想否认了在实际的分离中客体的丧失。焦虑的释然来自被分析师理解的感受，同时也有赖于分析师的权威性。与被理解相反，理解必须从内部浮现，并依靠自我思考和判断的能力，因此，它涉及放弃对包括分析师在内的权威人物的观点和判断的依赖。
>
> （Steiner，1996，p. 1076）

在第二阶段，"需要承认对客体依赖的现实，然后，为了修通哀伤，就要面对客体丧失的现实，这两部分经常遭到强烈的阻抗"（Steiner，1996，p. 1077）。

作为伴侣治疗的一部分，伴侣心态和治疗师常被感受为一体不二。尽管对任何一对伴侣来说，内射过程都需要一定的时间来完成，但对于某些伴侣，内射伴侣心态进入伴侣关系所需要的心理转变似乎过于困难。Steiner 认为，之所以重新内射已被分析师所容纳的自体部分是一个困难的过程，是因为它涉及与分析师的分离并因此要哀伤分析师的丧失。这对于思考伴侣投射系统中的重新内射问题十分重要。重新内射的困难之处在于，我们需要另一方来承载我们的投射，很难让其自由地免于投射的控制，在本章前面 Fisher 已对这一点有所描述。在这里，我借鉴这一观点来思考与治疗师分离过程中存在的问题，以及经由分离来重新内射伴侣的某个方面，即伴侣心态。

然而，重新内射伴侣心态可能只是对某些伴侣而言才是准确的描述，这些伴侣暂时失去了伴侣心态，然后在治疗师那里又重新发现了它。正如我在本书中所描述的那样，许多伴侣从未发展出这种能力，在治疗过程中，它最初只是在治疗师那里，然后才在伴侣中逐渐发展起来。有些伴侣会抵制将这种新发展出的能力内射进入他们的关系。我认为，这种心理上的发展意味着失去了之前更婴儿化的状态，也失去了治疗师，这可能会给伴侣中的每一方都带来与之有关的痛苦体验。有时，与不能结束治疗的伴侣一起工作的治疗师会描述一种舒适的反移情，在其中体验着没人想结束治疗的状态。根据上面讨论的观点，我们也许可以将此视为一种治疗的共谋，在其中，治疗师与伴侣一起回避丧失，并支持伴侣对这种心理发展的阻抗。

Steiner 所指出的是，仅有容纳是不够的；容纳的客体还要被放弃。在这一过程中，丧失的客体（或用我的术语，是代表"伴侣心态"的治疗师）安置在了自体的内部——弗洛伊德（1917）在他的论文《哀伤与忧郁》（Mourning and Melancholia）中对此有精细的阐述。Meltzer 也令人信服地描述了这一点，Fisher 在《不速之客》（1999，p. 278）中引用了 Meltzer 的话："当一个客体被允许依其本来的样子来去自由的时候，那一刻与那个客体的关系体验就会被内射"（Meltzer，1978，p. 468）。

共生和设置（Bleger）

如第 3 章所讨论的，我们知道设置很重要，但也许我们还未能在更深的层面上清楚地告诉自己，为什么它是如此的重要，即使在我们的分析性自体中可以感受和知晓其原因何在。Churcher（2005）指出，事实上，有关精神分析设置的文献少得惊人，不过，阿根廷分析师 José Bleger 对这一领域进行了有趣的阐述。Bleger 认为，共生（存在于我们所有人中）或者比昂（1967c）所描述的人格中的精神病部分正是在设置中找到了藏身之处。Churcher 对 Bleger 的共生位有如下描述：

在梅兰妮·克莱因描述的偏执分裂位之前，存在着他称之为"黏聚 – 内核（glischro-caric）"（来自希腊语单词 glischros，意思是"黏"，或"黏稠"；karion，意思是"坚果"或"内核"）的位相。这一位相的特征性焦虑是混乱性的而不是迫害性的，其客体关系是一种与原始的"黏聚内核"（agglutinated nucleus）的共生关系。

（Churcher，2005，p. 4）

这与许多年后 Ogden（1989）命名的"自闭 – 毗连位"很相似，Keogh 和 Enfield 在与伴侣的关系中运用了这一概念，"在这个位相，自体和他人在感官模式下被体验，自体倾向于与其客体融合"（2013，p. 31）。他们讨论了处于这一更早期发展阶段的伴侣，具体描述如下：

我们治疗的伴侣有一个涉及原始心理状态的退行阶段，在其中，心理皮肤所带来的自体边界感尚未形成。当他们脆弱的心理平衡受到干扰时，他们会陷入一种原始焦虑状态：自闭 – 毗连性的运作模式。

（Keogh & Enfield，2013，p. 44）

Bleger 认为，"病人的设置是他与母体最原始的融合，精神分析师的设置必须服务于重建这种原初的共生，但这样做只是为了改变它"（1967/2013，p. 240）。因为这一自体中的共生部分是被包含在设置中的，所以往往会错过对它的修通。

由此，设置的正常、静默、连续和背景性的存在，为病人提供了一个重复体验婴儿与母亲原初共生态的机会。病人人格中的精神病部分，即原初共生关系的未分化、未解决的部分，被存放在了设置里，在其中，这些部分犹如一个"幽灵世界"无声地、持续地存在着，它无法被觉察到，但在心理上它又是真实的。

（Churcher & Bleger，1967/2013，pp. xxix–xxx）

Bleger 将设置（非过程）与分析工作（过程）区分开来，但他提到，有些时候也需要分析在非过程中发生的事情。然而，由于自体中的精神病部分是隐藏在设置中的，或者设置为自体的精神病部分提供了精神退缩之地（psychic retreat）*（Steiner，1993b），对自体这个部分的分析有可能被错过。

Bleger 还讨论了在外部关系中运作的共生关系，"我们观察到一种交叉的投射认同，其中每一位投射的接收者都按照与对方互补的角色来行事，反之亦然"（Churcher & Bleger，1967/2013，p. 32）。在塔维斯托克关系中心，我们将这一理解称为"伴侣投射系统"，看到它完全独立地在另一科学团体中的发展实在令人振奋和充满兴趣。Bleger 所采用的"共生"一词也许非常接近于投射僵局的观点，在投射僵局中，投射系统导致了共生关系和混乱状态。正如我之前描述的，这样的伴侣：

> 对允许另一方成为分离独立的心理存在，和／或对在关系中感受到心理上的分离独立，都有着强烈的焦虑。他们经常描述一种在关系中只有一个人的感觉，或者在他们之间关于谁在思考和感受什么有非常混乱的体验。

（Morgan，1995，p. 34）

---

* "psychic retreat" 是英国分析师 John Steiner 提出的一个术语。他在使用"retreat"一词时，有时表达退缩之意，同"withdraw/withdrawal"，也有时表达一种退缩进入的空间。他试图用"psychic retreat"来描述病理组织（pathological organization）的防御运作。译者认为可翻译成"精神退缩"，这与 John Steiner 在他的著作 *Psychic Retreats* 里提到的乌龟缩到壳里的比喻也意境相通。但此处，作者指的是设置或非过程为精神退缩之地来发挥作用，故译为"精神退缩之地"。——译者注

在亲密的成人伴侣关系中会激活一定程度的紊乱和退行，这是与伴侣工作的治疗师迟早会面临的事情。混乱、情绪失调以及原始的行为会成为伴侣治疗会谈的一部分，有时会一周接一周地出现在会谈中，令人感到震惊，尤其在伴侣告诉治疗师他们在治疗会谈之外的生活并不这么糟糕的时候。话虽如此，有时在会谈之外的情况也是同样糟糕，然而，的确有一些伴侣似乎在日常的外在生活中有相当不错的功能——有时是极为胜任和负责的专业人士——但他们在治疗中所展现的关系的内在品质却与此大相径庭。通过对此类现象很多次的观察体会，我逐渐发现，虽然亲密的成人伴侣关系为退行提供了发展和修通的机会，但对于某些伴侣，退行只是毫无帮助地被留存在了关系之中。伴侣会把这种情形带入治疗，有时会像上面所说的那样非常清晰地在治疗中呈现。但我认为 Bleger 帮助我们看到的是，这种情形并非总是显而易见的，而且可能会被错过。Steiner（1996）指出，由于涉及与分析师的分离，病人在重新获得被分析师所容纳的自体部分时会面临诸多问题；而 Bleger 的贡献则是帮助我们认识到，伴侣不能结束治疗可能是因为他们在心理上或是无法彼此分离，或是无法与治疗师分离。在伴侣的心里，可能会感觉治疗师已被内置于他们的关系中，成了关系的一部分，正如之前描述的拉尔夫和苏西。在任何特定的伴侣中，共生的程度会与其他伴侣存在差异，也许这种差异会很凸显，但我认为，当感觉伴侣治疗难以结束的时候，总是需要考虑到共生问题，因为可能是那些未修通的共生留存在了治疗关系之中。

如何考虑有计划的治疗结束？

在有计划结束治疗的过程中，做出结束的决定需要几周或几个月的时间。花时间就结束的问题做出正确的决定真的很重要。在决定结束治疗的过程中很容易出现一些见诸行动。这可能是由伴侣引发的，在经历了几次"良好的"会谈之后，他们飞进了健康。当治疗师感到与伴侣的工作十分艰难时，也可能会欣然接受伴侣提出结束治疗的建议，实际上，此时呈现的问题更多的是与绝望和停滞不前的感觉有关，而这些是首先要去理解的部分。如果感到没有进一步工作的可能，或许会做出结束治疗的决定，但也可能会进一步去理解停滞不前的原因，并感觉可能还有更多的治疗工作要做。

一旦结束治疗的决定（包括何时结束）已经考虑成熟，就需要安排出结束阶段所需要的时间。在休假后做结束治疗的决定会很有帮助，因为这可以帮助伴侣，在考虑结束问题时联系到休假期间治疗师不在时的体验。在开始休假时结束治疗也很有助于处理结束问题，这会在治疗通向最终的结束之前没有中断期。

治疗的最后阶段会发生什么

在结束阶段，治疗师与伴侣有机会一起回顾在治疗中发生的事情，哪些方面已有改变，哪些还没有改变，并考虑关系的未来发展。有时，由于在考虑结束的过程中有比平时更多的自由，因而会自然地浮现一些新问题。这不是什么坏事，不过需要认识到，可以花在新问题上的时间是有限的，也就是说，这些新问题将由伴侣自己接手处理。谈论实际的治疗结束以及它对伴侣的意义也很重要。它可能会唤起其他一些尚未解决的结束问题、焦虑、失望和积极的情感。在伴侣治疗中，伴侣的确有过一些和结束有关的体验，比如，每次会谈的结束和假期会谈的取消。

通常，伴侣会在这个阶段出现退行，这可能让治疗师和伴侣感到焦虑，担心结束治疗是错误的决定，但其实，这种退行一般都很短暂。伴侣有时回避谈论结束的问题，令人惊讶的是，治疗师也会提到，在结束阶段可能会偏离谈论结束的工作方向。治疗师和伴侣都可能潜意识地回避这个问题。但正如我前面描述的，分离过程、哀伤、内射以及放弃与治疗师的潜意识共生，对结束治疗的工作是十分必要的。

最后一次会谈

最后一次会谈对伴侣和治疗师都可能是一种情感体验。而且，如果不开放某些问题，就很难在最后一次会谈的框架内工作，从而让这次会谈成为一次有意义的会谈，但是，这些问题又无法在这次会谈中被处理。在心里记得这是最后一次会谈并恰当地承认这一点，也不容易。有些伴侣会给治疗师赠送礼物；对伴侣来说，有时以有形的方式表达感激之情并标记治疗的结束十分重要。有时伴侣想在离开时留下他们自己的某些东西，在治疗师的咨询室里留下某个物件，可以永远地提醒他们曾经来过。在最后一次会谈的限定下，这个部分无法得到充分的分析，而且我们可以认为，在这种情境下也不应该再做分析了，只对此表达共情回应即可。有时，伴侣会回避会谈的结束，使得最后一次会谈感觉上就像平时的会谈一样。那么，治疗师自己要在心里记得治疗结束，并在这样的情境里构建和表述自己的解释。在治疗的最后阶段或在最后一次会议中，伴侣可能会问治疗师，他们是否可以在未来有需要的时候再回来。伴侣或许已经知道，如果他们的关系再次出现危机并需要进一步的帮助，治疗师会给予他们力所能及的帮助，除非治疗师退休了或搬到了很远的地方。

有些治疗的结束不太令人满意。也许伴侣一方已经退出了治疗，或者伴侣一方要结束治疗，而另一方却想继续。或许，伴侣在治疗中的成长并不同步，一方已经做好了结束的准备，而另一方还没有。这可能意味着伴侣一方或双方将与另外的治疗师继续或开始进行个体治疗。也许治疗工作并不顺利，或者治疗带来了困难的结果，伴侣决定分手或一起面对关系中的失望。治疗师也或许会主动结束治疗，这可能是由于治疗师个人的原因使得治疗无法继续，有少数时候是因为她感到无法与伴侣一起工作，或感觉治疗弊大于利。在这种情况下，最后一次会谈可能非常有挑战性。伴侣可能很愤怒或指责治疗师，而这些情绪在以前的会谈中或许尚未得到充分的修通，导致在最后一次会谈中集中爆发。由于治疗时间的限制，也许此时可以做的最主要的事情是让伴侣感受到被治疗师倾听，并且治疗师要避免过于防御或与伴侣一起陷入某些无法解决的事情当中。

　　新入行的治疗师有时会对治疗的最后时刻感到焦虑，不确定如何告别。对这个问题并没有明确的规定，但治疗师一般会选择她感觉恰当的某种方式，并将之作为自己实践工作的一部分；比如，与伴侣双方握手告别，并向他们表达良好的祝愿。而与之不同，有的治疗师并不会在治疗期间与病人有身体上的接触或是向伴侣表达良好的祝愿。由此，在这一刻，能看到治疗师之间的不同。

参考文献

Abse, S. (2009). Sexual dread and the therapist's desire. In: C. Clulow (Ed.), *Sex, Attachment and Couple Psychotherapy: Psychoanalytic Perspectives* (pp. 103–118). London: Karnac.

Alperovitz, S. (2005). Learning to call the game: Some lessons from infant observation for the couple therapist. In: *Psychoanalytic Perspectives on Couple Work, 2005*: 9–18.

Aznar-Martínez, B., Pérez-Testor, C., Davins, M. & Aramburu, I. (2016). Couple psychoanalytic psychotherapy as the treatment of choice: Indications, challenges and benefits. *Psychoanalytic Psychology, 33* (1): 1–20.

Balfour, A. (2009). Intimacy and sexuality in later life. In: C. Clulow (Ed.), *Sex, Attachment and Couple Psychotherapy: Psychoanalytic Perspectives* (pp. 217–236). London: Karnac.

Balfour, A. (2016). Transference and enactment in the "Oedipal setting" of couple psychotherapy. In: A. Novakovic (Ed.), *Couple Dynamics: Psychoanalytic Perspectives in Work with the Individual, the Couple, and the Group* (pp. 59–84). London: Karnac.

Balint. E. (1993). Unconscious communication between husbands and wives. In: S. Ruszczynski (Ed.), *Psychotherapy with Couples: Theory and Practice at the Tavistock Institute of Marital Studies* (pp. 30–43). London: Karnac.

Bannister, K. & Pincus, L. (1965). *Shared Phantasy in Marital Problems: Therapy in a Four-person Relationship*. London: Institute of Marital Studies.

Baranger, M. & Baranger, W. (2008). The analytic situation as a dynamic field. *International Journal of Psycho-Analysis, 89*(4): 795–826.

Berenstein, I. (2012). Vínculo as a relationship between others. *Psychoanalytic Quarterly, 81* (3): 565–577.

Bianchini, B. & Dallanegra, L. (2011). Reflections on the Container–Contained Model in couple psychoanalytic psychotherapy. *Couple and Family Psychoanalysis, 1* (1): 69–80.

Bion, W. R. (1959). Attacks on linking. *International Journal of Psycho-Analysis, 40*: 308–315. Bion, W. R. (1961). *Experiences in Groups and Other Papers*. London: Karnac.

Bion, W. R. (1962). *Learning from Experience*. London: Karnac.

Bion, W. R. (1963). *Elements of Psycho-Analysis*. London: Heinemann.

Bion, W. R. (1966/2014). Catastrophic change. Published (1966) in *The Bulletin of the British Psychoanalytical Society, 5*; reprinted (2014) in: C. Mawson (Ed.), *The Complete Works of W. R. Bion*, Vol.

VI. London: Karnac Books.

Bion, W. R. (1967a). A theory of thinking. In: W. R. Bion, *Second Thoughts* (Chapter 9; pp. 110–119). London: Karnac.

Bion, W. R. (1967b). Commentary: A theory of thinking. In: W. R. Bion, *Second Thoughts* (Chapter 10; pp. 120–166). London: Karnac.

Bion, W. R. (1967c). The differentiation of the psychotic from the non-psychotic personalities. In: W. R. Bion, *Second Thoughts* (Chapter 5). London: Karnac.

Bion, W. R. (1970). *Attention and Interpretation: A Scientific Approach to Insight in Psycho-Analysis and Groups*. London: Tavistock.

Birksted-Breen, D. (1996). Phallus, penis and mental space. *International Journal of Psycho- Analysis*, 77: 649–657.

Blair, L. (2018). Intimate sex and sexual dysfunction: The role of the third space and a couple state of mind. *Journal des Psychologies, March*.

Bleger, J. (1967/2013). *Symbiosis and Ambiguity. A Psychoanalytic Study*. Edited by J. Churcher & L. Bleger. London & New York: Routledge.

Bollas, C. (1987). *The Shadow of the Object: Psychoanalysis of the Unthought Known*. London: Free Association Books.

Bolognini, S. (2008). *Passaggi segreti. Teoria e technica della relazione interpsichia*. Turin: Bollati Boringheieri.

Bott Spillius, E., Milton, J., Garvey, P., Couve, C. & Steiner, D. (2011). *The New Dictionary of Kleinian Thought*. London & New York: Routledge.

Bowlby, J. (1969). *Attachment and Loss: Volume I: Attachment*. The International Psycho-Analytical Library, Vol. 79 (pp. 1–401). London: Hogarth Press and the Institute of Psycho-Analysis.

Britton, R. (1989). The missing link: Parental sexuality in the Oedipus Complex. In: J. Steiner (Ed.), *The Oedipus* Complex *Today: Clinical Implications* (pp. 83–101). London: Karnac.

Britton, R. (1998a). Belief and psychic reality. In: R. Britton, *Belief and Imagination: Explorations in Psychoanalysis* (pp. 8–18). London: Routledge.

Britton, R. (1998b). Subjectivity, objectivity and triangular space. In: R. Britton, *Belief and Imagination: Explorations in Psychoanalysis* (pp. 41–58). London: Routledge.

Britton, R. (1998c). *Belief and Imagination. Explorations in Psychoanalysis*. London: Routledge. Britton, R. (1998d). Before and after the depressive position Ps (n) → D (n) → Ps (n +1). In: R. Britton, *Belief and Imagination. Explorations in Psychoanalysis* (pp. 69–81). London: Routledge. Britton, R. (2003a). Narcissistic problems in sharing space. In: R. Britton, *Sex, Death, and the Superego: Experiences in Psychoanalysis* (pp. 165–178). London: Karnac.

Britton, R. (2003b). *Sex, Death and the Superego: Experiences in Psychoanalysis*. London: Karnac. Britton, R. & Steiner, J. (1994). Interpretation: Selected fact or overvalued idea? *International Journal of PsychoAnalysis*,75(5–6): 1069–1078.

Brookes, S. (1991). Bion's concept of containment in marital work. *Journal of Social Work Practice, 5*(2): 133–141.

Buss-Twachtmann, C. & Brookes, S. (1998). Marital typology. *Society for Couple Psychoanalytic Psy-*

chotherapy Bulletin, 5 (May): 4–9.

Cachia, P. & Savege Scharff, J. (2014). The ending of couple therapy with a couple who recovered joy. In: D. E. Scharff & J. Savege Scharff (Eds.), *Psychoanalytic Couple Therapy: Foundations of Theory and Practice* (pp. 323–334). London: Karnac.

Caruso, N. J. (2014). Sexual desire disorder: A case study from a dynamic perspective. *Couple and Family Psychoanalysis, 4*(2): 166–185.

Churcher, J. (2005). Keeping the psychoanalytic setting in mind. Paper given to the Annual Conference of Lancaster Psychotherapy Clinic in collaboration with the Tavistock Clinic, at St Martin's College, Lancaster, 9 September 2005. An earlier version was given to the Fourteenth Annual General Meeting of the Hallam Institute for Psychotherapy, Sheffield, 8 May 2004.

Churcher, C. & Bleger, L. (Eds.) (1967/2013). Editorial introduction. In: J. Bleger, *Symbiosis and Ambiguity. A Psychoanalytic Study* (pp. xvii–xlv). London & New York: Routledge.

Cleavely, E. (1993). Relationships: Interaction, defences, and transformation. In: S. Ruszczynski (Ed.), *Psychotherapy with Couples: Theory and Practice at the Tavistock Institute of Marital Studies* (pp. 55–69). London: Karnac.

Clulow, C. & Boerma, M. (2009). Dynamics and disorders of sexual desire. In: C. Clulow (Ed.), *Sex, Attachment and Couple Psychotherapy: Psychoanalytic Perspectives* (pp. 75–101). London: Karnac.

Clulow, C., Dearnley, B. & Balfour, F. (1986). Shared phantasy and therapeutic structure in a brief marital psychotherapy. *The British Journal of Psychotherapy, 3* (2): 124–132.

Cohen, L. (1992). Anthem, *The Future*. New York: Columbia Records.

Colman, W. (1993a). Marriage as a psychological container. In: S. Ruszczynski (Ed.), *Psychotherapy with Couples: Theory and Practice at the Tavistock Institute of Marital Studies* (pp. 70–96). London: Karnac.

Colman, W. (1993b). The individual and the couple. In: S. Ruszczynski, (Ed.), *Psychotherapy with Couples: Theory and Practice at the Tavistock Institute of Marital Studies* (pp. 126–141). London: Karnac.

Colman, W. (2005/2014). The intolerable other: The difficulty in becoming a couple. *Couple and Family Psychoanalysis, 4* (1): 22–41. (Previously published [2005] without the author's "Afterword" in *Psychoanalytic Perspectives on Couple Work, 1*: 56–71.)

Cowan, C. P., Cowan, P. A., & Heming, G. (2005). Two variations of a preventive intervention for couples: Effects on parents and children curing the transition to school. In: P. A. Cowan, C. P. Cowan, J. C. Ablow, V. K. Johnson & J R. Measelle (Eds.), *The Family Context of Parenting in Children's Adaptation to Elementary School* (pp. 277–312). Monographs in Parenting series. Mahwah, NJ: Lawrence Erlbaum Associates Publishers.

Cudmore, L. & Judd, D. (2001). Thoughts about the couple relationship following the death of a child. In: F. Grier (Ed.), *Brief Encounters with Couples: Some Analytical Perspectives* (pp. 33–53). London: Karnac.

Dearnley, B. (1990). Changing marriage. In: C. Clulow, *Marriage: Disillusion and Hope. Papers Celebrating Forty Years of the Tavistock Institute of Marital Studies*. London: Karnac.

de Botton, A. (2016). Why you will marry the wrong person. (Online) *The New York Times*, May 28 2016.

Dicks, H. V. (1967). *Marital Tensions. Clinical Studies towards a Psychological Theory of Interaction.* London: Karnac. (Reprinted 1993.)

Downey, J. I. & Friedman, R. C. (1995). Internalised homophobia in lesbian relationships. *Journal of the American Academy of Psychoanalysis, 23* (3): 435–447.

Evans, C., Mellor-Clark, J., Margison, F., Barkham, M., Audin, K., Connell, J. & McGrath, G. (2000). CORE: Clinical Outcomes in Routine Evaluation. *Journal of Mental Health, 9(3):* 247–255.

Ezriel, H. (1972). Experimentation within the psychoanalytic session. *Contemporary Psychoanalysis, 8* (2): 229–245.

Fairbairn, W. D. (1952). Object-relationships and dynamic structure. In: *Psychoanalytic Studies of the Personality* (Chapter V; pp. 1–297). London: Tavistock Publications Limited. (Chapter originally published 1946.)

Feldman, T. (2014). From container to claustrum: Projective identification in couples. *Couple and Family Psychoanalysis, 4* (2): 136–154.

Fisher, J. (1993). The impenetrable other: Ambivalence and the Oedipal conflict in work with couples. In: S. Ruszczynski (Ed.), *Psychotherapy with Couples: Theory and Practice at the Tavistock Institute of Marital Studies* (pp. 142–166). London: Karnac.

Fisher, J. (1999). *The Uninvited Guest. Emerging from Narcissism towards Marriage.* London: Karnac.

Fisher, J. (2006). The emotional experience of K. *International Journal of PsychoAnalysis, 87*: 1221–1237.

Fisher, J. V. (2009). Macbeth in the consulting room: Proleptic imagination and the couple. *fort da,* 15 (2): 33–55. Reprinted (2017) as "The Macbeths in the consulting room" in: S. Nathans & M. Schaefer (Eds.), *Couples on the Couch. Psychoanalytic Couple Therapy and the Tavistock Model* (pp. 90–112). Abingdon & New York: Routledge.

Fonagy, P. (2008). A genuinely developmental theory of sexual enjoyment and its implications for psychoanalytic technique. *Journal of the American Psychoanalytic Association, 56*(1): 11–36.

Fonagy, P. & Bateman, A. (2006). Mechanisms of change in mentalization-based treatment of BPD. *Journal of Clinical Psychology, 62* (4): 411–430.

Freud, S. (1911). Formulations on the two principles of mental functioning. In: *The Standard Edition of the Complete Psychological Works of Sigmund Freud, Volume XII (1911– 1913): The Case of Schreber, Papers on Technique and Other Works* (pp. 213–226). London: Hogarth Press.

Freud, S. (1912a). The dynamics of transference. In: *The Standard Edition of the Complete Psychological Works of Sigmund Freud, Volume XII (1911–1913): The Case of Schreber, Papers on Technique and Other Works* (pp. 97–108). London: Hogarth Press.

Freud, S. (1912b). Recommendations to physicians practising psycho-analysis. In: *The Standard Edition of the Complete Psychological Works of Sigmund Freud, Volume XII (1911–1913): The Case of Schreber, Papers on Technique and Other Works* (pp. 109–120). London: Hogarth Press.

Freud, S. (1913). On beginning the treatment (further recommendations on the technique of psycho-analysis I). In: *The Standard Edition of the Complete Psychological Works of Sigmund Freud, Volume XII (1911–1913): The Case of Schreber, Papers on Technique and Other Works* (pp. 121–144). London: Hogarth Press.

Freud, S. (1914). Remembering, repeating and working-through (further recommendations on the technique of psycho-analysis II). In: *The Standard Edition of the Complete Psychological Works of Sigmund Freud, Volume XII (1911–1913): The Case of Schreber, Papers on Technique and Other Works* (pp. 145–156). London: Hogarth Press.

Freud, S. (1916–1917). The paths to the formation of symptoms. Lecture 23. In: *The Standard Edition of the Complete Psychological Works of Sigmund Freud, Volume XVI (1916–1917: Introductory Lectures on Psycho-Analysis (Part III)* (pp. 358–372). London: Hogarth Press.

Freud, S. (1917). Mourning and melancholia. In: *The Standard Edition of the Complete Psychological Works of Sigmund Freud, Volume XIV (1914–1916): On the History of the Psycho-Analytic Movement, Papers on Metapsychology and Other Works* (pp. 237–258). London: Hogarth Press.

Freud, S. (1919). "A child is being beaten": A contribution to the study of the origin of sexual perversions. In: *The Standard Edition of the Complete Psychological Works of Sigmund Freud, Volume XVII (1917–1919): An Infantile Neurosis and Other Works* (pp. 175–204). London: Hogarth Press.

Freud, S. (1920). Beyond the pleasure principle. In: *The Standard Edition of the Complete Psychological Works of Sigmund Freud, Volume XVIII (1920–1922): Beyond the Pleasure Principle, Group Psychology and Other Works* (pp. 1–64). London: Hogarth Press.

Freud, S. (1923). The ego and the id. *The Standard Edition of the Complete Psychological Works of Sigmund Freud, Volume XIX (1923–1925): The Ego and the Id and Other Works* (pp. 1–66). London: Hogarth Press.

Friend, J. (2013). Love as a creative illusion and its place in psychoanalytic couple psychotherapy. *Couple and Family Psychoanalysis, 3* (1): 3–14.

Frost, D. M. & Meyer, I. H. (2009). Internalised homophobia and relationship quality among lesbians, gay men, and bisexuals. *Journal of Counseling Psychology, 56* (1): 97–109.

Garelick, A. (1994). Psychotherapy assessment, theory and practice. *Psychoanalytic Psychotherapy, 8*(2): 101–106.

Gill, H. & Temperley, J. (1974). Time-limited marital treatment in a foursome. *British Journal of Medical Psychology, 47* (2): 153–161.

Glasser, M. (1979). Some aspects of the role of aggression in the perversions. In: I. Rosen (Ed.), *Sexual Deviations* (pp. 278–305). Oxford: Oxford University Press.

Grier, R. (Ed.) (2001). *Brief Encounters with Couples. Some Analytical Perspectives.* London: Karnac.
Grier, F. (Ed.) (2005a). *Oedipus and the Couple.* London: Karnac.

Grier, F. (2005b). No sex couples, catastrophic change, and the primal scene. In: F. Grier (Ed.), *Oedipus and the Couple* (pp. 201–219). London: Karnac.

Grier, F. (2009). Lively and deathly intercourse. In C. Clulow (Ed.), *Sex, Attachment and Couple Psychotherapy: Psychoanalytic Perspectives* (pp. 45–61). London: Karnac.

Harold, G. T. & Leve, L. D. (2012). Parents as partners: How the parental relationship affects children's psychological development. In: A. Balfour, M. Morgan & C. Vincent (Eds.), *How Couple Relationships Shape our World: Clinical Practice, Research and Policy Perspectives.* London: Karnac.

Heimann, P. (1950). On counter-transference. *International Journal of Psycho-Analysis, 31*: 81–84.

Hertzmann, L. (2011). Lesbian and gay couple relationships: When internalised homophobia gets in the way of couple creativity. *Psychoanalytic Psychotherapy, 25* (4): 346–360.

Hertzmann, L. (2018). Losing the internal Oedipal mother and loss of sexual desire. *Journal of Psychotherapy*, 34(1): 25–45. doi: 10.1111/bjp.12343

Hewison, D. (2009). Power vs. love in sadomasochistic relationships. In: C. Clulow (Ed.), *Sex, Attachment and Couple Psychotherapy: Psychoanalytic Perspectives* (pp. 165–184). London: Karnac.

Hewison, D. (2014a). Projection, introjection, intrusive identification, adhesive identification. In: D. E. Scharff & J. Savege Scharff (Eds.), *Psychoanalytic Couple Therapy: Foundations of Theory and Practice* (pp. 158–169). London: Karnac.

Hewison, D. (2014b). Shared unconscious phantasy in couples. In: D. E. Scharff & J. Savege Scharff (Eds.), *Psychoanalytic Couple Therapy: Foundations of Theory and Practice* (pp. 25–34). London: Karnac.

Hewison, D., Casey, P. & Mwamba, N. (2016). The effectiveness of couple therapy: Clinical outcomes in a naturalistic United Kingdom setting. *Psychotherapy, 53*(4): 377–387.

Hewison, D., Clulow, C. & Drake, H. (2014). *Couple Therapy for Depression. A Clinician's Guide to Integrative Practice*. Oxford: Oxford University Press.

Hobson, R. P. (2016). Self-representing events in the transference. Paper presented at the Scientific Meeting of the San Francisco Center for Psychoanalysis, June.

Humphries, J. (2015). Working in the presence of unconscious couple beliefs. *Couple and Family Psychoanalysis, 5* (1): 25–40.

Humphries, J. & McCann, D. (2015). Couple psychoanalytic psychotherapy with violent couples: Understanding and working with domestic violence. *Couple and Family Psycho- analysis, 5* (2): 149–167.

Ibsen, H. (1996). *A Doll's House*. London: Faber & Faber.

Isaacs, S. (1948). The nature and function of phantasy. *International Journal of Psycho-Analysis, 29*: 73–97.

Jaitin, R. (2016). Ways and voices in the psychoanalysis of links according to Enrique Pichon- Riviere. *Couple and Family Psychoanalysis, 6* (2): 159–172.

Joseph, B. (1985). Transference: The total situation. *International Journal of Psycho-Analysis, 66*(4): 477–454.

Joseph, B. (1989a). Psychic equilibrium and psychic change. In: M. Feldman & E. Bott Spillius (Eds.), *Psychic Equilibrium & Psychic Change: Selected Papers of Betty Joseph* (pp. 168–180). London & New York: Tavistock/Routledge.

Joseph, B. (1989b). Projective identification: Some clinical aspects. In: M. Feldman & E. Bott Spillius (Eds.), *Psychic Equilibrium & Psychic Change: Selected Papers of Betty Joseph* (pp. 181– 193). London & New York: Tavistock/Routledge.

Kaes, R. (2016). Links and transference within three interfering psychic spaces. *Couple and Family Psychoanalysis, 6* (2): 181–193.

Kahr, B. (2007). The traumatic roots of sexual fantasy. In: B. Kahr, *Sex and the Psyche* (pp. 280– 310). London: Allan LaneFile.

Kelly, J. B. & Johnson, M. P. (2008). Differentiation among types of intimate partner violence: Research update and implications for interventions. *Family Court Review, 46* (3): 476–499.

Keogh, T. & Enfield, S. (2013). From regression to recovery: Tracking developmental anxieties in couple therapy. *Couple and Family Psychoanalysis*, *3*(1): 28–46.

Kernberg, O. F. (1995). *Love Relations: Normality and Pathology*. New Haven, CT: Yale University Press.

Kleiman, S. (2016). The links: What is produced in the space between others. *Couple and Family Psychoanalysis*, *6* (2): 173–180.

Klein, M. (1935). A contribution to the psychogenesis of manic-depressive states. *International Journal of Psycho-Analysis*, *16*: 145–174.

Klein, M. (1940). Mourning and its relation to manic-depressive states. *International Journal of Psycho-Analysis*, *21*: 125–153.

Klein, M. (1946). Notes on some schizoid mechanisms. *International Journal of Psycho-Analysis*, *27*: 99–110.

Klein, M. (1952). Notes on some schizoid mechanisms. In: M. Klein, P. Heimann, S. Isaacs & J. Riviere (Eds.), *Developments in Psycho-Analysis (pp.* 292–320). London: Hogarth Press.

Klein, M. (1958). On the development of mental functioning. *International Journal of Psycho- Analysis*, *39*: 84–90.

Lanman, M. (2003). Assessment for couple psychoanalytic psychotherapy. *British Journal of Psychotherapy*, *19*(3): 309–323.

Laufer, M. (1981). The psychoanalyst and the adolescent's sexual development. *The Psycho- analytic Study of the Child*, *36*: 181–191.

Links, P. S. & Stockwell, M. (2002). The role of couple therapy in the treatment of narcissistic personality disorder. *American Journal of Psychotherapy*, *56*: 522–538.

Losso, R., De Setton, L. & Scharff, D. E. (2018). *The Linked Self in Psychoanalysis: The Pioneering Work of Enrique Pichon Riviere*. London: Routledge.

Ludlam, M. (2007). Our attachment to "the couple in the mind". In: M. Ludlam & V. Nyberg, *Couple Attachments* (pp. 3–22). London: Karnac.

Ludlam, M. (2014). Failure in couple relationships – and in couple psychotherapy. In: B. Willock, R. Coleman Curtis & L. C. Bohm (Eds.), *Understanding and Coping with Failure. Psychoanalytic Perspectives* (pp. 65–71). London & New York: Routledge.

Lyons, A. (1993a). Husbands and wives: The mysterious choice. In: S. Ruszczynski (Ed.), *Psychotherapy with Couples: Theory and Practice at the Tavistock Institute of Marital Studies* (pp. 44–54). London: Karnac.

Lyons. A. (1993b). Therapeutic intervention in relation to the institution of marriage. In: S. Ruszczynski (Ed.), *Psychotherapy with Couples: Theory and Practice at the Tavistock Institute of Marital Studies* (pp. 184–196). London: Karnac.

Lyons, A. & Mattinson, J. (1993). Individuation in marriage. In: S. Ruszczynski (Ed.), *Psychotherapy with Couples: Theory and Practice at the Tavistock Institute of Marital Studies* (pp.104– 125). London: Karnac.

Mattinson, J. (1975). *The Reflection Process in Casework Supervision*. London: Institute of Marital Studies. (Republished 1992.)

Mattinson, J. & Sinclair, I. (1979). *Mate and Stalemate. Working with Marital Problems in a Social Ser-vices Department.* Oxford: Blackwell.

McCann, D. (2014). Responding to the needs of same sex-couples. In D. E. Scharff & J. Savege Scharff (Eds.), *Psychoanalytic Couple Therapy: Foundations of Theory and Practice* (pp. 81–90). London: Karnac.

Meltzer, D. (1967). *The Psychoanalytical Process.* Perthshire, Scotland: Clunie Press.

Meltzer, D. (1978). A note on introjective processes. In: A. Hahn (Ed.), *Sincerity and Other Works: Collected Papers of Donald Meltzer* (pp. 458–468). London: Karnac.

Meltzer, D. (1986). *Studies in Extended Metapsychology: Clinical Applications of Bion's Ideas.* London: Karnac.

Meltzer, D. (1992). *The Claustrum: An Investigation of Claustrophobic Phenomena.* Perthshire, Scotland: Clunie Press.

Meltzer, D. (1995). Donald Meltzer in discussion with James Fisher. In: S. Ruszczynski & J. V. Fisher (Eds.), *Intrusiveness and Intimacy in the Couple* (Chapter 6; pp. 107–144). London: Karnac. Milton, J. (1997). Why assess? Psychoanalytic assessment in the NHS. *Psychoanalytic Psychotherapy, 11* (1): 45–58.

Money-Kyrle, R. (1968). Cognitive development. *International Journal of Psycho-Analysis, 49*: 691–698.

Money-Kyrle, R. (1971). The aim of psychoanalysis. *International Journal of Psycho-Analysis, 49*: 691–698.

Morgan, M. (1994). Some aspects of assessment for couple psychotherapy within the setting of the Tavistock Marital Studies Institute. *Society of Psychoanalytical Marital Psychotherapy Bulletin, May*: 27–29.

Morgan, M. (1995). The projective gridlock: A form of projective identification in couple relationships. In: S. Ruszczynski & J. V. Fisher (Eds.), *Intrusiveness and Intimacy in the Couple (pp. 33–48).* London: Karnac.

Morgan, M. (2001). First contacts: The therapist's "couple state of mind" as a factor in the containment of couples seen for initial consultations. In: F. Grier (Ed.), *Brief Encounters with Couples* (pp. 17–32). London: Karnac.

Morgan, M. (2005). On being able to be a couple: The importance of a "creative couple" in psychic life. In: F. Grier (Ed.), *Oedipus and the Couple* (pp. 9–30). London: Karnac.

Morgan, M. (2010). Unconscious beliefs about being a couple. *fort da, 16* (1): 36–55. Reprinted (2017) in S. Nathans & M. Schaefer (Eds.), *Couples on the Couch. Psychoanalytic Couple Therapy and the Tavistock Model* (pp. 62–81). Abingdon & New York: Routledge.

Morgan, M. (2016). What does ending mean in couple psychotherapy? *Couple and Family Psychoanalysis, 6* (1): 44–58.

Morgan, M. & Ruszczynski, S. (1998). The creative couple. *Unpublished paper presented at the Tavistock Marital Studies Institute's 50th Anniversary Conference.*

Morgan, M. & Stokoe. P. (2014). Curiosity. *Couple and Family Psychoanalysis, 4* (1): 42–55.

Nathans, S. (2009). Discussion of "Macbeth in the consulting room: Proleptic imagination and the couple", *fort da, 15*(2): 33–55. Reprinted (2017) as "The Macbeths in the consulting room" in S.

Nathans & M. Schaefer (Eds.), *Couples on the Couch. Psychoanalytic Couple Therapy and the Tavistock Model* (90–112). Abingdon & New York: Routledge.

Nicolo, A. M. (2016). Thinking in terms of links. *Couple and Family Psychoanalysis, 6* (2): 206–214.

Novakovic, A. (2016). The quarrelling couple In: A. Novakovic (Ed.), *Couple Dynamics. Psychoanalytic Perspectives in Work with the Individual, the Couple and the Group*, (pp. 85–105). London: Karnac.

Novakovic, A. & Reid, M. (Eds.) (2018). *Couple Stories: Applications of Psychoanalytic Ideas in Thinking about Couple Interaction.* London: Routledge.

Nyberg, V. (2007). An exploration of the unconscious couple fit between the "detached" narcissist and the "adherent" narcissist: One couple's shared fear of madness. In: M. Ludlam & V. Nyberg (Eds.), *Couple Attachments. Theoretical and Clinical Studies* (145–156). London: Karnac.

Ogden, T. (1979). On projective identification. *International Journal of Psycho-Analysis, 60*: 357–373.

Ogden, T. (1994a). *Subjects of Analysis.* Northvale, NJ: Jason Aronson.

Ogden, T. H. (1989). On the concept of the autistic-contiguous position. *International Journal of Psycho-Analysis, 70*(1): 127–141.

Ogden, T. H. (1992). Comments on the transference and countertransference in the initial analytic meeting. *Psychoanalytic Inquiry, 12*(2): 225–247.

Ogden, T. H. (1994b). The analytic third: Working with the intersubjective clinical facts. *International Journal of Psycho-Analysis, 75*: 3–19.

Pick, I. B. (1985). Working through in the countertransference. *International Journal of Psycho- Analysis, 66*(2): 157–166.

Pickering, J. (2006). The marriage of alterity and intimacy. *Psychoanalytic Perspectives on Couple Work, 2*: 19–39.

Pickering, J. (2011). Bion and the couple. *Couple and Family Psychoanalysis, 1* (1): 49–68. Pincus, L. (1960). Relationships and the growth of personality. In: L. Pincus (Ed.), *Marriage: Studies in Emotional* Conflict *and* Growth (pp. 13–34). London: Institute of Marital Studies.

Pincus, L. (1962). The nature of marital interaction. In: The Institute of Marital Studies, *The Marital Relationship as a Focus for Casework* (pp. 13–25). London: Institute of Marital Studies.

Poland, W. S. (2002). The interpretive attitude. *Journal of the American Psychoanalytic Associa- tion, 50* (3): 807–826.

Racker, H. (1968). *Transference and Counter-transference.* London: Hogarth Press.

Rey, J. H. (1988). That which patients bring to analysis. *International Journal of Psycho-Analysis, 69*: 457–470.

Riviere, J. (1936). A contribution to the analysis of the negative therapeutic reaction. *International Journal of Psycho-Analysis, 17*: 304–320.

Rosenfeld, H. R. (1983). Primitive object relations and mechanisms. *International Journal of Psycho-Analysis, 64*: 261–267.

Roth, P. (2001). Mapping the landscape: Levels of transference interpretation. *International Journal of Psycho-Analysis, 82* (3): 533–543.

Rustin, M. (1991). Encountering primitive anxieties. In: L. Miller, M. Rustin, M. Rustin & J. Shuttleworth (Eds.), *Closely Observed Infants* (pp. 7–21). London: Duckworth.

Ruszczynski, S. (Ed.) (1993a). *Psychotherapy with Couples: Theory and Practice at the Tavistock Institute of Marital Studies*. London: Karnac.

Ruszczynski, S. (1993b). The theory and practice of the Tavistock Institute of Marital Studies. In: S. Ruszczynski (Ed.), *Psychotherapy with Couples: Theory and Practice at the Tavistock Institute of Marital Studies* (pp. 3–26). London: Karnac.

Ruszczynski, S. (1994). Enactment as countertransference. *Journal of the British Association of Psychotherapists*, *27* (Summer): pp. 41–60.

Ruszczynski, S. (1995). Narcissistic object relating. In: S. Ruszczynski & J. Fisher (Eds.), *Intrusiveness and Intimacy in the Couple* (pp. 13–32). London: Karnac Books.

Ruszczynski, S. (1998). The "marital triangle": Towards "triangular space" in the intimate couple relationship. *Journal of the British Association of Psychotherapists*, *34* (31): 33–47.

Ruszczynski, S. & Fisher, J. V. (Eds.) (1995). *Intrusiveness and Intimacy in the Couple*. London: Karnac.

Sandler J. (1976). Countertransference and role-responsiveness. *International Review of Psycho- Analysis*, *3*: 43–47.

Scarf, M. (1987). *Intimate Partners: Patterns in Love and Marriage*. New York: Random House.

Schaefer, M. (2010). Discussion of "Unconscious beliefs about being a couple". Beliefs about a couple and beliefs about the other. *fort da, 16 (1):* 56–63. Reprinted (2017) in S. Nathans & M. Schaefer (Eds.), *Couples on the Couch. Psychoanalytic Couple Therapy and the Tavistock Model*. Abingdon & New York: Routledge.

Scharff, D. E. (2014). How development structures sexual relationships. In: D. E. Scharff & J. Savege Scharff (Eds.), *Psychoanalytic Couple Therapy: Foundations of Theory and Practice* (pp. 215–227). London: Karnac.

Scharff, D. E. (2016). The contribution of Enrique Pichon-Riviere: Comparisons with his European contemporaries and with modern theory. *Couple and Family Psychoanalysis*, *6* (2): 153–158.

Scharff, D. E. & Palacios, E. (Eds.) (2017). *Family and Couple Psychoanalysis*. London: Karnac.
Scharff, D. E. & Savege Scharff, J. (2011). *The Interpersonal Unconscious*. Northvale, NJ: Jason Aronson.

Scharff, D. E. & Savege Scharff, J. (2014). *Psychoanalytic Couple Therapy: Foundations of Theory and Practice*. London: Karnac.

Scharff, D. E. & Vorchheimer, M. (Eds.) (2017). *Clinical Dialogues on Psychoanalysis with Families and Couples*. London: Karnac.

Scharff, J. (1992). Projective and introjective identification, love and the internal couple. In: J. Scharff, *Projective and Introjective Identification and the Use of the Therapist's Self* (Chapter 6; pp. 133–157). New Jersey & London: Jason Aronson.

Searles, H. (1955/1965). The informational value of the supervisor's emotional experience. In: H. F. Searles (1965), *Collected Papers on Schizophrenia and Related Subjects* (pp. 157–176). London: Hogarth Press. (Reprinted: London: Karnac Books, 1986.)

Segal, H. (1983). Some clinical implications of Melanie Klein's work: Emergence from narcissism. *International Journal of Psycho-Analysis*, *64*: 269–276.

Sehgal, A. (2012). Viewing the absence of sex from couple relationships through the "core complex" lens. *Couple and Family Psychoanalysis, 2*(2): 149–164.

Shmueli, A. & Rix, S. (2009). Loss of desire and therapist dread. In: C. Clulow (Ed.), *Sex, Attachment and Couple Psychotherapy: Psychoanalytic Perspectives* (119–140). London: Karnac. Spillius, E. B. (2001). Freud and Klein on the concept of phantasy. *International Journal of Psycho-Analysis, 82* (2): 361–373.

Spillius, E. B., Milton, J., Garvey, P., Couve, C. & Steiner, D. (Eds.) (2011). *The New Dictionary of Kleinian Thought*. London & New York: Routledge.

Stein, R. (1998). The poignant, the excessive and the enigmatic in sexuality. *International Journal of Psycho-Analysis, 79*(2): 253–268.

Stein, R. (2008). The otherness of sexuality: Excess. *Journal of the American Psychoanalytic Association, 56* (1): 43–71.

Steiner, J. (1987). The interplay between pathological organisations and the paranoid-schizoid and depressive position. *International Journal of PsychoAnalysis, 68*: 69–80.

Steiner, J. (1992). The equilibrium between the paranoid-schizoid and the depressive positions. In: R. Anderson (Ed.), *Clinical Lectures in Klein and Bion* (pp. 46–58). London: Routledge.

Steiner, J. (1993a). Problems in psychoanalytic technique: Patient-centred and analyst-centred interpretations. In J. Steiner, *Psychic Retreats: Pathological Organisations in Psychotic*, Neurotic *and* Borderline Patients (pp. 131–146). London: Routledge.

Steiner, J. (1993b). *Psychic Retreats: Pathological Organisations in Psychotic, Neurotic and Borderline Patients*. London: Routledge.

Steiner, J. (1996). The aim of psychoanalysis in theory and in practice. *International Journal of Psycho-Analysis, 77*(6): 1073–1083.

Stoller, R. J. (1979). *Sexual Excitement: Dynamics of Erotic Life*. London: Karnac. Storr, A. (1960). *The Integrity of the Personality*. London: Heinemann.

Strachey, J. (1934). The nature of the therapeutic action of psycho-analysis. *International Journal of Psycho-Analysis, 15*: 127–159.

Symington, N. (1985). Phantasy effects that which it represents. *International Journal of Psycho- Analysis, 66*: 349–357.

Target, M. (2007). Is our sexuality our own? A developmental model of sexuality based on early affect mirroring. *British Journal of Psychotherapy, 23* (4): 517–530.

Tarsh, H. & Bollinghaus, E. (1999). Shared unconscious phantasy: Reality or illusion? *Sexual and Marital Therapy, 14* (2): 123–136.

Teruel, G. (1966). Recent trends in the diagnosis and treatment of marital conflict. *Psyche, 20*(8).

Turquet, P. (1985). Leadership, the individual and the group. In: D. Colman & M. H. Geller (Eds.), *Group Relations Reader 2* (pp. 71–87). Florida: A. K. Rice Institute.

Vincent, C. (1995a). Consulting to divorcing couples. *Family Law*, December: 678–681. Vincent, C. (1995b). Love in the countertransference. *Society of Psychoanalytical Marital Psychotherapists Bulletin, 2* (May): 4–10.

Vincent, C. (2004). Touching the void: The impact of psychiatric illness on the couple. In: M. Ludlam &

V. Nyberg (Eds.), *Couple Attachments. Theoretical and Clinical Studies* (pp. 133– 144). London: Karnac.

Viorst, J. (1986). *Necessary Losses*. New York: Simon & Schuster.

Vorchheimer, M. (2015). Understanding the loss of understanding. Paper presented at the IPA Congress, Boston.

Waddell, M. (1998). *Inside Lives: Psychoanalysis and the Growth of the Personality*. London: Karnac. (Revised edition published in 2002 by H. Karnac [Books] Ltd.)

Wanless, J. (2014). But my partner "is" the problem: Addressing addiction, mood disorders, and psychiatric illness in psychoanalytic couple treatment. In: D. E. Scharff & J. Savege Scharff (Eds.), *Psychoanalytic Couple Therapy: Foundations of Theory and Practice* (pp. 310–322). London: Karnac.

Willi, J. (1984). The concept of collusion: A combined systemic-psychodynamic approach to marital therapy. *Family Process*, 23(2): 177–185.

Winnicott, D. W. (1958/1975). *Through Paediatrics to Psychoanalysis: Collected Papers*. The Institute of Psychoanalysis. London: Karnac.

Winnicott, D. W. (1969). The use of an object. *International Journal of Psycho-Analysis*, 50(4): 711–716.

Woodhouse, D. (1990). The Tavistock Institute of Marital Studies: Evolution of a marital agency. In: C. Clulow (Ed.), *Marriage: Disillusion and Hope* (pp. 69–119). London: Karnac.

Wrottesley, C. (2017). Does Oedipus never die? The grandparental couple grapple with "Oedipus". *Couple and Family Psychoanalysis*, 7(2): 188–207.

Zinner, J. (1988). Projective identification is a key to resolving marital conflict. *Unpublished paper.*